灯丝LED
产业专利分析报告

邹 军 主编

U0395869

上海科学普及出版社

灯丝 LED 产业专利分析报告
编辑委员会

上海科技发展基金会（www.sstdf.org）的宗旨是促进科学技术的繁荣和发展，促进科学技术的普及和推广，促进科技人才的成长和提高，为推动科技进步，提高广大人民群众的科学文化水平作贡献。本书受上海科技发展基金会资助出版。

"上海市科协资助青年科技人才出版科技著作晨光计划"出版说明

　　"上海市科协资助青年科技人才出版科技著作晨光计划"（以下简称"晨光计划"）由上海市科协、上海科技发展基金会联合主办，上海科学普及出版社有限责任公司协办。"晨光计划"旨在支持和鼓励上海青年科技人才著书立说，加快科学技术研究和传播，促进青年科技人才成长，切实推动建设具有全球影响力的科技创新中心。"晨光计划"专门资助上海青年科技人才出版自然科学领域的优秀首部原创性学术或科普著作，原则上每年资助10人，每人资助一种著作1 500册的出版费用（每人资助额不超过10万元）。申请人经市科协所属学会、协会、研究会，区县科协，园区科协等基层科协，高等院校、科研院所、企业等有关单位推荐，或经本人所在单位同意后直接向上海市科协提出资助申请，申请资料可在上海市科协网站（www.sast.gov.cn）"通知通告"栏下载。

 前 言

　　2014年，我国提出《中国逐步淘汰白炽灯路线图》，并于同年10月1日起，我们将禁止进口和销售60瓦及以上的普通照明用白炽灯。与此同时，世界各国对白炽灯的禁令也逐渐由户外市场迁移到室内环境。LED灯丝灯的诞生为LED照明产业发展开辟了一条阳光大道。除了外形酷似白炽灯的优点外，LED灯丝灯还具有360°全发光、无频闪、无蓝光泄出、低热、长寿命、缓衰减等优势，已成为目前备受瞩目的研究及产业化热点领域。

　　专利是能够反映科学技术发展水平最新动态的情报文献。通过专利分析，将专利数量与技术发展、重点专利、申请人、发明人、技术构成及市场变化等多方面信息结合，可加强专利信息与产业之间的关联性。

　　本报告包括如下内容：灯丝LED产业技术的发展历史、现状、趋势，当前技术研究的重点和空白点；从国际、国内和广东省三个层面全面解析该产业的技术、产业和专利现状及趋势，并明确灯丝LED产业发展在产业链的技术链、国内外市场上的优劣势、创新方向与突破口，提出促进行业发展的建议；围绕国内外重点企业、重点产品和技术，深入进行专利分析和预警，引领和支撑企业的创新和产业化。

　　特别感谢智慧芽信息科技有限公司提供的智慧芽专利检索软件，为本书的完成提供了巨大的帮助。

　　由于本报告中专利数据采集范围和专利分析手段的限制，加之研究人员水平有限，报告的数据、结论和建议中难免存在疏漏，请社会各界读者批评指正。

编 者

2019 年 10 月

目 录

第二章　灯丝LED产业原材料领域专利分析

LED

LIGHT EMITTING DIODE

LED

LIGHT EMITTING DIODE

第四章　灯丝LED产业设备领域专利分析

第五章　灯丝LED驱动电路领域专利分析

LED

LIGHT EMITTING DIODE

灯丝LED产业专利分析报告

第一章

灯丝 LED 技术
专利分析

 # 灯丝LED基础介绍

灯丝LED的概念及发光原理

灯丝LED也叫LED灯柱，是一款LED白光照明新产品。以往LED光源要达到一定的光照度和光照面积，需加装透镜之类的光学器件，从而影响光照效果，降低LED的节能功效。灯丝LED实现了360°全角度发光，且不需加透镜，实现立体光源，带来前所未有的照明体验。[1-2]灯丝LED主要由两个部分组成：起到保护作用的玻璃泡壳，起到支撑作用的玻璃芯柱。所以LED灯丝灯的抗震性能好。

灯丝LED的核心就是发光二极管，是一种直接将电能转化为可见光的固体半导体器件。固体半导体芯片是由P型半导体形成的P区（带有过量的正电荷——空穴）、N型半导体形成的N区（带有过量的负电荷——电子），以及P区和N区之间的过渡区组成。该过渡区被统称为PN结，是发光二极管的发光区。当两端加载正向电压时，P区的空穴会向N区扩散，而N区的电子也会向P区扩散。进入过渡区后，一部分电子和空穴发生复合行为，多余的能量以光辐射的形式释放出来，产生可见光。当两端加载反向电压时，P区和N区都很难发生扩散进入过渡区的行为，也不产生可见光。[3-9]

1993年，日本日亚化学工业的中村修二（Shuji Nakamura）等人成功制造出氮化镓（GaN）和氮化铟镓（InGaN）的宽禁带半导体材料，获得了可以应

用于商业化的蓝光芯片。[10-14]蓝光LED芯片诞生之后，白光LED也随之被开发出来。白光灯丝LED是由将多个蓝光LED芯片串联固定在玻璃基板或铝基板上，再进行点涂胶或压模封装完成的。其发光原理为基于蓝光激发黄色荧光粉的光转换，黄色荧光粉在蓝光芯片的激发下产生黄光，混合透过的蓝光后得到白光。[15-20]

参考文献

1. 丁磊.新型全周光LED器件的制备与研究［D］.南昌：南昌大学，2015.
2. 周拥军，凡一璠.一种柱状LED灯丝：中国，CN203367277U［P］.2013-12-25.
3. 郝海涛.白光LED用荧光材料的制备及性能研究［D］.太原：太原理工大学，2006.
4. 严小松.白光LED用荧光材料的制备与性能研究［D］.上海：上海交通大学，2011.
5. 余心梅.功率型发光二极管荧光粉涂层技术的研究［D］.成都：电子科技大学，2007.
6. 周春雨.LED用YAG荧光粉的性能改善的研究［D］.成都：电子科技大学，2016.
7. 陈静波.YAG：Ce荧光粉的制备及性能研究［D］.青岛：中国海洋大学，2008.
8. 武传雷.YAG荧光粉的制备和性能研究［D］.上海：上海师范大学，2013.
9. 宋继荣.白光LED用稀土掺杂YAG荧光粉的研究和制备［D］.成都：电子科技大学，2012.
10. Y. Narukawa, I. Niki, K. Izuno, et al. Phosphor-conversion white light emitting diode using InGaN near-ultraviolet chip. *Japanese Journal of Applied Physics*, 2002, 41(4A): L371.
11. S. Fujita, S. Yoshihara, A. Sakamoto, et al. YAG glass-ceramic phosphor for white LED（Ⅰ）: background and development. *Proc SPIE*, 2005, 5941: 594111.
12. S. Tanabe, S. Fujita, S. Yoshihara, et al. YAG glass-ceramic phosphor for white LED（Ⅱ）: luminescence characteristics. *Proc SPIE*, 2005, 5941: 594112.
13. S. Fujita, S. Tanabe. Thermal quenching of Ce^{3+}: $Y_3Al_5O_{12}$ glass-ceramic phosphor. *Japanese Journal of Applied Physics*, 2009, 48(12): 120210.
14. S. Fujita, Y. Umayahara, S. Tanabe. Influence of light scattering on luminous efficacy in Ce: YAG glass-ceramic phosphor. *Journal of the ceramic society of Japan*, 2010, 118(1374): 128-131.
15. 王进.光转换白光LED研究［D］.青岛：中国海洋大学，2005.

16. 刘磊，胡小兰.化合物半导体的辉煌十年［J］.微纳电子技术，2000（6）：21-24.

17. 王平.GaN材料的特性与应用［J］.电子元器件应用，2001（10）：32-35.

18. J. Zhong, W. Zhuang, X. Xing, et al. Blue-shift of spectrum and enhanced luminescent properties of YAG: Ce^{3+} phosphor induced by small amount of La^{3+} incorporation［J］. *Journal of Alloys & Compounds*, 2016, 674: 93-97.

19. B. Xie, C. Wei, J. Hao, et al. Structural optimization for remote white light-emitting diodes with quantum dots and phosphor: packaging sequence matters ［J］. *Optical Express*, 2016, 24(26): A1560.

20. Krames. M. R, Shchekin. O. B, Muellermach. R, et al. Status and Future of High-Power Light-Emitting Diodes for Solid-State Lighting［J］. *Journal of Display Technology*, 2007, 3(2): 160-175.

灯丝 LED 的优缺点

灯丝 LED 的优点

1. 360° 全角度发光立体光源。[21-22]

2. 蓝光芯片，红光芯片，黄绿粉制作白光封装工艺。[23-24]

3. 集成高压驱动，使电源功率因数最大化，灯具成本最小化。[25]

4. 高品质光源，显色指数90以上，光效 110 lm/W 以上。[26-27]

灯丝 LED 的缺点

1. 工艺难、散热差、易破损。[28-30]

2. 结构、性能、价格待改善。[31-33]

3. 良率低。[34]

参考文献

21. 钱幸璐，王立平，邹军，等.螺旋柔性LED灯丝的光学和热学性能分析［J］.中国照明电器，2017，（10）：25-28.

22. 李文博.一种柔性LED灯丝的制备与研究［J］.中国照明电器，2017，（6）：13-17.

23. 龚三三，秦会斌，刘丹.高光效LED灯丝球泡灯的光学性能研究［J］.半导体技术，2015，40（2）：112-116.

24. Collins D, Holcomb M O, Krames M, et al. The LED light bulb: are we there yet? Progress and challenges for solid-state lighting［M］. *OSA Publishing*, 2003: 4.

25. Yang X F, Liu J, Chen Q, et al. A Low Temperature Vulcanized Transparent Silane Modified Epoxy Resins for LED Filament Bulb Package［J］. *Chinese Journal of Polymer Science*, 2018, (5): 1-6.

26. 颜重光.LED灯丝灯创新技术新析［J］.电子产品世界，2015（6）：28-30.

27. 颜重光.技术创新的LED灯丝球泡灯［J］.中国照明电器，2014（2）：26-28.

28. 杨磊，钱幸璐，曲士巍，等.倒装LED灯丝在不同电流驱动下的光学性能分析［J］.中国照明电器，2015（12）：29-32.

29. 王芳，青双桂，罗仲宽，等.大功率LED封装材料的研究进展［J］.材料导报，2012（2）：56-59.

30. Liping Wang, Wenbo Li, Yichao Xu, et.al. Effect of different bending shapes on thermal properties of flexible light-emitting diode filament［J］. *Chinese Physics B*, 2018, 27(11): 434-440.

31. 邹军，李杨，朱伟，等.立体发光LED灯片光学性能研究［J］.发光学报，2015，36（6）：657-660.

32. 苏达，王德秒.大功率LED散热封装技术研究的新进展［J］.电力电子技术，2007，41（10）：13-15.

33. 郭常青，闫常峰，方朝君，等.大功率LED散热技术和热界面材料研究进展［J］.半导体光电，2011，32（6）：749-755.

34. 陈明祥，罗小兵，马泽涛，等.大功率白光LED封装设计与研究进展［J］.半导体光电，2006，27（6）：653-658.

灯丝LED的发展历程

　　2008年日本牛尾光源推出了以白炽灯原型配置LED的灯泡式灯具——"灯丝LED泡"。其采用蓝色LED芯片，与自主搭配的荧光体组合，可获得色

温 2 500 K 的光。透明玻璃罩内装有 3 个 LED 芯片，LED 芯片上面有 6 个涂有荧光体的细长部件呈字母"N"相连的锯齿形，从而实现了灯丝形状。这一灯泡因其"传统的外形、升级的'配方'"而引发关注，但并未实现大量的市场应用。

2013 年国内便有公司着手灯丝 LED 的研发，也有厂家陆续开始研发并投入生产。但在 2013 年 6 月的广州国际照明展中，仅有亚浦耳和晶阳两家公司展示了他们的正装和倒装灯丝 LED。灯丝灯这一特色产品获得不少企业的关注。2014 年，灯丝 LED 瞬间迎来爆发式增长，北京大学、微电子研究院颜重光教授[35-38] 指出：这一年 6 月广州国际照明展时，60 多家公司分别展示他们的灯丝灯产品，到 10 月香港国际灯饰展时则已有 200 多家公司展示形形色色的灯丝 LED，牵起一阵怀旧风暴。但同时 2014 年亦是灯丝 LED 的发展最具争议性的一年，由于其性能及安全性问题突出，一度被业界人士认为是"历史退步的产物""LED 照明发展的替代性产品"，且大批企业的进入亦引起灯丝灯市场混乱。柏狮光电副总经理王鹏指出，从 2014 年第四季度开始，已然有大批厂商进入该市场，产品价格随之也变得鱼目混珠。2014 年底开始，市场乱象丛生，有志之士开始关注灯丝灯的专利保护，通过企业间的专利授权营造健康的市场环境，灯丝 LED 的发展趋于理性。并且，灯丝灯这一具备装饰性光源产品的客户群体锁定在欧美市场，专利及认证成为企业推广灯丝灯必备条件。至此，国内的佛照、亚明、申安、亚浦耳、鸿利、中宙、杭科、雷曼、木林森、柏狮、恒星高虹、源磊科技等白炽灯制造企业、LED 照明厂或者封装企业纷纷进入灯丝 LED 领域并加大量产。

2015 年下半年，灯丝 LED 技术瓶颈随着线性 IC 的介入而渐被打破，成本一再下降且良率提高，灯丝灯的发展上升到新阶段，并且，国际巨头飞利浦、欧司朗、GE 等陆续加码灯丝 LED 的生产投入，产品热销于海外市场。与此同时，飞利浦进行低价抢市战略，其强力降价使半周光灯丝 LED 成为市场杀价主力。

2017 年灯丝 LED 火热程度依然不减，根据有关机构的不完全统计，早在 2016 年，灯丝 LED 以市场同比增长率超 100% 的斐然成绩，成为全年 LED 产品的单品明星。而 2017 年 2 月，灯丝 LED 依然延续了 2016 年的强劲表现，引领欧美市场的 LED 低价新品潮流；4 月香港国际春季灯饰展上，灯丝 LED 俨然成为主角。业内甚至有分析指出，2017 年将成为灯丝 LED 发展的"关键年"。

参考文献

35. 颜重光.LED灯丝灯技术的创新发展［J］.中国照明电器，2016（1）：9-13.
36. 颜重光.创新发展的柔性LED灯丝技术［J］.中国照明电器，2017（4）：30-33.
37. 颜重光.LED灯丝灯创新技术探析［J］.新材料产业，2014（12）：21-24.
38. 技术创新的LED灯丝球泡灯［J］.中国电子商情：基础电子，2013（10）：62-64.

灯丝LED的产业发展概况

2012年到2014年，为灯丝灯的襁褓期。这个阶段参与者寡，为数不多的几个工厂用心呵护希望的火苗，支撑大家的是那一点点的信念。认证的怀疑、量产的掣肘、客户的担心、公司的水源、配套的稚嫩，任何一点都是足以毁灭这个产业的巨擘。

2014年到2017年，这个阶段为灯丝灯的青春期。巨大的增长空间和火箭般的发展速度招来诸多同仁赤膊杀入。而行业的多元性和客户的饥渴程度成为推动市场规模的两只巨大引擎，推动这个刚刚走出襁褓的产品快速走向主流。在巨大的利益驱动下，先前的认证问题、配套问题、成本问题、客户问题都像螳螂的前腿一样被这架轰隆隆的战车瞬间碾碎，而坐在战车上的人们则于欣欣鼓舞中装满了盆钵，车下的众厂商也在千方百计找寻一张小小的车票。

当时间的车轮走到2018年，行业也由青春期走向成熟，而成熟阶段的诸多特质，也会慢慢地显现出来。核心的显现恐怕就是同质化产品和碾压性的价格。首先，在这个阶段，灯丝灯的主流跑量产品将会被压缩到区区十几款单品，这些单品将会是市场的降价引擎，以动辄千万只的需求反复压缩着诸多供应商的利润空间。其次，这些单品将成为极度的薄利产品，甚至在一定的阶段会出现负利销售。大厂的优势将会显现得淋漓尽致，绝对的渠道带来绝对的通量，而绝对的通量就带来巨大的成本优势，这时候市场量虽然巨大，却不再是大家都能分到蛋糕，很多中小型工厂甚至会订单枯竭。

灯丝LED市场现状和前景分析

众所周知，灯丝LED自2008年面世以来，一路走来并不顺利，但到2016年迎来了真正的"逆袭"。除了飞利浦、欧司朗、GE、木林森、晶电等大厂外，国内阳光照明、佛山照明、上海亚明、亚浦耳、鸿利光电、杭科光电、柏狮、恒星高虹、源磊科技等LED照明厂或者封装企业也纷纷进军灯丝灯领域并加大量产。

据相关统计，2015年，全球灯丝LED的市场需求已经达到7 000多万只，同比增长376%。2016年，灯丝LED市场总量约为2.5亿只，2017年灯丝LED市场总容量达到4亿～5亿只。有行业人士指出，未来三年，随着灯丝LED的标准化生产程度的提高，产量也将快速攀升，市场需求也将持续扩大。灯丝LED市场前景光明，与白炽灯被淘汰不无关系。目前全球都已经发布了淘汰白炽灯的路线图，中国对60瓦以上的白炽灯已经明确地禁止生产和销售。作为外形与白炽灯相仿，性能更佳的灯丝LED迅速"登上舞台"，并很快吸引了许多LED企业的目光。

2017年2月份在欧美地区上市的低价新品中，厂商积极推广灯丝型球泡灯，也使欧美地区整体市场价格明显下滑。随着灯丝LED受到市场的普遍认可，千万级的产量规模会陆续出现，产品销售价格也会不断地走低。而灯丝LED市场的规模效应也在增强。预计2019年，待灯丝LED价格趋于平稳，伴随品牌企业产能的增长，自动化的实现，其成本优势及品牌优势将愈发明显，越来越多的中小型灯丝LED企业可能面临淘汰。

另一方面，未来灯丝LED也会呈现差异化发展。近年来，由于多家公司对灯丝LED技术的专利诉求纷争，影响了灯丝LED以更快的速度进入世界市场。因此灯丝LED的差异化设计、拥有灯丝及电源芯片核心技术专利、自主的造型设计专利成为许多灯丝灯生产企业的当务之急。针对直丝灯丝灯的专利壁垒，加快创新设计各异形灯丝，陶基弧形灯丝、石墨烯弧形灯丝正在异军突起。此外，柔性灯丝也已经出现，它打破了对普通灯丝封装的定义，把倒装工艺运用到灯丝上，这也被认为是灯丝LED发展的一个方向。另一个发展方向则是智能型，在灯丝里面封装智能器件，使芯片具有很好的限流特性，保证灯丝的电流在10～12 mA，使灯具可靠性实现更大的提高。此外，灯丝灯的"去气体"问题也会逐渐成为行业关注的重点。

放眼未来，灯丝LED有两大发展方向，其一可取代白炽灯的市场，按照美国的标准，主要是取代40 W、65 W、75 W、100 W四种功率的白炽灯；其二则是往高流明、大功率的方向发展，将功率提高到20 W、25 W、30 W、35 W甚至50 W。黄光可取代小瓦数的高压钠灯，白光可取代150 W以下的陶瓷金卤灯，以及取代55～160 W的节能灯。

未来灯丝LED需求旺盛将持续增长，未来至少三年，灯丝LED的需求会以每年50%以上的速度持续增长，未来的发展不可限量；但同时行业寡头逐渐形成，缺乏创新和核心竞争力的工厂将会逐渐被淘汰，既面临着机遇也面临着新的挑战！

LED

LIGHT EMITTING DIODE

 全球灯丝 LED 专利现状

全球灯丝 LED 专利总量

　　截至2017年12月31日，经智慧芽专利分析软件，检索全球范围内的灯丝 LED 方面的专利。专利检索范围包括中国、美国、韩国、日本、中国台湾在内的70多个国家或地区，共得到灯丝 LED 相关专利申请8 413件，检索结果如图1-1。其中主要涉及灯丝 LED 原材料、灯丝 LED 器件、灯丝 LED 设备、灯

图1-1　全球灯丝 LED 专利申请总量截图

丝 LED 驱动电路、灯丝 LED 应用等领域。

对 8 413 件专利检索进行专利失效分析，筛选出检索结果中的失效专利，最后得到仍然生效的专利为 3 288 件，失效专利为 5 125 件，可见相当一部分灯丝 LED 专利已经失效，见图 1-2。专利失效原因是发明专利未授权、因未缴年费而提前失效或者专利权届满。

图 1-2　全球灯丝 LED 失效专利截图

全球灯丝 LED 专利申请年度趋势

将 8 413 件检索专利按照专利优先权年份（Priority Year）统计，得到图 1-3 和图 1-4。

由图 1-3 可见，灯丝 LED 专利申请数量在 1994 年之前是没有的，1994 年后专利申请数量一直稳定增长，到 2012 年的申请量达到高峰。2012 年后呈现专利数量整体下降的趋势，到 2016 年时，已下降到 220 件灯丝 LED 专利。

从年度专利申请总量分析，灯丝 LED 技术专利在 2008 年后基本保持 220 件以上。但美国和韩国等国家在申请数量上一直是稳定趋势，说明这些国家对灯丝 LED 的技术研究未作出大量的资金投入。中国在申请数量上有一定的波动，在 2012 年申请数量达到顶峰后持续降低。

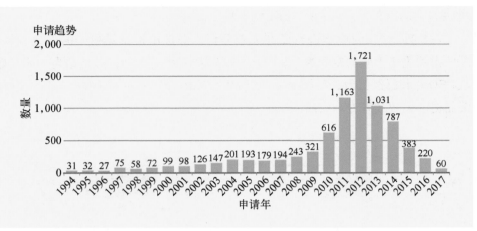

图1-3　灯丝LED全球专利申请年度趋势柱状图

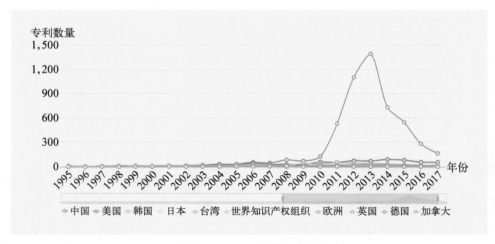

图1-4　灯丝LED全球专利申请年度趋势折线图

从申请趋势上分析，灯丝LED技术申请量在2008年后先上升再下降，说明该技术专利在较热门研究后回归理性研究中。

从申请国别上分析，灯丝LED技术申请主要倾向于中国、美国和韩国。在以上三国之中，我国的申请量占有很大比例。

从图1-4可知灯丝LED申请量的年度趋势在2004年后主要申请国为中国、美国、韩国，都是一直稳定的灯丝LED申请专利量。在2010年以后，我国的

申请量大幅增长，在2012年达到申请数量的顶峰。

专利检索至2018年1月6日，因2017年期间的部分申请的专利处于申请状态并未公开，因此，检索到的专利不包括该部分。

全球灯丝LED专利主要专利权人

在灯丝LED的8 413件专利申请中，专利权人主要分布在贵州光浦森、SWITCH BULB COMPANY、欧司朗、鹤山丽得、四维家居照明、立达信绿色照明，它们共拥有专利308件，占世界总专利数的3.7%，如图1-5所示。其中贵州光浦森拥有133件，占世界总专利数的1.6%；SWITCH BULB COMPANY拥有52件，占世界总专利数的0.6%；欧司朗拥有34件，占世界总专利数的0.4%；鹤山丽得拥有31件，占世界总专利数的0.36%。

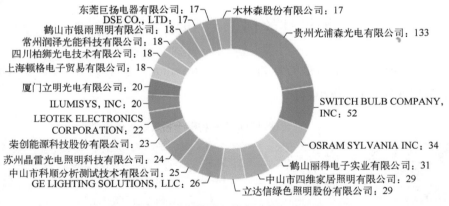

图1-5　灯丝LED全球主要专利权人前20名分布

贵州光浦森光电有限公司致力于LED相关产品研发、生产、销售；计算机软硬件开发；系统集成。2011年在中国贵州省黔西南布依族苗族自治州成立。

欧司朗集团，作为全球最具创新能力的照明公司之一，拥有多项世界领先的专利，众多世界著名工程都选择了欧司朗的照明产品和方案。欧司朗在

17个国家共设立了46个生产基地，客户遍布全球近150个国家和地区。凭借着创新照明技术和解决方案，欧司朗不断开发人造光源的新领域，产品广泛使用在公共场所、办公室、公司、家庭以及汽车照明等各照明领域。欧司朗在中国共设有四个生产基地，并拥有研发中心，专注于光源、电子控制器件、LED系统、灯具及相关设备的研发和生产，在华员工总数超过10 000人。其中欧司朗（中国）照明有限公司成立于1995年，在全球设有近40个销售办事处。欧司朗中国已成为欧司朗亚太区的实力中心，并在欧司朗全球战略中扮演重要角色。

鹤山丽得电子实业有限公司是香港真明丽全球控股集团旗下子公司，主要生产经营LED光电器件、光电子专用材料、光纤、新型显示屏的研发、制造及光电工程安装；金属、非金属制品模具设计、制造；生产各款灯饰及配件；发光二极体（LED）芯片制造和经营；生产经营PVC胶粒、电线电缆；音响视频类产品的研发、生产和经营；产后售后维修服务。

全球灯丝LED专利主要发明人

对8 413件检索结果的专利发明人（Inventor）进行分析，排名前10位的人员构成如表1-1所示。

表1-1　全球灯丝LED专利前十名发明人信息表

序号	人名	专利数量	所属公司
1	张哲源	133	贵州光浦森光电有限公司
2	张继强	133	贵州光浦森光电有限公司
3	葛世潮	31	浙江锐迪生光电有限公司
4	TIMMERMANS, JOS	27	ILUMISYS, INC.（伊卢米西斯公司）
5	文勇	27	中山市科顺分析测试技术有限公司
6	樊邦弘	27	鹤山市银雨照明有限公司
7	RAYMOND, JEAN C.	26	ILUMISYS, INC.（伊卢米西斯公司）
8	CATALANO, ANTHONY	25	CATALANO ANTHONYHARRISON DANIEL

（续表）

序号	人　名	专利数量	所 属 公 司
9	董春保	24	苏州晶雷光电照明科技有限公司
10	COUSHAINE, CHARLES M.	23	OSRAM SYLVANIA INC.（欧司朗）

通过对排名前 10 名的发明人的 2 292 项专利进行列表分析，如表 1-1 所示，我们得出主要发明人所属的公司主要分布在中国，主要集中在贵州光浦森光电有限公司，浙江锐迪生光电有限公司、中山市科顺分析测试、鹤山市银雨照明有限公司。

全球灯丝 LED 专利技术领域分布

对 8 413 件检索结果进行 IPC 分类号分析，具体分布如图 1-6 所示。

全球灯丝 LED 专利 IPC 分类号专利数量前五位中，4 178 件属于 F21Y101/02，即微型光源；2 639 件属于 F21S2/00，即不包含在大组 F21S4/00 至 F21S10/00 或 F21S19/00 中的照明装置系统；2 036 件属于 F21V29/00，即防止照明装置热损害，专门适用于照明装置或系统的冷却或加热装置；1 608 件属于 F21V19/00，即光源或灯架的固定；991 件属于 F21V23/00，即照明装置

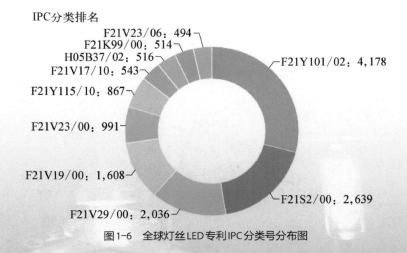

图1-6　全球灯丝LED专利IPC分类号分布图

内或上面电路元件的布置；867件属于F21Y115/10，即发光二极管（LED）；543件属于F21V17/10，即以专门的紧固器材或紧固方法为特征；516件属于H05B37/02，即控制；514件属于F21K99/00，即本小类其他各组中不包括的技术主题；494件属于F21V23/06，即连接装置的元件。可以看出，专利的申请主要集中在对应用领域的申请，占总数的16.7%。而一些材料与电源设计则较少。

全球灯丝LED专利宏观分析

全球灯丝LED专利申请热点国家及地区

图1-7为灯丝LED专利申请热点国家及地区分布。我们发现灯丝LED专利申请主要集中于中国、美国、韩国、日本、中国台湾等，其他国家和地区相对数量较少。中国是该领域内专利申请数最多的国家，达到5 343件，美国、韩国、日本、中国台湾等专利数量也相对较多，世界上其他的国家和地区相对申请专利较少，说明这些国家和地区主要倾向于应用灯丝LED。

近年全球灯丝LED主要专利技术点

对公开时间（2014-01-01至2017-12-31）进行筛选后的2 413件专利，然后将这2 413件专利按照文本聚类分析（Text Clustering），如图1-8所示，发现灯丝LED的专利研究主要集中在发光二极管、柔性LED、光源、球泡灯。

LED光源的专利申请是最多的，在这一领域有两大技术体系：散热体和驱动电源。

世界知识产权组织
211

欧洲
205

多 5343

少 0

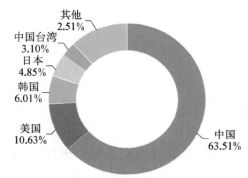

其他
2.51%

中国台湾
3.10%

日本
4.85%

韩国
6.01%

美国
10.63%

中国
63.51%

图1-7　全球灯丝LED专利申请热点国家及地区

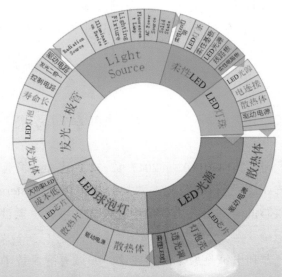

图1-8　近年全球专利主要技术点

灯丝LED主要技术来源国及地区分析

将检索结果按照专利权人国籍（Location）统计分析发现，灯丝LED的发明专利主要来自中国、美国、韩国、日本、中国台湾等，如图1-9所示。说明来自这几个国家和地区的专利权人（发明人所在企业或研究机构）占据了该领域专利申请量的主导。其中中国、美国、韩国遥遥领先，这三国几乎占据了灯丝LED技术来源的半壁江山。

申请人国家及地区排名

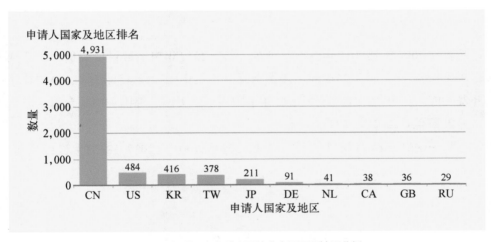

图1-9　灯丝LED专利主要技术来源国及地区分析

各主要技术来源国灯丝LED特点分析

中国

1. 灯丝LED技术专利年度申请趋势

对国家（中国）进行筛选后得到4 931件专利，按照专利优先权年份（Priority Year）统计，得到图1-10趋势图。可见，其灯丝LED技术的专利申

LED LIGHT EMITTING DIODE

19

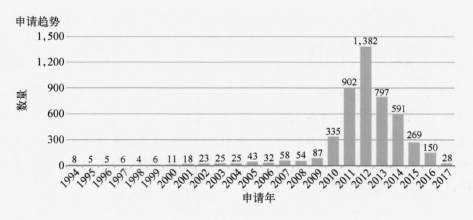

图1-10　中国专利年度趋势图

请数量在2000年到2012年一直呈增加趋势，2012年申请数量增幅最大，达到顶峰（1 382件）而在2012年后逐渐下降；说明中国比较注重灯丝LED的技术开发及应用。申请国家及地区主要在中国本土、美国、韩国和中国台湾。

2. 灯丝LED专利主要技术点

将中国灯丝LED专利按公开时间（2014-01-01至2017-12-31）进行筛选，

图1-11　技术来源国为中国的灯丝LED技术点

得到 1 609 件专利，然后对这 1 609 件进行文本聚类分析，发现中国灯丝 LED 专利研究主要集中在 LED 球泡灯、LED 灯泡和 LED 光源三大核心领域。

中国的专利权人的灯丝 LED 核心专利研究主要集中在散热体、大角度、LED 光源、灯泡壳，如图 1-11 所示。其中 LED 灯泡在中国申请得最多。而这里面 LED 光源、灯泡壳、散热体等制备原料居多，说明中国重视对灯丝 LED 的应用方面的专利申请。这与中国广大的市场潜力相关。

美国

1. 灯丝 LED 技术专利年度申请趋势

对国家（美国）进行筛选后得到 474 件专利，按照专利优先权年份（Priority Year）统计，得到图 1-12 趋势图。可见，灯丝 LED 的专利申请数量在 1999 年前比较少，都只有 1 件而已；2002 年开始逐渐增加，2013 年达到顶峰（65 件），并在 2013 年后逐渐减少。申请国家、地区及组织主要在美国本土、世界知识产权组织、欧洲和韩国。

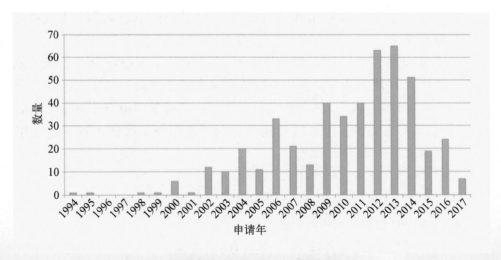

图 1-12　专利权人为美国的灯丝 LED 专利年度趋势图

2. 灯丝 LED 专利主要技术点

将美国灯丝 LED 专利按公开时间（2014-01-01 至 2017-12-31）进行筛选，

图1-13 技术来源国为美国的灯丝LED技术点

得到214件专利,把筛选后得到的214件专利进行文本聚类分析,如图1-13所示,发现LED光源和多芯片LED发光这两个领域是美国在灯丝LED专利申请数量上最多的。

美国的专利权人的灯丝LED核心专利研究主要集中在LED光源、多芯片LED发光和散热体上。其中,LED光源主要是电流、光输出、固态导体等,这些方面都与LED的产品应用有关。这是由于美国十分注重在LED驱动光源方面的保护,诸如欧司朗等公司,在LED领域已占有一定的影响力。

韩国

1. 灯丝LED技术专利年度申请趋势

对国家(韩国)进行筛选后得到416件专利,按照专利优先权年份(Priority Year)统计,得到图1-14趋势图。可见,灯丝LED的专利申请数量在1994年到2009年基本上一直逐渐增加,2009年达到顶峰(42件),并在2011年后逐渐减少。申请国家及组织主要在韩国本土和世界知识产权组织。

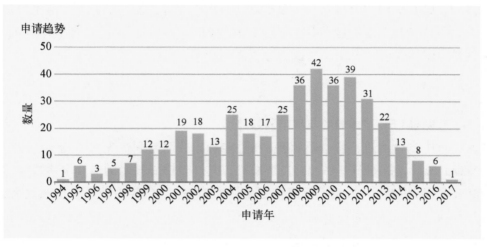

图1-14 专利权人为韩国的灯丝 LED 专利年度趋势图

图1-15 技术来源国为韩国的灯丝 LED 技术点

2. 灯丝 LED 专利主要技术点

将韩国灯丝 LED 专利按公开时间（2014-01-01 至 2017-12-31）进行筛选，得到93件专利，把筛选后得到的93件专利进行文本聚类分析，如图1-15所示，发现 LED 应用和散热这两个领域是韩国在灯丝 LED 专利申请数量上最多的。

韩国的专利权人的灯丝 LED 核心专利研究主要集中在 LED 应用、散热上。

23

其中，LED应用主要是发光二极管灯泡、灯泡座等，发光二极管灯泡主要是有机发光二极管、薄膜晶体管等，这些方面都与LED的实际产品应用有关。这是由于韩国十分注重在LED结构方面的保护。

中国台湾

1. 灯丝LED技术专利年度申请趋势

对中国台湾进行筛选后得到378件专利，按照专利优先权年份（Priority Year）统计，得到图1-16趋势图。可见，其灯丝LED技术的专利申请数量在1995年到2012年有波动，但总体是呈增加趋势，2012年申请数量增幅最大，达到顶峰（69件）而在2012年后逐渐下降。

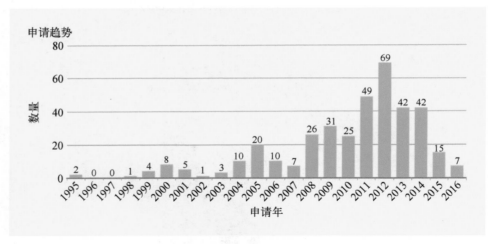

图1-16　专利权人为中国台湾的灯丝LED专利年度趋势图

2. 灯丝LED专利主要技术点

将中国台湾灯丝LED专利按公开时间（2014-01-01至2017-12-31）进行筛选，得到117件专利，把筛选后得到的117件专利进行文本聚类分析，如图1-17所示，发现LED灯泡、发光二极管灯泡和电性连接这三个领域是中国台湾在灯丝LED专利申请数量上最多的。

中国台湾的专利权人的灯丝LED核心专利研究主要集中在LED灯泡、发光二极管灯泡和电性连接。其中发光二极管灯泡主要集中在发光单元、电路板

图1-17　技术来源国为中国台湾的灯丝 LED 技术点

和光源模块（见表1-2）。

表1-2　中国台湾灯丝 LED 技术两大核心领域摘录表

	子　分　类	专利数量
（1）LED灯泡	发光二极体	6
	复数个LED	5
	灯泡灯	5
	灯罩内	4
	LED灯具	3
	散热效果	3
	发光单元	8
	电路板	5
（2）发光二极管灯泡	灯壳内	3
	光源模块	3
	驱动电路	3
	散热座	2
	发光二极管芯片	2
	电源转换、转换器	2

各主要技术来源国灯丝LED专利对比汇总分析

　　根据灯丝LED技术输出国及地区专利量时间分布图分析可知，中国的灯丝LED技术在2012年达到高峰，美国、中国台湾等的灯丝LED技术则基本上在2013年，而韩国的灯丝LED技术的专利高峰在2009年。中国的专利数量以4 931件位居第一，占据了显著优势，美国和韩国分别以474件、416件位居第二、第三。说明该技术被中国和美国、韩国的企业所关注，也表明此三个国家在灯丝LED上拥有较多的技术优势。

全球灯丝 LED 专利诉讼案分析

灯丝 LED 专利诉讼宏观分析

将全球灯丝LED申请专利件检索结果进行诉讼与否筛选（+litigated），发现42件专利有过诉讼，可以看到灯丝LED的诉讼整体数量较少，其年度诉讼图如图1-18所示。图示说明其在市场上的应用还比较少，其中诉讼量最大的为2013年的12件，到2017年也一直有关于灯丝LED专利的诉讼案，说明这些年企业在有关灯丝LED方面还有专利诉讼。

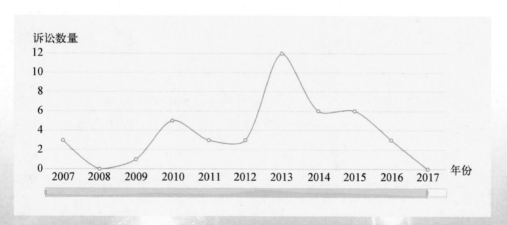

图1-18 灯丝LED专利诉讼年度趋势图

涉及灯丝LED诉讼的相关的公司，其中诉讼量排名第一的为中山市科顺测试分析技术，其有8件专利，其次是阿尔泰工程公司的6件、中山美耐特光电有限公司的5件。

灯丝LED技术涉案专利清单

本次检索到涉案专利42件，我们按专利强度选出其中6个重要的诉讼案件，其情况如下：

诉讼案件1：

诉讼ID：粤知法专民初字第773号		诉讼日期	2015	结案日期	2016-5-25
原告	中山市科顺分析测试技术			被告	江门市江海区勤越照明光电有限公司
涉案专利	专利号		标　题		
	US7049761		柔性LED贴片灯带		
	CN102095118A		柔性LED贴片灯带		
	备注：本诉讼案涉案专利共有2件，都涉及灯丝LED技术				

诉讼案件2：

诉讼ID：3:13-cv-00596		诉讼日期	2013-8-26	结案日期	2014-1-23
原告	PHILIPS			被告	ALTAIR ENGINEERING ILUMISYS
涉案专利	专利号		标　题		
	US7178965		Light tube and power supply circuit		
	备注：本诉讼案涉案专利共有1件，都涉及灯丝LED技术				

诉讼案件3：

诉讼ID：一中知行初字第509号		诉讼日期	2013年	结案日期	2013-3-26
原告	深圳市天微电子			被告	国家知识产权局专利复审委员会

（续表）

诉讼ID：一中知行初字第509号		诉讼日期	2013年	结案日期	2013-3-26
涉案专利	专利号		标　题		
涉案专利	CN101707040A		一种用于 LED 显示驱动的 PWM 驱动方法		
	CN1558704A		发光二极管控制装置		
	CN101707040B		一种用于 LED 显示驱动的 PWM 驱动方法		
	备注：本诉讼案涉案专利共有7件，只列出了3件专利，都涉及灯丝 LED 技术				

诉讼案件4：

诉讼ID：粤73民初518号		诉讼日期	2016	结案日期	2016-10-18
原告	薛宏福		被告	中山市古镇慧恒灯饰配件门市部	
涉案专利	专利号		标　题		
	CN303076449S		LED 陶瓷环形光源		
	CN204042559U		LED 光源结构		
	备注：本诉讼案涉案专利共有2件，涉及灯丝 LED 技术				

诉讼案件5：

诉讼ID：2:10-cv-13424		诉讼日期	2010-8-26	结案日期	
原告	ALTAIR ENGINEERING, INCORPORATED		被告	LEDS AMERICA	
涉案专利	专利号		标　题		
	US7510299		更换日光灯管 LED 照明装置		
	US20020060526A1		Light tube and power supply circuit		
	备注：本诉讼案涉案专利共有4件，只列出了2件，均涉及灯丝 LED 技术				

诉讼案件6：

诉讼ID：2:15-cv-00553		诉讼日期	2015-9-15	结案日期	
原告	GLOBAL TECH LED		被告	Hilumz International Corp. Hilumz, LLC	
涉案专利	专利号		标　题		
	US9091424		LED light bulb		
	备注：本诉讼案涉案专利共有1件，涉及灯丝 LED 技术				

灯丝LED技术异议专利清单

将全球申请灯丝LED检索结果进行诉讼与否筛选（+opposition），发现11篇专利有过异议，本次清单按专利强度9件重要的具有异议专利，如表1-3所示。

表1-3　灯丝LED技术异议专利清单

公 开 号	异 议 时 间	专 利 权 人	提出异议者
1. TW548858B 标题：一种发光二极体装饰灯泡及其制作方法	2005-7-21	徐继兴	傅立銘
2. CN204313059U 标题：发光二极管灯泡结构改良	2017-6-7	雷盟光电股份有限公司	中山市斯铂光电科技有限公司
3. CN101968181A 标题：一种高效率LED灯泡	2017-3-17	浙江锐迪生光电有限公司	浙江美科电器有限公司
4. CN102095118B 标题：柔性LED贴片灯带	2014-3-2	中山市科顺分析测试技术有限公司	深圳市长方半导体照明股份有限公司
5. CN204313059U 标题：发光二极管灯泡结构改良	2017-6-7	雷盟光电股份有限公司	中山市斯铂光电科技有限公司
6. US8093823 标题：Light Sources Incorporating Light Emitting Diodes	2014-2-19	Ilumisys, Inc.	Koninklijke Philips N.V.
7. US7049761 标题：Light Tube And Power Supply Circuit	2014-8-19	Ilumisys, Inc.	Koninklijke Philips N.V.
8. US8382327 标题：Light Tube And Power Supply Circuit	2014-7-3	Ilumisys, Inc.	Koninklijke Philips N.V.
9. US7510299 标题：LED Lighting Device For Replacing Fluorescent Tubes	2016-12-1	Ilumisys, Inc.	Woodforest Lighting Inc. d/b/a Forest Lighting USA

灯丝LED技术专利权受让分析

（1）立达信绿色照明股份有限公司的灯丝LED技术，转进专利0项，转出专利5项。转出的5项核心专利的具体情况如表1-4所示。

转出：

表1-4　立达信绿色照明股份有限公司转出的5项核心专利

专利号	让 与 人	受 让 人	转让时间
CN103953867A	立达信绿色照明股份有限公司	漳州立达信光电子科技有限公司	2017-1-9
	标题：全周光LED球泡灯		
CN203615129U	立达信绿色照明股份有限公司	漳州立达信光电子科技有限公司	2017-1-12
	标题：大角度发光LED灯		
CN102606924B	立达信绿色照明股份有限公司	厦门立达信光电子科技有限公司	2017-2-7
	标题：大角度LED球泡灯		
CN103542303A	立达信绿色照明股份有限公司	四川聚信光电科技有限公司	2017-10-27
	标题：凹透镜式大角度LED灯		
CN102606913B	立达信绿色照明股份有限公司	四川联恺照明有限公司	2017-2-7
	标题：大角度LED灯		

（2）木林森股份有限公司的灯丝LED技术，转进专利0项，转出专利8项。转出的8项核心专利的具体情况如表1-5所示。

表1-5　立达信绿色照明股份有限公司转出的5项核心专利

专利号	让 与 人	受 让 人	转让时间
CN203628341U	木林森股份有限公司	江西木林森光电科技有限公司	
	标题：一种360°发光LED蜡烛灯		
CN203823486U	木林森股份有限公司	江西木林森光电科技有限公司	
	标题：一种大角度LED球泡灯		
CN203810118U	木林森股份有限公司	江西木林森光电科技有限公司	
	标题：一种大功率LED球泡灯		

（续表）

专利号	让 与 人	受 让 人	转让时间
CN203857301U	木林森股份有限公司	江西木林森光电科技有限公司	
	标题：一种 LED 球泡灯		
CN203628340U	木林森股份有限公司	江西木林森光电科技有限公司	
	标题：一种采用柔性灯板的 LED 灯管		
CN203810116U	木林森股份有限公司	江西木林森光电科技有限公司	
	标题：一种内置翅片散热器的 LED 灯泡		
CN203628343U	木林森股份有限公司	江西木林森光电科技有限公司	
	标题：一种通用型 LED 蜡烛灯		
CN203628338U	木林森股份有限公司	江西木林森光电科技有限公司	
	标题：一种采用新型散热结构的 LED 蜡烛灯		

（3）浙江阳光照明电器集团股份有限公司的灯丝 LED 技术，转进专利 0 项，转出专利 7 项。转出的 7 项核心专利的具体情况如表 1-6 所示。

表1-6　浙江阳光照明电器集团股份有限公司转出的 7 项核心专利

专利号	让 与 人	受 让 人	转让时间
CN203771114U	浙江阳光照明电器集团股份有限公司	安徽阳光照明电器有限公司	
	标题：一种可实现自动化装配的 LED 球泡灯		
CN202580784U	浙江阳光照明电器集团股份有限公司	安徽阳光照明电器有限公司	
	标题：一种可实现自动化装配的 LED 球泡灯		
CN103629578A	浙江阳光照明电器集团股份有限公司	安徽阳光照明电器有限公司	
	标题：一种 LED 球泡灯		
CN203823483U	浙江阳光照明电器集团股份有限公司	安徽阳光照明电器有限公司	
	标题：一种大功率 LED 球泡灯		
CN103486473A	浙江阳光照明电器集团股份有限公司	安徽阳光照明电器有限公司	
	标题：一种 LED 球泡灯		

（续表）

专利号	让 与 人	受 让 人	转让时间
CN103486473B	浙江阳光照明电器集团股份有限公司	安徽阳光照明电器有限公司	
	标题：一种 LED 球泡灯		
CN103629578B	浙江阳光照明电器集团股份有限公司	安徽阳光照明电器有限公司	
	标题：一种 LED 球泡灯		

LED

LIGHT EMITTING DIODE

 中国灯丝灯专利分布

申请趋势分析

经上海市专利检索平台检索，截至2017年12月31日，共检索到发明专利申请1 513件，实用新型专利3 407件。由图1-19可知，中国1995年才开始有灯丝LED相关的专利申请，第一个真正意义上的灯丝LED是在2000年由张忱

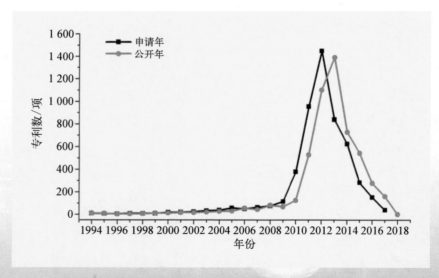

图1-19　中国灯丝LED专利申请与公开趋势图

提出的发光二极管灯泡，包括灯罩、灯芯柱、灯座，在灯芯柱的柱顶部面上及柱壁上部与灯芯柱顶部的连接部分未设置发光二极管的部位均排列设有多个发光二极管。从而使该发光二极管灯泡发光面积增大，亮度提高；同时扩大了灯泡的功能用途。

1994～2007 年，中国的灯丝 LED 专利申请一直处于缓慢的发展阶段，仅仅有少量的增加，在这一阶段，专利的申请主要集中在材料及结构技术分支以及应用分支上，前期主要以发光二极管专利为主，后期逐渐出现了各种 LED 灯丝灯的专利。例如由哈尔滨市电子计算机技术研究所提出的红绿蓝彩色像素专利由红、绿、蓝彩色发光器件、印制板组件及外罩构成，彩色发光器件还可以是红、绿色发光二极管和蓝色灯泡的组合，用此做发光器件的电子显示屏幕，可在广告、证券、体育场馆记分等显示信息，色彩绚丽、逼真、且产品价格低；由深圳市赛为实业有限公司提出的发光二极管彩色线灯，主要包括发光二极管、整流桥及载体，其结构简单，成本低廉，动态彩色显示效果理想，每米彩灯耗电量降低到传统充气小灯泡的 11% 左右，可广泛应用于现代城市街道、建筑物的彩色动感装饰；由谷岩柏提出的玻璃管封装的 LED 灯泡，提出了一种可适用于高防火等级要求的玻璃管封装的 LED 灯泡，结构简单，由于用玻璃管封装，使该实用新型具有高防火等级，防火性能好，使用更加安全可靠。发光时，将 LED 前顶端射出的光线部分地反射到四周侧面，使整个 LED 灯泡看上去可以侧面发光，克服了一般 LED 只有前端光线强，四周侧面光线暗的缺陷；由吕大明提出的交流 LED 灯丝及照明灯，优点在于采用横向电路连接导通方向相反的两列发光二极管列，使得相邻的两组 LED 互为保护元件，一旦其中一组中的某个 LED 开路失效，与之反向并联的另一组 LED 可以提供电流通道，尽管该失效 LED 不再发光，但是与之串联的其他 LED 仍可以继续工作，对整体电路来说影响不大，此时工作电流是与失效 LED 并联的反向 LED 的反向漏电流；由鹤山丽得电子实业有限公司提出的一种柔性 LED 灯带，采用柔性印刷电路板来代替现有技术中的芯线及其预埋导线，用透明柔性护套代替现有技术中的套管，大大简化了产品的结构，减小了产品的体积，从而产品的柔性也得到了增强，可广泛应用于装饰灯串或灯带的制造中。

在 2008～2013 年，灯丝 LED 相关专利在中国增长很快，各技术分支在这一阶段都全面增长。说明在这个阶段中国的灯丝 LED 市场开始显现，各申请国

都注意到了未来灯丝LED的市场。在这个阶段，上海宜美电子科技有限公司在2009年申请了一种柔性LED灯条，可根据需要能够生产任意长度，产品成品率极高，具有其他防水LED柔性光条不可比拟的优越性。这一阶段，一些关键技术的突破使得灯丝LED技术的发展速度很快，很多方面已经达到了实际应用的要求，这越来越引起企业的重视，吸引了一批国内外企业加入灯丝LED的研发行列，使得灯丝LED专利申请出现较大幅度的提高。在这一阶段中，以贵州光浦森光电有限公司为代表的中国内地企业，以中国科学院长春光学精密机械与物理研究所、上海无线电设备所、华南理工大学等为代表的中国内地高校和科研机构，以丽光科技股份有限公司为代表的中国台湾企业开始大量地申请中国专利。比如华南理工大学在申请号为CN201010527443.8提出的一种备用型交流LED灯丝及照明灯，一旦其中一组的某一个主LED断路了，并联在它上面的串联支路为其提供了通路，尽管该失效主LED不再发光，串联支路上的齐纳二极管将导通，备用LED将会替代主LED继续正常工作，而且与主LED串联的其他主LED仍然能够继续工作，对整体电路不产生影响。鹤山丽得电子实业有限公司在申请号为CN201420211959.5公开的柔性线路板、柔性LED灯条，对灯丝LED进行进一步的改进，使得灯丝LED的形状和特质更加多样化，凭借其柔性特质应用范围将更加广泛。在这一阶段，许多外国的公司也开始大量在华申请灯丝LED专利，特别是来自欧美国家的科锐公司，但申请数量不多，增幅不大，主要仍为中国大陆以及中国台湾、香港等为主，处于优势地位。

2013年以后，专利的申请幅度突然开始呈现下降的趋势，说明此时灯丝LED遇到部分技术瓶颈，原先有的技术有部分开始应用。此阶段，中国的贵州光浦森光电、鹤山丽得电子、四维家居、立达信绿色照明等公司纷纷建立起了生产线，表明灯丝LED技术开始由实验阶段走向了实际应用。此阶段很多专利申请开始倾向于灯丝LED的量产和工业使用的技术。例如贵州光浦森在申请号CN201210253913.5公开的采用安装界面支架组合构件的LED行道灯结构简单、造价低、安装、使用、维护方便，实现了生产和使用的独立，大幅度地减少生产环节，实现了生产的批量化、有利于LED节能照明产品的应用和产业规模化；鹤山丽得电子在申请号为CN201320701511.7公开的一种线路板式钨丝效果LED灯串，提出了一种新的灯串结构，具有结构紧固、生产效率高的优点；立达信绿色照明在申请号CN201420400328.8公开的柔性LED光源及使用该光

源的灯具，提出了新型的柔性光源及该光源灯具的结构，具有散热效果好，可塑性强等优点，这些专利的提出，都为灯丝LED的发展和量产奠定了基础。

申请人分析

图1-19所示为各国在中国的专利申请分布情况。由图1-20可知，在中国的灯丝LED专利技术申请中，中国本土申请人的专利申请所占比例最大，专利申请数量达到4 864件，其次为中国台湾、香港，其在中国的专利申请数量分别为149件、17件。这说明中国台湾与香港特别重视灯丝LED在中国的应用市场，尤其是中国台湾，灯丝LED产业发展十分良好。紧跟其后的是日本、罗马尼亚、德国，这三国在中国也有部分灯丝LED专利申请，而荷兰、美国、新加坡、加拿大在中国仅有少量专利申请。

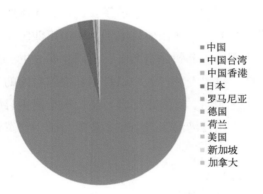

■中国
■中国台湾
■中国香港
■日本
■罗马尼亚
■德国
■荷兰
■美国
■新加坡
■加拿大

图1-20　各国家及地区在中国申请专利分布

对中国本土申请人来说，广东省以1 365件专利申请数位居第一，说明广东省特别重视灯丝LED在大陆的市场，浙江省以747件专利申请位居第二，江苏省以596件专利位居第三，其次是福建、上海、山东，其灯丝LED专利申请分别为447件、245件、183件，此三省（市）在中国灯丝LED专利申请中也具有一定的优势，另外四川、贵州、安徽、北京分别以161件、141件、132件、91件专利申请数量位居其后，如图1-21所示。

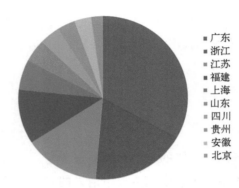

图1-21　中国主要省（市）在中国申请专利分布

广东
浙江
江苏
福建
上海
山东
四川
贵州
安徽
北京

　　将各国在中国申请专利的状况展开，得到主要申请权人在中国申请专利分布。图1-22为国外专利权人的分布图，图1-23为国内申请人构成分布。

　　从表1-7可以看出，在排名前20的专利权人中，其中来自中国的专利权人有几乎一半的分布，中国的专利权人申请量要比世界各国的专利权人的申请量多，分别为贵州光普森光电、鹤山丽得电子、中山市四维家居、立达信绿色照明、中山市科顺分析测试、苏州晶雷光电、厦门立明光电、胡枝清、四川柏狮光电、常州润泽光能。世界专利权人中以日本和中国台湾的公司居多，申请量排名前三的分别为东芝照明、安费诺亮泰、昆山安费诺正日电子。其中日本的东芝照明排名第一，中国台湾的安费诺亮泰企业与昆山安费诺正日电子共同排名第二（见表1-7）。

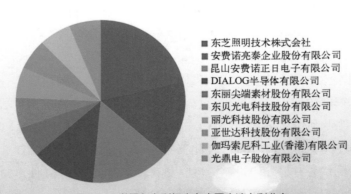

东芝照明技术株式会社
安费诺亮泰企业股份有限公司
昆山安费诺正日电子有限公司
DIALOG半导体有限公司
东丽尖端素材股份有限公司
东贝光电科技股份有限公司
丽光科技股份有限公司
亚世达科技股份有限公司
伽玛索尼科工业(香港)有限公司
光鼎电子股份有限公司

图1-22　世界各专利权人在中国申请专利分布

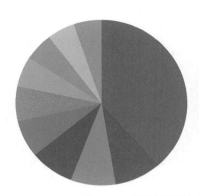

- ■ 贵州光浦森光电有限公司
- ■ 鹤山丽得电子实业有限公司
- ■ 中山市四维家居照明有限公司
- ■ 立达信绿色照明股份有限公司
- ■ 中山市科顺分析测试技术有限公司
- ■ 苏州晶雷光电照明科技有限公司
- ■ 厦门立明光电有限公司
- ■ 胡枝清

图1-23　中国专利权人在中国申请专利分布

表1-7　世界各专利权人与中国专利权人在中国申请专利分布

世界专利权人	申请数	中国专利权人	申请数
东芝照明技术株式会社	7	贵州光浦森光电有限公司	133
安费诺亮泰企业股份有限公司	5	鹤山丽得电子实业有限公司	31
昆山安费诺正日电子有限公司	5	中山市四维家居照明有限公司	29
DIALOG半导体有限公司	4	立达信绿色照明股份有限公司	29
东丽尖端素材股份有限公司	2	中山市科顺分析测试技术有限公司	25
东贝光电科技股份有限公司	2	苏州晶雷光电照明科技有限公司	24
丽光科技股份有限公司	2	厦门立明光电有限公司	20
亚世达科技股份有限公司	2	胡枝清	19
伽玛索尼科工业(香港)有限公司	2	四川柏狮光电技术有限公司	18
光鼎电子股份有限公司	2	常州润泽光能科技有限公司	18

　　中国申请人在中国申请专利的主要有企业和高校，其中企业申请专利数量前10名如图1-24所示，高校申请专利数量前10名如图1-25所示。

　　由图1-24可知，贵州光浦森光电申请的专利数量最多。贵州光浦森光

39

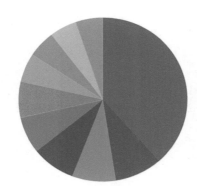

- 贵州光浦森光电有限公司
- 鹤山丽得电子实业有限公司
- 中山市四维家居照明有限公司
- 立达信绿色照明股份有限公司
- 中山市科顺分析测试技术有限公司
- 苏州晶雷光电照明科技有限公司
- 厦门立明光电有限公司
- 四川柏狮光电技术有限公司
- 常州润泽光能科技有限公司
- 鹤山市银雨照明有限公司

图1-24　中国各企业申请灯丝LED专利数量前10名

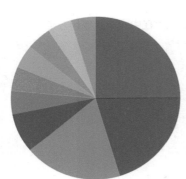

- 中国科学院长春光学精密机械与物理研究所
- 上海无线电设备研究所
- 华南理工大学
- 中国农业科学院农业环境与可持续发展研究所
- 东南大学
- 中国科学院半导体研究所
- 中国计量学院
- 华侨大学
- 广东工业大学
- 杭州电子科技大学

图1-25　中国各高校、研究所申请灯丝LED专利前10名

电有限公司申请灯丝LED专利为133件（见表1-7）。贵州光浦森光电有限公司是从事LED照明产业的科技企业，具有先进的工业设计理念和领先行业的专利设计成果，现已有252件中国专利申请和PCT国际专利申请。在业界独家提出建立LED灯泡为应用中心，使灯泡、灯具、照明控制成为独立生产、应用的终端产品的照明产业架构，并参与将其引入LED照明的贵州地方标准中。

　　鹤山丽得电子实业有限公司申请灯丝LED相关专利31件。鹤山丽得电子实业有限公司是真明丽集团旗下LED室内照明、LED户外照明、LED装饰灯系列、LED娱乐舞台灯系列、LED屏幕系列等产品专业生产加工的公司。真明丽集团成立于1978年，是广东省高新技术企业，所生产的产品被评为"广东省名牌产品"，注册的商标被评为"广东省著名商标"，是中国LED灯具国家标准的制订者之一，在行业内享有很高的声誉：即全球大的LED相关产品生产基地，全球大的装饰灯生产基地，全球大的小型灯泡生产基地和远东大的舞台灯生产基地。

中山市四维家居照明有限公司与立达信绿色照明股份有限公司分别申请专利29件，并列第三。中山市四维家居照明有限公司，是SIWEI LIGHTING公司在中国的全资子公司，是一家集照明产品研发、设计、生产、销售于一体，专业从事玻璃焊锡灯、全铜灯、欧式古典铁艺灯、铁艺树脂灯、焊锡灯、全铜吊灯等照明器具制造商。公司致力于高档古典花灯与现代照明灯具的生产与销售，是全球最大的艺术灯饰生产厂家之一，销售网络已覆盖60多个国家和地区，旗下的"斯诺·美居"和"华美灯饰"两大品牌在灯饰行业占有重要地位。2005年，又开发另一品牌"华美家居"，"华美家居"品牌产品主要以制造、销售高档家具、饰品为主。2007年又推出领导现代奢华风的"斯诺贝斯"的现代灯饰。

立达信绿色照明股份有限公司申请专利29件，公司成立于2000年，是专业研发、生产及销售LED光源、照明灯具、智能产品、物联网智能软硬件、电子节能灯等系列产品并提供系统解决方案的全球知名企业。拥有厦门、漳州、四川三大生产基地，在深圳、台湾、上海、欧洲、美国、日本等地设有分支机构，品牌在世界52个国家和地区注册，产品出口遍及日韩、东盟、中东、欧盟、北美自由贸易区及地中海沿岸等85个国家和地区，全年LED产品出口量及产能稳居全国行业第一。拥有16年制造业经验及上百条自动化生产线，是宜家、欧司朗、GE照明、英国燃气、华为等全球知名品牌的优质供应商和合作伙伴。

中山市科顺分析测试技术有限公司申请专利25件，公司成立于2003年，是一家拥有多年生产经验与销售的灯饰制造企业，是一家专业生产LED系列产品及承接各种路灯工程的专业厂家，产品畅销全国各地，并远销欧美东南亚及中东国家等地区。

图1-25所示为中国高校、研究所申请灯丝LED专利排名前10名的专利权人，由图可以看出，中国科学院长春光学精密机械与物理研究所、上海无线电设备研究所、华南理工大学位于前三名，它们申请的灯丝LED专利数分别为

16件、13件、12件，中国农业科学院农业环境与可持续发展研究所共计5件，东南大学、中国科学院半导体研究所、中国计量学院、华侨大学、广东农业大学、杭州电子科技大学均有3件专利。

中国科学院长春光学精密机械与物理研究所，其核心研究团队有梁中翥、王维彪、梁静秋为主要研发团队。梁中翥是中科院长春光机所研究员，应用光学国家重点实验室副主任，中科院青年创新促进会会员。主要从事红外探测器及微光机电系统、红外光谱仪的应用基础研究。2013年12月～2015年1月在美国杜克大学工程学院做访问学者，从事红外成像系统及等离激元光学方面的研究。作为负责人主持了国家自然科学基金、吉林省科技发展计划重点等项目共10项；参加国家自然基金仪器专项、863计划、中科院创新等项目11项。发表论文94篇，SCI收录58篇，EI收录30篇。申报国家发明专利60项，授权35项。2009年获吉林省第七届"长白青年科技奖"。在国家自然科学基金青年基金支持下，承担了太阳光谱测量中关键器件——绝对微测辐射热计芯片的研制，并首次采用二次CVD同质外延制备出掺杂复合纳米金刚石片，用MOMES技术解决了高长宽比基片光刻制备电阻的难题，研制了一种微型红外辐射探测器；在国家自然科学基金仪器专项及"863"计划资助的"傅里叶变换红外光谱仪研究"中，进行了多级微反射镜、静态干涉仪等关键器件研制等工作。采用等离激元光子学技术开展了高性能非制冷红外探测器的研制工作，设计了一种多色非制冷红外探测器。王维彪研究员，多年来，作为负责人完成国家863计划项目（GaAlAs红光LED材料液相外延生长重大项目、金刚石场发射显示器件）、国家自然科学基金、吉林省科技项目、中科院创新基金项目等10余项；作为骨干和主要完成人参加完成八五科技攻关项目、国家自然科学基金、吉林省科技项目、中科院基金项目、国家重点实验室项目等近20项。研究范围包括InGaAsSb/InAs长波红外激光材料与器件、微显示器件与系统、光子晶体器件、GaAlAs超高亮度发光二极管管芯材料外延生长、发光多孔硅材料的制备及发光特性、金属Mo微尖和硅微尖制备工艺和场发射特性、硅微尖上包覆金刚石、场发射特性以及影响金刚石场发射特性的因素、碳纳米管的制备和应用、金刚石和碳纳米管场发射平板显示原型器件、碳基强流冷阴极材料与器件等。迄今为止，已发表论文100余篇，授权专利20余项，指导博士、硕士研究生20余名。梁静秋研究员，作为负责人主持了国家自然科学基金、国家攀登计划、国家863计划及吉林省科技发展计划项目等研究课题29项，作为骨干参与完成课题20余项。在微光机电系统（MOEMS）及微结构光学领域的研究内容包括微小型傅里叶变换红外光谱技术及仪器、可编程波长信道选择器等微小光学系统研究，微型LED阵列器件工艺探索、微型传感器、驱动器、微型可调谐红外滤光器、高能X射线聚焦组合透镜、MOEMS光开关、光纤图像分割器等器件研究，以及三维微细加工技术研究。迄今为止，已发表学术论文200余篇；以第一发明人获得授权的国家发明专利20项，实用新型专利13项，并被评为2006年吉林省知识产权工作先进个人；培养博士、硕士研究生30余名。

应用光学国家重点实验室（以下简称"应光室"），是我国设立最早的国家重点实验室之一。始建于1986年。1990年，完成基建工作并通过原国家计委组织的正式验收。应光室的依托单位是被誉为中国光学事业摇篮的中国科学院长春光学精密机械与物理研究所。应光室的首任学术委员会主任为新中国光学事业奠基人王大珩院士，首任室主任为南开大学母国光院士。应光室现任（第五届）学术委员会主任为上海交通大学张杰院士，现任室主任为南开大学许京军教授。应光室拥有液晶光学、微纳器件与系统、短波光学、光学信息融合与信息安全、色度学与大色域显示、空间光学精细遥感等主要学科方向。室内从事应用基础研究的科研人员共计87人，其中中科院院士1人，研究员15人（含国家二级研究员2人），副研究员15人。室内45岁以下的年轻科研人员所占比例高达80%以上。应光室高度重视与国内应用光学及其他相关领域的研究力量进行合作研究。为充分开发共享资源，提高开放度，应光室设有对外开放基金研究项目，并对所有大型仪器设备均实行对外开放制度。应光室内设立了技术支撑组，具体负责全室大型仪器设备的管理、运行、升级改造等工作，并为来自社会各界的科研技术人员提供高质量的光学检测技术服务。应光室的总体定位是：面向世界科技发展前沿，开展应用光学及相关学科领域的应用基础研究，解决关键基础科技问题；面向国家战略需求，承担国家的重大科学工程及高技术研究任务，提供重大关键技术装备及具有市场前景的高技术研究成果；面向国家应用光学事业发展的持续性人才需求，培养应用光学领域的高级学术与技术人才。建室以来，在各级主管部门的领导下，在实验室学术委员会及依托单位

LED

LIGHT EMITTING DIODE

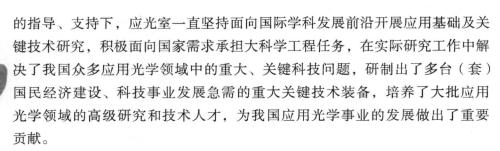

的指导、支持下，应光室一直坚持面向国际学科发展前沿开展应用基础及关键技术研究，积极面向国家需求承担大科学工程任务，在实际研究工作中解决了我国众多应用光学领域中的重大、关键科技问题，研制出了多台（套）国民经济建设、科技事业发展急需的重大关键技术装备，培养了大批应用光学领域的高级研究和技术人才，为我国应用光学事业的发展做出了重要贡献。

华南理工大学灯丝 LED 研究主要在高分子光电材料与器件研究所（以下简称"光电所"）。光电所成立于 1999 年，所长为曹镛院士。光电所自创立以来，以应用基础研究与开发相结合为办所方针、以高分子材料与器件相结合为办所特色、以求实创新为目标，集基础研究和应用开发、材料合成和器件物理于一体，在三个国际前沿领域展开特色研究：高分子发光材料及器件、高分子场效应材料及器件。现光电所为发光材料与器件国家重点实验室的一部分。该实验室针对我国战略性新兴产业中光电信息领域的发光显示、光纤通信与传感、节能照明等方面的重大需求，瞄准发光学的国际研究前沿，围绕发光动力学过程、发光材料与器件的关键科学问题，开展发光物理与化学的基础研究和应用基础研究。重点开展四个方向的研究：（1）发光与光伏物理机制研究，主要研究有载流子输运、激发态过程、能级匹配、电子跃迁等基本科学问题等；（2）材料的分子凝聚态结构与光电性能，主要研究分子设计与合成、溶液流变性质及相结构调控、发光薄膜结构调控与机制、发光分子结构、光伏器件薄膜结构调控等；（3）发光与光伏器件，主要研究有机高分子发光器件、掺稀土光学功能材料结构与发光性能、太阳电池、传感器和探测器、全印刷制备光电器件等；（4）发光显示、照明、光纤激光器与光伏器件系统集成，主要研究有机/高分子发光显示与系统集成、OLED 大尺寸 TFT 面板及专用 OLED 驱动 IC、OLED 显示屏图像校正、OLED 应用、有机/高分子白光照明器件、基于新型衬底的 GaN 基蓝光和白光 LED、光伏器件、光纤激光器等。

曹镛在 1998 年前主要从事导电聚合物的结构与性能关系及发光材料与器件研究。曾提出了"对阴离子诱导加工性"新概念，实现了使高导聚苯胺从非极性有机溶剂或通用高分子熔体中加工成高导电材料，首次在国际上实现了可弯曲的大面积塑料发光二极管，通过对发光高分子材料与金属电极界面特性的研究，改进了器件的长期工作稳定性，提出在聚合物发光二极管中电荧光效率有可能突破25%的量子统计规则。1998年后在华南理工大学主要参与合成一系列新型（含硒、含硅）等窄带隙光电高分子材料及单链白光材料等，首次实现用银胶做阴极的全印刷聚合物发光器件。他的专利申请主要是含硒杂环化合物的聚合物及其在制备发光材料中的应用、含极性集团电磷光共轭聚合物、含有金属配合物，以及其他高分子的制备方法及其在有机电致发光器件上的应用。

华南理工大学张波教授，主要研究方向为：电力电子非线性分析与控制；无线电能传输机理及装置；新能源高效电能变换技术；高性能交流电机控制；微电网。获得国家技术发明二等奖1项、国家优秀专利奖2项、中国机械工业技术发明一等奖1项、教育部、广东省等省部级技术发明二等奖10项；培养硕士、博士和博士后110多名；获得美国发明专利2项、中国发明专利80多项；在国内外学术期刊发表论文400多篇，其中SCI收录80多篇、EI收录200多篇；在IEEE-Wiley出版著作2部。研究资助：先后主持国家863、国家自然科学基金重点等国家及省部级重大科研项目等40余项。

1956年，在我国十二年科学技术发展远景规划中，半导体科学技术被列为当时国家新技术四大紧急措施之一。为了创建中国半导体科学技术的研究发展基地，国家于1960年9月6日在北京成立中国科学院半导体研究所（以下简称"半导体所"），开启了中国半导体科学技术的发展之路。

半个多世纪以来，半导体研究所在半导体科学的基础研究和高新技术研究与产业化方面，取得了大量的重要成果，培养了一批又一批优秀科技人才，为我国科技事业发展、国民经济建设做出了重要贡献。研制出中国第一只锗晶体管、硅平面晶体管、半导体固体组件；研发出第一根锗单晶、硅单晶、砷化镓单晶；制造出第一台硅单晶炉、区熔炉，取得了一系列重大原创性成果。曾先后获得国家自然科学奖二等奖、国家科技进步奖一等奖等重大奖励，黄昆院士荣获2001年度国家最高科学技术奖。

半导体所拥有两个国家级研究中心——国家光电子工艺中心、光电子器件国家工程研究中心；三个国家重点实验室——半导体超晶格国家重点实验室、集成光电子学国家重点联合实验室、表面物理国家重点实验室（半导体所区）；三个院级实验室（中心）——半导体材料科学重点实验室、中科院半导

LED

LIGHT EMITTING DIODE

体照明研发中心和中科院固态光电信息技术重点实验室。此外，还设有半导体集成技术工程研究中心、光电子研究发展中心、高速电路与神经网络实验室、纳米光电子实验室、光电系统实验室、全固态光源实验室、元器件检测中心和半导体能源研究发展中心。并成立了图书信息中心，为研究所提供科研支撑服务。

导体研究所现有职工690余名，其中科技人员480余名，中国科学院院士8名，中国工程院院士2名，正副研究员及高级工程技术人员209名，"百人计划"入选者及国家"杰青"获得者44人次、国家百千万人才工程入选者6名。其中黄昆先生荣获2001年度国家最高科学技术奖。设有3个博士后流动站，3个一级学科博士培养点，3个工程硕士培养点。

半导体所高度重视国内外交流合作，与地方政府、科研机构、大学和企业等共建了2个院士工作站、3个研发（转移）中心、6个联合实验室，积极为企业和区域经济社会发展服务。同时积极开展多层次、全方位的国际学术交流与合作，成绩显著，科学技术部和国家外国专家局批准成立"国家级国际联合研究中心"。并且以自主知识产权的专利和专有技术投资，融合社会资本建立了10余家高技术企业，并实施科研成果转化为现实生产力，已初步形成产业化、商品化规模。

半导体所秉承"以人为本、创新跨越、唯真求实、和谐发展"的办所理念，奋斗不息，勇攀高峰，取得了快速发展，研究所已逐渐发展成为集半导体物理、材料、器件研究及其系统集成应用于一体的国家级半导体科学技术的综合性研究机构。

宋国峰现任中科院半导体所纳米光电子实验室主任。1987年北京理工大学光电工程系毕业获工学学士学位；1992年中国科学院北京天文台获理学硕士学位；2000年北京理工大学光电工程系获光学工程专业工学博士学位；2001年中国科学院国家天文台获理学博士学位。

1992至2001年在国家（北京）天文台主要从事光学及光谱分析仪器研制，物理光学，天体物理技术的研究工作。先后参加过国家基金委重大项目太阳磁场速度场和空间太阳望远镜的研究；中国科学院重大项目多通道太阳望远镜的研制；中国科学院特别支持项目球载太阳望远镜的研制；中国科学院重大项目和863-2项目空间太阳望远镜关键技术攻关及地面演示系统的研制。担任上述项目的总体专家组成员，子课题组组长。取得了多项研究成果，1995年获科学院科技进步一等奖，1996年获国家科技进步二等奖，2000年获政府特殊津贴。

2001年至今在中科院半导体所主要从事半导体光电材料及器件的研究工作，在表面等离子体有源光学器件的研究方面，提出并开展了部分模拟设计和制备工作。制作出650 nm波段300 nm孔径出光功率达到1.7 mW以上的微小孔径激光器，并研究了器件的各种性能和物理机制，工作成果已达国际先进水平。表面等离子体激光器研究成果被《Nature Photonics》作为研究亮点在其期刊上发表了相关评述（vol.1，2007年9月），纳米光源的研究成果2005年8月被美国《Laser Focus World》杂志作为Newsbreaks报道，纳米光源应用的研究成果被《Photonic Spectrum》2006年6月作为研究亮点进行了报道。对表面等离子激元的局域增强效应等开展了初步的研究，对应用表面等离子激元的太阳能电池、生物探测、传感测量、慢光效应器件、人工电磁介质器件，波导器件等开展了初步的模拟分析、纳米结构加工制备的探索研究。已在国内外学术刊物及国际学术会议上发表了多篇论文。

杭州电子科技大学新型电子器件与应用研究所成立于2006年，前身为1991年创建的CAE（Computer Aided Engineering）研究所。研究所的主要研究方向：集成化电子器件、抗EMI（电磁干扰）技术、基于新型器件的测试系统。

研究所继邓先灿教授于20世纪90年代成功研发出集成化半导体压力传感器、陈显夔教授完成集成化SAW压力传感器的研发和中试之后，秦会斌教授于2002年研发成功集成化SAW滤波器；2001年秦会斌教授研发的抗电磁干扰屏蔽涂层导电性高，抗老化性能好，在复杂形状表面应用时最具优势，经省级鉴定，达到国际先进水平，成果已成功实施产业化。2002年秦会斌教授与周继军高工等人研发出新一代的MgZn系列RF抗电磁干扰器件，在技术上突破了传统的MnZn和NiZn系列抗EMI器件的范围，经专家鉴定在技术上有重大创新，项目已在浙江湖州科峰磁业有限公司成功推广，系列产品的年产值已经达到1亿元以上。2004年秦会斌教授率领研究小组研发出集成化弱磁场传感器及其测试系统，2005年秦会斌教授率领研究小组在国内率先开展了集成化薄膜变压器和集成化薄膜电感的研究，并研发出RF波段器件。研究所目前承担有总装备部预研项目、国家科技计划项目、国家自然科学基金、国防重点实验室基金以及其他省部级课题。已完成了国家和省部级科研课题30余项，并常年为地方经济社会发展提供服务。

研究所发表论文150余篇，其中SCI、EI、ISTP 40余篇。已获国家发明专利2项，实用新型专利2项，集成电路布图设计登记证书20项，软件著作权3项。获浙江省科学技术三等奖1项，中国电子学会电子信息科学技术奖三等奖1项，浙江省电子工业科技进步一等奖2项，浙江省教委科技进步奖二等奖2项，浙江省教委科技进步奖三等奖1项，浙江省教育厅科研成果奖一等奖1项，浙江省教育厅科研成果奖二等奖2项，浙江省教育厅科研成果奖二等奖1项，浙江省自然科学优秀论文奖二等奖2项。

秦会斌现为杭州电子科技大学新型电子器件与应用研究所所长，教授，电路与系统、微电子学与固体电子学专业硕士生导师，博士生导师。主要研究方向为LED驱动电源技术、电子测试技术与仪器、抗电磁干扰技术、新型电子器件及ASIC设计、现代传感器设计及应用。主要从事电子信息材料与电子信息器件的分析、设计与研制工作，智能化、集成化传感技术为主要研究方向之一。先后主持和参加了国家和省部各类项目20余项，主持在研的国家和省部各类项目6项。在材料与器件研究方面开展了一系列具有创新性的研究工作，例如在国内较全面地开展了对薄膜中柱状微结构的研究，在国际上最早得出TbFeCo薄膜中的柱状微结构是由密度调制形成的结论和直接证据。在国内外学术刊物上发表学术论文100余篇，2001年被评为浙江省中青年学术骨干，2002入选浙江省"新世纪151人才工程"。为中国电子装备委员会科研院所工作委员会理事，浙江省电子显微分析学会理事，国防科技进步奖评审专家。

发明人分析

在中国申请灯丝LED专利的发明人排名前三名分别为张哲源、张继强、文勇，申请人主要来自贵州、广东、浙江等地（见图1-26）。

张哲源与张继强均为贵州光浦森光电有限公司股东，其中张哲源申请专利133件，张继强申请专利133件。技术分类主要集中在F21Y101、F21V29、F21V19，将其专利按照全文聚类分析，其中安装界面支架、灯泡内罩、挤压型散热器，主要是点状光源；防止照明装置热损害，专门适用于照明装置或

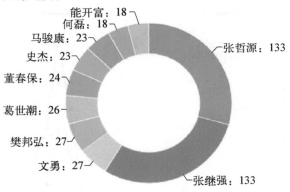

图1-26 中国灯丝LED专利的发明人分析

系统的冷却或加热装置；光源或灯架的固定。

文勇为中山市科顺分析测试技术有限公司经理，申请专利27件。技术分类主要集中在F21Y101、F21S4、F21V19，将其专利按照全文聚类分析，其中柔性带状电路板、条长边沿、翼状辅助板体，主要是点状光源；使用光源串或带的照明装置或系统；光源或灯架的固定。

樊弘邦为鹤山丽得电子实业有限公司董事长，申请专利27项。技术分类主要集中在F21Y101、F21V19、F21S4，将其专利按照全文聚类分析，其中柔性电路板、柔性带状LED光源、折叠式软电路板，主要是点状光源；光源或灯架的固定；使用光源串或带的照明装置或系统。

技 术 分 类

对中国LED灯丝灯专利技术分类构成作分析，得到其技术分类各年申请情况及趋势，如图1-27所示；以及各国或各省申请专利中各技术分类具体申请的数量，如图1-28所示和表1-8所示。

由各个国家及地区的技术分类列表可以看出，在F21Y101/02方面的LED灯丝灯专利中中国申请量最多，为3 394件，其次则为中国台湾（110件）、中国香港（13件）。而关于F21S2/00，中国申请量最多，为2 056件，其次则

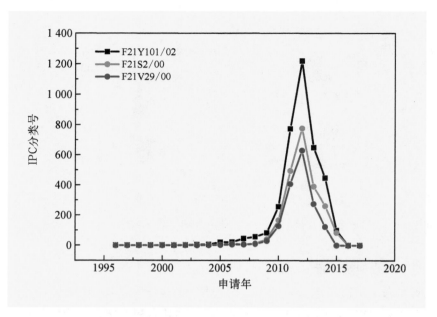

图1-27　中国灯丝LED专利技术分类年度申请趋势

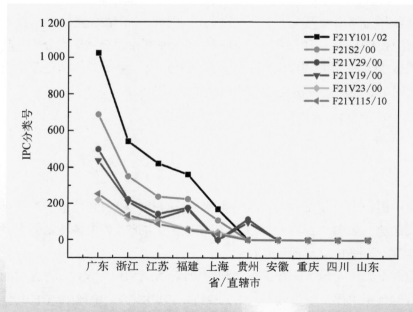

图1-28　中国灯丝LED专利技术分类——省分析

表1-8　各国及地区按技术分类的专利申请数目

IPC	中国	中国台湾	中国香港	日本	罗马尼亚	德国	韩国	意大利	俄罗斯	塞尔维亚	英国	新加坡	美国	哈萨克	加拿大	丹麦	荷兰	全部
F21Y101/02	3 394	110	13	10	8	0	0	0	0	0	0	0	0	0	0	0	0	3 535
F21S2/00	2 056	75	6	11	6	0	0	0	0	0	0	0	0	0	0	0	0	2 154
F21V29/00	1 510	47	4	4	6	0	0	0	0	0	0	0	0	0	0	0	0	1 571
F21V19/00	1 334	35	2	0	2	0	0	0	0	0	0	0	0	0	0	0	0	1 374
F21V23/00	714	26	4	0	4	0	1	0	0	0	0	0	0	0	0	0	0	749
F21Y115/10	719	19	4	2	2	0	0	0	0	0	0	0	0	0	0	0	0	746
F21V17/10	467	11	1	4	0	0	1	0	0	0	0	0	0	0	0	0	0	484
F21V23/06	395	18	2	1	0	0	0	1	0	0	0	0	0	0	0	0	0	417
F21V29/83	419	7	0	1	2	0	0	0	0	0	0	0	0	0	0	0	0	429
F21V29/50	328	8	1	0	1	0	0	0	0	0	0	0	0	0	0	0	0	338
F21V29/70	313	4	1	1	1	0	0	0	0	0	0	0	0	0	0	0	0	320
F21V17/00	277	9	1	2	1	0	0	0	0	0	0	0	0	0	0	0	0	290
F21S8/00	298	0	0	0	2	0	0	0	0	0	0	0	0	0	0	0	0	299
F21V29/503	273	6	1	1	0	0	0	0	0	2	0	0	0	0	0	0	0	283
F21V17/12	267	3	0	0	0	0	0	0	0	0	2	0	0	0	0	0	0	272
H05B37/02	243	11	0	0	1	0	0	0	0	0	0	1	1	0	0	0	0	258

LED

LIGHT EMITTING DIODE

（续表）

IPC	中国	中国台湾	中国香港	日本	罗马尼亚	德国	韩国	意大利	俄罗斯	塞尔维亚	英国	新加坡	美国	哈萨克	加拿大	丹麦	荷兰	全部
F21V3/04	248	5	1	0	0	0	0	0	0	0	0	0	1	0	0	0	0	255
F21V29/77	231	10	0	0	0	0	0	0	0	0	0	0	0	0	0	0	0	241
F21V23/04	220	6	1	0	0	0	0	0	0	0	0	0	0	0	0	0	0	228
F21V29/74	214	7	1	0	0	0	0	0	0	0	0	0	0	0	1	0	0	223
F21S4/00	203	4	4	0	0	0	0	1	0	0	0	0	0	0	0	2	0	214
F21V29/89	219	5	0	1	1	0	0	0	0	0	0	0	0	0	0	0	0	226
F21K9/232	193	4	3	0	1	0	0	0	0	0	0	0	0	0	0	0	1	202
F21V29/71	203	5	1	0	0	0	0	0	0	0	0	0	0	0	0	0	0	209
F21V33/00	200	2	0	0	0	0	0	0	0	0	0	0	0	0	0	0	0	202
F21V3/02	167	4	1	0	0	0	0	0	0	0	0	0	0	0	0	2	0	174
F21V31/00	152	8	0	0	0	0	0	0	0	0	0	0	0	0	1	0	0	161
F21V29/508	123	3	0	0	0	0	0	0	0	0	0	0	0	0	0	0	0	126
F21V5/04	115	3	0	0	0	0	0	0	0	0	0	0	0	0	0	0	0	119
F21V15/02	104	8	0	0	0	0	0	0	0	0	0	0	0	0	1	0	0	113

注：其中，F21Y101/02为微型光源，F21S2/00为不包含在大组F21S4/00至F21S10/00或F21S19/00中的照明装置系统，F21V29/00为光源或灯架的固定，专门适用于照明装置或系统的冷却或加热装置，F21V19/00为光源或灯架的固定，F21V23/00为防止照明装置热损害；

F21V23/00 为照明装置内或上面电路元件的布置，F21Y115/10 为发光二极管（LED），F21V17/10 为以专门的紧固器材或紧固方法为特征，H05B37/02 为控制，F21K99/00 为本小类其他各组中不包括的技术主题，F21V23/06 为连接装置的元件，F21V29/83 为元件具有孔、管或通道，例如热辐射孔，F21S8/00 为准备固定安装的照明装置（F21S9/00，F21S10/00 优先；使用光源串或带的，如 F21S4/00），F21V17/00 为照明装置组成部件，F21V29/70 为以被动散热元件为特征的，F21V29/50 为冷却装置（驱散或利用照明固定装置热量的空气处理系统如 F24F3/056），F21V3/04 为以材料为特点的；以表面处理或表面涂层为特点的，F21V23/04 为元件为开关，F21V29/503 为光源的（在结构上与气体放电灯或蒸气放电灯相关联的冷却装置如 H01J61/52；在结构上与白炽电灯相关联的冷却装置如 H01K1/58；在结构上与发光二极管相关联的冷却装置如 H01L33/64），F21V33/00 为不包含在其他类目中的照明装置与其他物品在结构上的组合，F21S4/00 为使用光源串或带的照明装置或系统，H01L33/00 为至少有一个电位跃变势垒或表面势垒的专门适用于光发射的半导体器件；专门适用于制造或处理这些半导体器件或其部件的方法或设备；这些半导体器件的零部件（H01L51/00 优先；由在一个公共衬底中或其上形成有多个半导体组件并包括具有至少一个电位跃变势垒或表面势垒，专门适用于光发射的器件，如 H01L27/15；半导体激光器如 H01S5/00），F21V17/12 为借助于拧紧螺丝，F21V3/02 为以形状为特点的，F21V29/77 为带有发散平面基本相同的翅片或叶片，例如扇形或星形横截面，F21K9/232 为专门适用于产生全方位光源分布的，F21V29/74 为带有翅片或叶片，F21V29/89 为金属，F21S8/10 为专门适用于车辆，H05B33/08 为并非适用于一种特殊应用的电路装置，F21V29/71 为使用以导热装置连接起来的分离元件的组合，F21V5/04 为透镜形的，F21V31/00 为防气或防水装置，F21V7/00 为光源的反射器，F21S6/00 为准备独立使用的照明装置（F21S9/00，F21S10/00 优先），F21L4/00 为带有机内电池或电池组的电照明装置，G09F9/33 为半导体装置，F21V29/508 为电路的，F21V5/00 为光源的折射器（以冷却装置为特征的如 F21V29/504），F21V7/22 为以材料为特点的；以表面处理或涂层为特点的，H01L33/48 为以半导体封装体为特征的，F21V21/00 为照明装置的支撑、悬挂或连接装置（F21V17/00，F21V19/00 优先），F21V3/00 为灯罩；反光罩；防护玻璃罩（折射性质的如 F21V5/00；反射性质的如 F21V7/00；以冷却装置为特征的如 F21V29/506），F21V15/02 为罩壳，F21V8/00 为使用无孔薄片的，F21V23/02 为元件为变压器或阻抗，F21W131/103 为用于大街或道路，F21V17/16 为通过照明装置的部件的变形；瞬动安

装，H01L25/075为包含在H01L33/00组类型的器件，F21V29/02为通过强迫空气通过光源上方或其周围冷却（在结构上与电灯结合的冷却装置如H01J61/52，H01K1/58），F21V29/85为以材料为特征的（液体冷却剂F21V29/56），F21S4/24为采用丝带或条带形状，F21S8/04为仅打算镶嵌在顶棚上或类似头顶上方结构上的（F21S8/02优先），H01L33/62为向该半导体导入或自该半导体导出电流的装置，H01L33/64为热吸收或冷却元件，H05B37/00为用于一般电光源的电路装置，F21S9/02为电源是电池或蓄电池，F21K9/238为集成于光源中的电路元件的配置和安装，H01L33/50为波长转换元件，F21V7/04为光学设计，F21V29/67为以风扇布置为特征的，F21K9/23为其每个光源都具有一个单独的安装装置的用于照明装置的替代光源，F21V29/507为防止照明装置受损的装置的，F21V21/002为直接电接触，H01L33/58为光场整形元件，F21V29/51为利用流体的冷凝或蒸发，H01L25/13为包含在H01L33/00组类型的器件，F21S9/03为通过曝光再充电，F21V29/76为带有平行平面基本相同的翅片或叶片，F21Y101/00为点状光源，F21K9/235为灯座或灯头的零部件，例如将光源连接到安装装置上的部件；灯座或灯头内部部件的布置，F21V为照明装置或其系统的功能特征或零部件；不包含在其他类目中的照明装置和其他物品的结构组合物，F21V29/56为利用冷却液，G08G1/095为交通灯，F21K9/237为灯壳或罩箱的零件，例如在发光元件和灯座之间的部件；外壳或罩箱内部部件的配置，F21V29/87为有机材料，F21V7/10为光导的使用，F21V9/10为带有改变光强或颜色装置的，F21V1/00为光源的遮光装置，F21V19/02为带有调节装置的，F21V5/08为能产生不对称光分布的，F21W121/00为用于装饰的照明装置或系统的用途或应用，H01L33/60为反光元件，F21L4/02为以提供两个或更多个光源为特点，F21V13/04为元件为折射器和反射器，B60Q1/26为装置主要用于向其他交通工具指明车辆及其部件或发出信号，F21S为非便携式照明装置或其系统（燃烧器如F23D；电的方面或元件见H部，例如电光源如H01J，H01K，H05B），F21S10/00为产生变化的照明效果的照明装置和系统，F21V15/00为照明装置的防损措施（防止热损害的如F21V29/00；气密或水密装置如F21V31/00），F21V13/00为借助于在大组F21V1/00至F21V11/00中的两个或更多个组中规定的元件的组合使发出的光产生特殊的性能和分布（通过调节零部件改变发光的特性和分布如F21V14/00），F21L4/08为以就地为蓄电池或电池组再充电为特点，F21S8/06为利用悬挂，F21W101/02为用于陆地车辆，F21S8/08为使用一个支架，H01L33/56为材料，H05B35/00为应用不同的发光类型相互组合的电光源，F21V15/01为箱体，F21W101/10为前灯、聚光灯。

为中国台湾（75件）、日本（11件）。关于F21V29/00，中国申请量最多，为1 510件，其次则为中国台湾（47件）、罗马尼亚（6件）。关于F21V19/00，中国申请量最多，为1 334件，其次则为中国台湾（35件）、中国香港（2件）。关于F21V115/10，中国申请量最多，为719件，其次则为中国台湾（19件）、中国香港（4件）。关于F21V23/00，中国申请量最多，为714件，而中国台湾、中国香港位居第二、第三名。中国灯丝LED专利技术分类—各省分析，如图1-28所示，各省在微型光源方面申请的专利为2 519件。

表1-9列出了在我国申请的按技术分类的专利数量较多的省（市），由各省（市）技术分类专利申请数目可知：关于F21Y101/02方面专利申请，广东、浙江、江苏三地位居前三名，专利申请量分别为1 025、542、421件。关于F21S2/00方面专利申请，广东以689件专利申请位居第一，浙江专利申请量为351件，排名第二，江苏则以239件专利申请位居第三名。关于F21V29/00方面专利申请，广东以500件专利申请位居第一，浙江专利申请量为224件，排名第二，福建则以178件专利申请位居第三名。关于F21V19/00方面专利申请，广东以438件专利申请位居第一，浙江专利申请量为211件，排名第二，福建则以169件专利申请位居第三名。关于F21V23/00方面专利申请，广东以221件专利申请位居第一，浙江专利申请量为118件，排名第二，江苏则以107件专利申请位居第三名。关于F21Y115/10方面专利申请，广东、浙江、江苏分别以255、136、89件专利申请位居前三名。关于F21Y17/10方面专利申请，广东、浙江、福建分别以181、81、46件专利申请位居前三名。关于F21Y23/06方面专利申请，广东、浙江、江苏分别以147、69、31件专利申请位居前三甲。从整体来看，广东省在F21Y101/02、F21S2/00、F21V29/00、F21V19/00、F21V23/00、F21Y115/10、F21Y115/10、F21Y23/06八方面均领先于其他省（市），而贵州在F21S8/00方面领先于其他省（市），江苏在F21V33/00方面领先于其他省（市）。可知广东省在微型光源、不包含在大组F21S4/00至F21S10/00或F21S19/00中的照明装置系统、防止照明装置热损害；专门适用于照明装置或系统的冷却或加热装置、光源或灯架的固定、照明装置内或上面电路元件的布置、发光二极管（LED）、以专门的紧固器材或紧固方法为特征、控制相比于其他省（市）有一定的技术优势，而贵州则在准备固定安装的照明装置相比于其他省（市）有技术优势，江苏则在不包含在其他类目中的照明装置与其他物品在结构上的组合相比于其他省（市）有一定的技术优势。

表1-9　各省（市）技术分类专利申请数目

IPC分类号	广东	浙江	江苏	福建	上海	贵州	安徽	重庆	四川	山东
F21Y101/02	1 025	542	421	361	169	0	0	0	0	0
F21S2/00	689	351	239	226	108	0	0	0	0	0
F21V29/00	500	224	144	178	0	115	0	0	0	0
F21V19/00	438	211	117	169	0	97	0	0	0	0
F21V23/00	221	118	107	60	43	0	0	0	0	0
F21Y115/10	255	136	89	55	32	0	0	0	0	0
F21V17/10	181	81	34	46	0	43	0	0	0	0
F21V23/06	147	69	28	31	0	27	0	0	0	0
F21V29/83	183	69	36	39	0	0	12	0	0	0
F21V29/50	92	51	25	42	0	47	0	0	0	0
F21V29/70	128	47	34	31	12	0	0	0	0	0
F21V17/00	86	37	33	47	0	24	0	0	0	0
F21S8/00	51	45	33	30	0	58	0	0	0	0
F21V29/503	74	59	28	39	14	0	0	0	0	0
F21V17/12	103	43	27	22	0	0	0	9	0	0
H05B37/02	47	36	29	21	0	0	0	0	22	0
F21V3/04	100	26	33	23	15	0	0	0	0	0
F21V29/77	79	27	13	14	0	33	0	0	0	0
F21V23/04	50	35	38	19	0	0	0	0	0	14
F21V29/74	71	26	23	23	0	0	9	0	0	0
F21S4/00	103	30	11	0	9	0	0	0	8	0
F21V29/89	94	15	17	21	0	11	0	0	0	0
F21K9/232	55	47	31	17	12	0	0	0	0	0
F21V29/71	70	25	20	26	0	17	0	0	0	0
F21V33/00	26	27	50	17	0	0	0	0	0	14
F21V3/02	68	28	21	20	5	0	0	0	0	0
F21V31/00	53	26	12	0	0	25	0	0	0	5
F21V29/508	42	18	11	14	7	0	0	0	0	0
F21V5/04	42	22	9	10	7	0	0	0	0	0
F21V15/02	33	24	12	8	7	0	0	0	0	0

广东省灯丝LED专利分析

广东省灯丝LED专利年度趋势

由图1-29可以清楚地看到对广东省而言，其LED灯丝灯专利基本上直到1998年才开始，然后有一个缓慢增长过程，这时候主要以华南理工大学光电所等科研单位为主，从2009年到2013年间广东省LED灯丝灯专利申请比较多，此时广东省很多企业也开始大量申请相关专利。

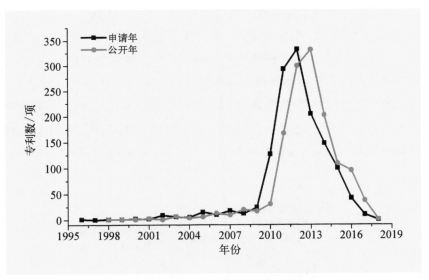

图1-29　广东省灯丝LED专利年度趋势图

广东省灯丝LED申请人构成

鹤山丽得电子实业有限公司：31件专利。技术分类主要集中在F21Y101、F21V19、F21S4，F21V23、F21Y103等，将其专利按照全文聚类分析，其中带状LED、柔性电路板、柔性LED灯条，F21Y101为点状光源；F21V19为光源或灯架的固定，包括只用联接装置固定电光源等；F21S4 为使用光源串或带的照明装置或系统；F21V23 为照明装置内或上面电路元件的布置，比如防止照明装置热损害等。鹤山丽得电子实业有限公司是真明丽集团旗下 LED 室内照明、LED 户外照明、LED 装饰灯系列、LED 娱乐舞台灯系列、LED 屏幕系列等产品专业生产加工的公司，真明丽集团成立于 1978 年，是广东省高新技术企业，所生产的产品被评为"广东省名牌产品"，注册的商标被评为"广东省著名商标"，是中国 LED 灯具国家标准的制订者之一，在行业内享有很高的声誉：即全球大的 LED 相关产品生产基地，全球大的装饰灯生产基地，全球大的小型灯泡生产基地和远东大的舞台灯生产基地。集团产品生产线包括 LED 晶片制造，LED 封装，LED 景观应用灯具，LED 商业照明灯具，LED 道路照明灯具，装饰灯，光纤灯，舞台灯，音响，激光表演技术系统，多媒体显示系统，太阳能照明技术应用系统等多个系列，超过一万种产品。

中山市四维家居照明有限公司：29 件专利。技术分类主要集中在 F21V29、C08K13、C08K7、C08L23、C08L69 等，将其专利按照全文聚类分析，其中散热体内设有驱动元件、环形缺槽、安装座、灯头上设有 LED 光源、连接部、PCB 板，F21V29 为防止照明装置热损害，专门适用于照明装置或系统的冷却或加热装置，比如与空调系统的出口结合的照明灯具等；C08K7 使用的配料以形状为特征；C08L23 为只有 1 个碳—碳双键的不饱和脂族烃的均

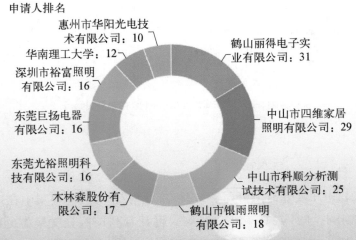

图 1-30　广东省灯丝 LED 专刊申请人构成分析

聚物或共聚物的组合物，此种聚合物的衍生物的组合物；C08L69为聚碳酸酯的组合物，聚碳酸酯衍生物的组合物。中山市四维家居照明有限公司，是SIWEI LIGHTING公司在中国的全资子公司，是一家集照明产品研发、设计、生产、销售于一体，专业从事玻璃焊锡灯、全铜灯、欧式古典铁艺灯、铁艺树脂灯、焊锡灯、全铜吊灯等照明器具制造商。公司致力于高档古典花灯与现代照明灯具的生产与销售，是全球最大的艺术灯饰生产厂家之一，销售网络已覆盖60多个国家和地区，旗下的"斯诺·美居"和"华美灯饰"两大品牌在灯饰行业占有重要地位。2005年，又开发另一品牌"华美家居"，"华美家居"品牌产品主要以制造、销售高档家具、饰品为主。2007年又推出领导现代奢华风的"斯诺贝斯"的现代灯饰。

中山市科顺分析测试技术有限公司：25件专利。技术分类主要集中在F21Y101、F21S4、F21V19、F21V23、F21Y103等，将其专利按照全文聚类分析，其中柔性带状电路板、条长边沿、翼状辅助板体、LED灯泡端开口、软铜板，F21Y101为点状光源；F21S4为使用光源串或带的照明装置或系统；F21V19光源或灯架的固定；F21V23照明装置内或上面电路元件的布置；F21Y103为长型光源，例如荧光灯管。公司成立于2003年，是一家拥有多年生产经验与销售的灯饰制造企业，是一家专业生产LED系列产品及承接各种路灯工程的专业厂家，产品畅销全国各地，并远销欧美东南亚及中东国家等地区。

鹤山市银雨照明有限公司：18件专利。技术分类主要集中在F21V19、F21V23、F21S4、F21Y101、F21Y103等，将其专利按照全文聚类分析，柔性LED灯板、绝缘外皮、LED灯泡，LED灯条，LED球泡、柔性LED灯带，F21V19为光源或灯架的固定；F21V23为照明装置内或上面的电路元件的布置；F21S4为使用光源串或带的照明装置或系统；F21Y101为点状光源；F21Y103为长型光源，例如荧光灯管等。鹤山市银雨照明有限公司是真明丽集团旗下公司，公司成立于1978年，是广东省高新技术企业，所生产的产品被评为"广东省名牌产品"，注册的商标被评为"广东省著名商标"，是中国照明用LED国家标准的制订者之一，也是全世界唯一一家既研制LED上游晶片又生产LED下游应用产品的企业，在行业内享有崇高的声誉：即全球最大的LED相关产品生产基地，全球最大的装饰灯生产基地，全球最大的小型灯泡生产基地和远东最大的舞台灯生产基地。

木林森股份有限公司：17件专利。技术分类主要集中在F21Y101、

F21S2、F21V29、F21V19、F21V23等，将其专利按照全文聚类分析，LED球泡灯、LED光源组件、电源模块、散热外壳、LED灯珠，F21Y101为点状光源；F21S2为不包含使用光源串或带的照明系统或装置与光源或灯架的固定中的照明装置系统，例如模块化结构；F21V29为防止照明装置热损害，专门适用于照明装置或系统的冷却或加热装置，例如与空调系统的出口结合的照明灯具；F21V19为光源或灯架的固定，只用联接装置固定电光源；F21V23为照明装置内或上面电路元件的布置。木林森股份有限公司，成立于1997年。主品牌标识为"木林森"。木林森是中国领先的集LED封装与LED应用产品为一体的综合性光电高新技术企业。拥有高效精准的生产、研发和检测设备，结合先进的生产管理技术，已经成为全球最大规模的LED生产企业。"木林森照明"是木林森股份有限公司的荣誉商标，多年来一直为用户提供优质、可靠的高品质照明产品，这些产品都逐渐成为市场的主流方向和行业规范。

广东省灯丝LED技术分类构成

广东省技术分类专利申请数目如表1-10所示。

表1-10　广东省技术分类专利申请数目

IPC分类号	专利申请数目	IPC分类号	专利申请数目
F21Y101/02	1 025	F21V23/00	221
F21S2/00	689	F21V29/83	183
F21V29/00	500	F21V17/10	181
F21V19/00	438	F21V23/06	147
F21Y115/10	255	F21V29/70	128

由表1-10可以看出，广东的企业和高效在灯丝LED专利申请主要集中在：微型光源；不包含使用光源串或带的照明装置或系统至产生变化的照明效果的照明装置和系统或光源、灯架的固定（只用联接装置固定电光源）中的照明装置系统；防止照明装置热损害；专门适用于照明装置或系统的冷却或加热装置（与空调系统的出口结合的照明灯具）；光源或灯架的固定（只用联接装置固定电光源）；发光二极管；照明装置内或上面电路元件的布置（防止照明装置热损害）。

灯丝 LED 专利现状

全球灯丝 LED 专利现状

目前，灯丝 LED 的生产厂商主要集中于中国、美国、韩国这三个国家地区。虽然灯丝 LED 技术起源于日本，但因为成本和产业链的关系，最终实现大规模产业化的国家和地区却集中在中国。贵州光浦森光电科技有限公司近年来在灯丝 LED 领域的专利布局力度很大，研究十分活跃，相应研发投入也非常看好，但是专利的价值普遍不高，因此该公司必然要加强研发，增强自身专利实力，扫清发展障碍，同时还要加强在全球范围内的专利布局，拓展国际市场。

中国灯丝 LED 专利现状

我国在灯丝 LED 技术方面的研究起步并不晚，1994 年，国内已经有人开始研究灯丝 LED。到目前为止，已经有几十家高校和研究所在从事灯丝 LED 的研发工作，其中包括中国科学院长春光学精密机械与物理研究所、上海无线电设备研究所、华南理工大学、中国农业科学院农业环境与可持续发展研究所、东南大学、中国科学院半导体研究所等，在机理研究、材料开发、器件

61

结构设计等方面做了很多工作，尤其在材料与工艺技术开发方面取得了很大的进展。从 1995 年起，国内已有广东、浙江、福建、上海、贵州等地的多家公司开始介入灯丝 LED 产业，主要有贵州光浦森光电、鹤山丽得电子、中山市四维家居照明、立达信绿色照明、中山市科顺分析测试、苏州晶雷光电等公司。

灯丝 LED 专利技术发展方向及建议

今后 4～10 年，灯丝 LED 市场的成长动力主要来自发光材料和封装工艺的改进。灯丝 LED 应用主要包括球泡灯和柔性灯，其中在柔性灯领域最有发展前景的是柔性灯丝和柔性基板。灯丝 LED 具有 360° 全发光、无频闪无蓝光泄出、低热、长寿命、缓衰减等特性的特点，被认为是非常有潜力取代白炽灯的产品。Philips、GE、三菱电子、Osram、日立照明灯都在积极开展灯丝 LED 的研究。

目前灯丝 LED 技术已经基本产业化，在材料、散热、照明方面还有很大的发展空间。

灯丝 LED 在照明领域具有光明的应用前景，在未来的白炽灯禁止使用后，灯丝 LED 因为它自身的特点会大规模普及开来，灯丝 LED 不仅仅在中国市场比较大。我国在灯丝 LED 领域起步较早。灯丝 LED 是目前最有希望改变我国当前 LED 核心技术全部被国外掌握的被动局面的领域。面对这一新兴的具备巨大提升空间和诱人前景的灯丝 LED 技术，我们应当在现阶段积累的较好的研究基础上，实施超越战略，进一步加大人力和财力的投入，对灯丝 LED 关键技术进行研究和突破，争取在灯丝 LED 材料、散热、驱动电路、封装工艺等方面形成较多的核心技术自主知识产权。

1. 开发新型发光材料

开发新型发光材料，以进一步改善发光性能。例如，到目前为止，红色发光材料器件的效率、色纯度远远小于蓝色、绿色器件，因此寻找性能良好的红色发光材料是十分必要的。同时改善发光材料的稳定性以及提高灯丝 LED 可靠性是本领域内待解决的技术问题。

2. 研制白色显示技术及相关驱动电路

目前灯丝LED获得白色LED的方案主要有如下几种：

（1）蓝光芯片＋黄色荧光粉封装成白光LED器件，在该技术中，色温过高不易于暖白光的实现。

（2）分别制备红、绿、蓝三原色的发光中心，然后调节三种颜色不同程度的组合，产生白光。红色材料的纯度、效率和寿命是该技术发展的最大制约。

当前，世界灯丝LED产业还处于产业化初期，我国拥有良好的灯丝LED产业发展基础，市场需求巨大，前景广阔，是难得的发展机遇。具体可采取如下措施实现灯丝LED产业的快速发展。

一是积极参与国家灯丝LED产业联盟建设。我国需要在国家层面加快建立灯丝LED产业联盟，形成以企业为龙头，集聚高等院校、科研机构、海外力量，建立国家级灯丝LED工程技术中心，并进行合理分工，协同攻关灯丝LED核心技术，构建灯丝LED专利库，促进我国灯丝LED产业的稳步发展。

二是设立灯丝LED发展基金。灯丝LED构造简单，生产流程不复杂，极大地降低了市场进入的门槛和投资风险。可以通过设立产业发展基金、直接参股、科研经费直接拨款等方式，支持灯丝LED技术研发和产业推广。企业可以通过股权融资、国家开发银行优惠贷款、商业银行贷款等方式解决资金问题。

三是引进国内外灯丝LED研发、生产机构。我国灯丝LED产业化基础良好，贵州光浦森光电、鹤山丽得电子、中山市四维家居照明、立达信绿色照明等企业已建立灯丝LED量产线，中科院长春光机所、华南理工大学、东南大学、中科院半导体研究所等一批高校和科研院所也取得了较大的灯丝LED研究成果；贵州光浦森光电有限公司，在业界独家提出建立LED灯泡为应用中心，使灯泡、灯具、照明控制成为独立生产、应用的终端产品的照明产业构架；此外，鹤山丽得电子实业有限公司与鹤山市银雨照明有限公司都为香港真明丽集团旗下公司，在行业内享有很高的声誉，是中国照明用LED国家标准的制订者之一，也是全世界唯一一家既研制LED上游晶片又生产LED下游应用产品的企业。可优化发展环境，有针对性地引进灯丝LED研发、生产机构，大力发展灯丝LED产业。

四是发展灯丝LED配套行业。目前，灯丝LED技术还有巨大的发展潜力，

谁在材料与器件的研制及制造工艺方面率先取得突破，谁就可能取得行业主导权。我国在灯丝LED器件研发方面已掌握了很多关键技术，是一个巨大的优势。但我国灯丝LED还缺乏产业配套，可选择发展我国紧缺的或已获得重大突破并适合本地情况的配套行业，在灯丝LED产业链中找到合适的位置。

五是重视发展新型发光材料和灯丝LED照明。灯丝LED企业今后的发展重点，集中在新型发光材料的研发和产业推广方面……

总之，灯丝LED产业只有获得政府的持续支持、企业的长期投入以及坚持不懈的努力，才可以推动我国在该领域实现跨越式发展。

灯丝LED产业专利分析报告

第二章

灯丝 LED 产业
原材料领域专利
分析

 # 全球灯丝LED材料专利现状

全球灯丝LED材料专利总量

　　截至2017年12月31日，通过智慧芽专利分析软件，专利检索范围包括美国、英国、中国、日本、韩国、法国、德国、PCT、EPO在内的超过70个国家或地区，共检索到全球的灯丝LED有关原材料领域相关专利申请3 888件，如图2-1所示。

图2-1　全球灯丝LED材料专利申请总量截图

图 2-2　全球灯丝 LED 材料失效专利截图

将 3 888 件检索结果进行专利失效分析。筛选出检索结果中的失效专利（见图 2-2），最后得到失效专利 1 860 件，可见相当一部分灯丝 LED 材料相关专利已经失效。专利失效原因是发明专利未授权、因未缴年费而提前失效或者专利权届满。

全球灯丝 LED 材料专利申请年度趋势

将 3 888 件检索专利按照专利优先权年份统计得到图 2-3 和图 2-4。

由图 2-3 可见，灯丝 LED 材料专利申请数量在 2010 年之前相对比较少，但申请数量一直平缓上升，从 1994 年的 11 件增加到 2010 年的 311 件，而 2010 年后申请数量增长幅度增大，到 2012 年到达顶峰，灯丝 LED 材料申请数量为 799 件，此后呈现下降趋势，到 2016 年时只有 113 件灯丝 LED 材料专利在申请，而 2017 年的专利申请因为有部分还处于审查状态尚未公开，因此 2017 年的数据不纳入分析范围内。

从年度专利申请总量分析，灯丝 LED 材料技术专利申请在 2012 年后呈现下降趋势。

从申请趋势上分析，灯丝 LED 材料技术专利申请在 2012 年后明显下降，

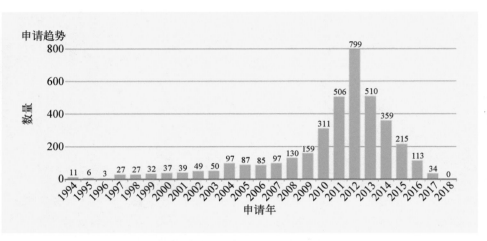

图2-3　灯丝LED材料全球专利年度趋势柱状图

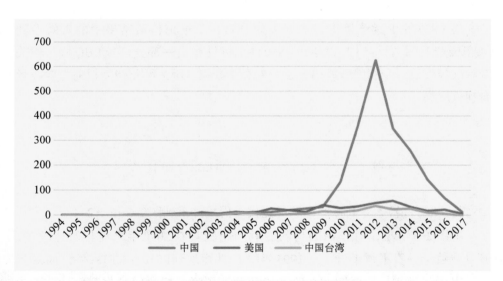

图2-4　灯丝LED材料专利年度申请趋势线性图

说明材料研究专利在灯丝LED领域已成熟。

从申请专利的地域上分析，灯丝LED材料技术专利申请主要集中在中国、美国、中国台湾。

从图2-4可知，灯丝LED材料专利申请量的年度趋势在主要申请国或地区（中国、美国、中国台湾）基本一致，都是先增加到一定数量再下降，大体上都是在2012年时到达顶峰。在这三个国家或地区中，中国的材料专利申请最多，说明中国比较注重于灯丝LED的基础研究。

全球灯丝LED材料专利主要专利权人

从图2-5可知，在灯丝LED材料3 888件专利申请中，其中排名第一的是贵州光浦森光电有限公司。其申请的灯丝LED材料专利总数为130件，贵州光浦森光电有限公司占据着世界灯丝LED材料专利申请总数的3.3%。而排名第二到第五名的分别是SWITCH BULB COMPANY, INC.的36件，中山市四维家居照明有限公司的29件，立达信绿色照明股份有限公司的28件，美国GE公司的24件，占世界总专利数的6.4%。

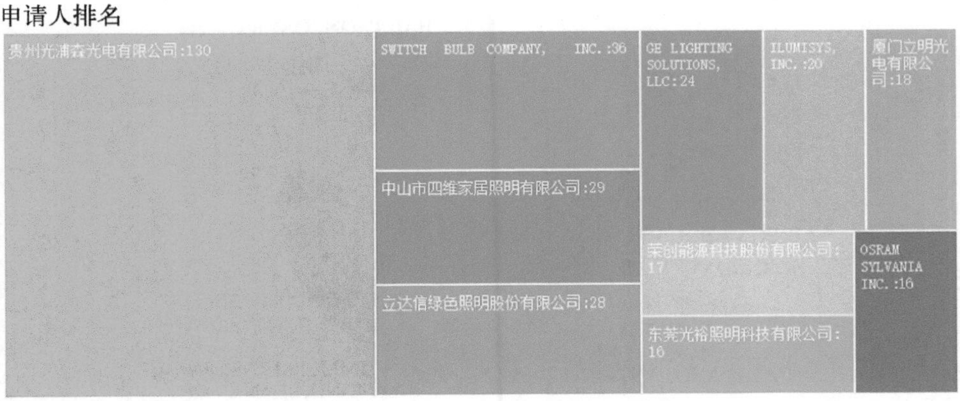

申请人排名

贵州光浦森光电有限公司:130	SWITCH BULB COMPANY, INC.:36	GE LIGHTING SOLUTIONS, LLC:24	ILUMISYS, INC.:20	厦门立明光电有限公司:18
	中山市四维家居照明有限公司:29	荣创能源科技股份有限公司:17	OSRAM SYLVANIA INC.:16
	立达信绿色照明股份有限公司:28	东莞光裕照明科技有限公司:16	

图2-5 全球灯丝LED材料主要专利权人分布

排名第一的贵州光浦森光电有限公司是灯丝LED材料界的第一，贵州光浦森具有先进的工业设计理念和领先行业的专利设计成果，现已有130件关于灯丝LED材料的中国专利申请。在业界独家提出建立LED灯泡为应用中心，使灯泡、灯具、照明控制成为独立生产、应用的终端产品的照明产业架构，并参与将其引入LED照明的贵州地方标准中。

排名第三的中国公司是中山市四维家居照明有限公司，其也有29件

关于灯丝LED材料的申请专利。中山市四维家居照明是SIWEI LIGHTING 公司在中国的全资子公司，是一家集照明产品研发、设计、生产、销售于一体，专业从事玻璃焊锡灯、全铜灯、欧式古典铁艺灯、铁艺树脂灯、焊锡灯、全铜吊灯等照明器具制造商。公司致力于灯丝LED材料的专利申请，旗下的"斯诺·美居"和"华美灯饰"两大品牌在灯饰行业占有重要地位。

全球灯丝LED材料专利主要发明人

对3 888件检索结果的专利发明人进行分析，前20位的人员构成如图2-6所示。

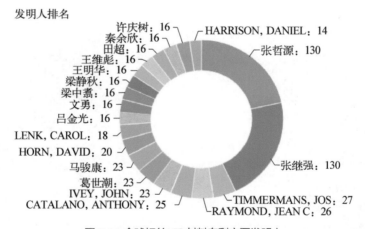

图2-6　全球灯丝LED材料专利主要发明人

通过对排名前10位的发明人所申请专利进行列表分析，如表2-1所示，我们得出主要发明人所属的公司主要集中出贵州光浦森光电有限公司和ILUMISYS, INC.这两家公司。在前十名发明人中，前两位都是来自贵州光浦森光电有限公司，可见贵州光浦森对灯丝LED材料专利的重视，ILUMISYS, INC.占有三位专利发明人，可见该公司在灯丝LED领域也是处于相当的领先趋势。

表2-1 全球灯丝LED材料前10名发明人信息

序号	发明人	专利数量	所属公司
1	张哲源	130	贵州光浦森光电有限公司
2	张继强	130	贵州光浦森光电有限公司
3	TIMMERMANS, JOS	27	ILUMISYS, INC.
4	RAYMOND, JEAN C.	26	ILUMISYS, INC.
5	CATALANO, ANTHONY	25	TERRALUX, INC.
6	IVEY, JOHN	23	ILUMISYS, INC.
7	葛世潮	23	浙江锐迪生光电有限公司
8	马骏康	23	中山市四维家居照明有限公司
9	HORN, DAVID	20	SWITCH BULB COMPANY, INC.
10	LENK, CAROL	18	SWITCH BULB COMPANY, INC.

全球灯丝LED材料专利技术领域分布

对3 888件检索结果进行IPC分类号分析，涉及100个IPC分类号，技术分类的依据是IPC分类号的大组。灯丝LED涉及的技术领域主要集中于点状光源、防止照明装置热损害和照明装置系统三个部分，其中1 986件属于F21Y101，即点状光源；1 479件属于F21V29，即防止照明装置热损害，专门适用于照明装置或系统的冷却或加热装置；1 350件属于F21S2，即不包含在大组F21S4/00至F21S10/00或F21S19/00中的照明装置系统，例如模块化结构的；856属于F21V19，即光源或灯架的固定；777件属于F21V23，即照明装置内或上面电路元件的布置。

小 结

由上分析可知，灯丝LED材料专利呈现如下特点：

（1）专利数量上和LED相比还比较少，说明其技术还有进一步开发的潜

力，市场还有待进一步挖掘。

（2）专利申请国或地区主要集中在中国、美国、中国台湾、韩国等，而我国在灯丝LED材料专利的申请上有着很大优势，说明我们在这方面掌握着基本材料技术。

（3）在全球发展态势上，近几年专利申请数量已下降到2009年的申请数量，说明各个国家对灯丝LED材料基础研究已近完善。

全球灯丝LED材料专利分析

全球灯丝LED材料专利申请热点国家和地区

图2-7为灯丝LED材料专利申请热点国家及地区分布。我们发现灯丝LED材料的专利申请主要集中在中国、美国、中国台湾、韩国。其他如日本、德国、加拿大、荷兰等相对数量较少。中国是该领域内申请专利最多的国家，达到2 098件。

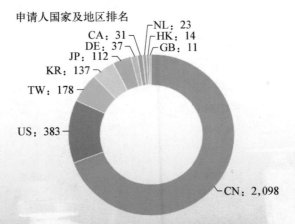

申请人国家及地区排名

NL：23
HK：14
CA：31
DE：37
GB：11
JP：112
KR：137
TW：178
US：383
CN：2,098

图2-7　全球灯丝LED材料专利申请热点国家及地区

LED

LIGHT EMITTING DIODE

75

近年全球灯丝LED材料主要专利技术点

对公开时间（2014-01-01至2017-12-31）进行筛选后的1 263件专利，将这1 263件专利按照文本聚类分析，如表2-2和图2-8所示，发现灯丝LED材料技术的专利研究集中在LED光源、柔性LED等四大核心领域。

表2-2　全球灯丝LED材料技术四大核心领域（摘录）

	子　分　类	专　利　数　量
（1）LED光源	散热体	64
	灯泡壳	46
	大角度	39
	散热器	39
	柔性LED灯	36
	LED芯片	36
	驱动电源	32
	透光罩	23
	柔性基板	16
（2）柔性LED灯	柔性LED灯带	59
	线路板	49
	LED光源	46
	柔性基板	45
	LED芯片	32
	柔性LED灯丝	23
（3）LED球泡灯	散热器	38
	散热体	36
	驱动电源	24
	LED芯片	21
	大角度	16
	散热外壳	13

（续表）

子 分 类	专利数量
LED 芯片	37
LED 光源	25
柔性 LED 灯丝、柔性基板	23
LED 驱动器	18
LED 发光条	14
驱动电源	11

（表格左侧：（4）LED 灯丝）

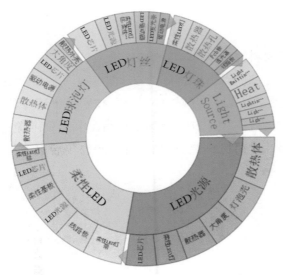

图 2-8　近年全球灯丝 LED 材料专利主要技术点

全球灯丝 LED 材料技术的专利主要集中在 LED 光源、LED 球泡灯、LED 球泡灯、LED 灯丝等方面。

在灯丝 LED 材料分支中，LED 光源和散热材料是专利申请的重点领域，其中主体材料 LED 芯片属于 LED 光源材料，而散热器和散热体材料属于辅助材料。灯丝 LED 技术的进步，离不开这两种材料的进步。

灯丝LED材料专利主要技术来源国及地区分析

将检索结果按照专利权人国籍统计分析发现，3 888件专利分布于28个国家及地区。

各主要技术来源国及地区
灯丝LED材料专利特点分析

中国

1. 灯丝LED材料技术专利年度申请趋势

对国家（中国）进行筛选后得到2 098件专利，按照专利优先权年份统计，得到图2-9趋势图。可见：其灯丝LED材料技术的申请专利数量在2004年到2012年一直呈增长趋势，到2010至2012年间，申请专利数量大幅度增加，到2012年达到顶峰，申请材料专利为625件，2012年后申请量开始呈现下降趋

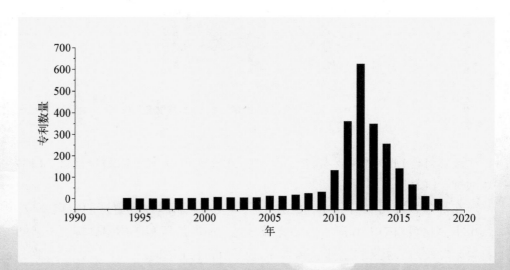

图2-9　专利权人为中国的灯丝LED材料专利年度申请趋势

势，说明中国在灯丝LED材料基础已有一定领先。专利申请地区侧重在中国、美国、世界知识产权组织。

2. 灯丝LED材料专利主要技术点

对筛选后的2 098件专利进行文本聚类分析，发现中国灯丝LED材料专利研究主要集中在LED光源、LED球泡灯、柔性LED灯三大核心领域（见表2-3）。

表2-3 中国灯丝LED材料技术核心领域（摘录）

	子 分 类	专 利 数 量
LED光源	散热体	159
	驱动电源	104
	灯泡壳	92
	光源组件	76
	大角度	65
	透光罩	53
LED球泡灯	散热效果	125
	散热体	120
	驱动电源	97
	散热片	92
	发光角度	55
	大角度	39
柔性LED	柔性LED灯条	78
	柔性线路板	69
	LED光源	66
	柔性基板	59
	柔性电路板	54
	透光层	41

来自中国的专利权人的灯丝LED材料核心专利研究主要集中在散热体、灯泡壳、发光角度、LED球泡灯材料，如图2-10所示，由图可知，中国的专利侧重于LED光源和LED球泡灯材料。主体材料是获得LED灯丝灯的关键。对中国主要专利点分析可知中国在灯丝LED材料技术方面发展的侧重点。

LED

LIGHT EMITTING DIODE

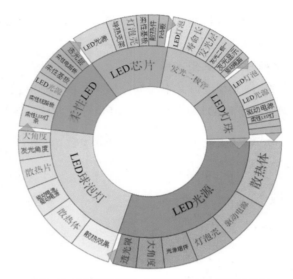

图 2-10 技术来源国为中国的灯丝 LED 材料技术点

美国

1. 灯丝 LED 材料技术专利年度申请趋势

对国家（美国）进行筛选后得到 383 件专利，按照专利优先权年份统计，得到图 2-11 趋势图。可见：其灯丝 LED 材料技术的申请专利数量在 2000 年到

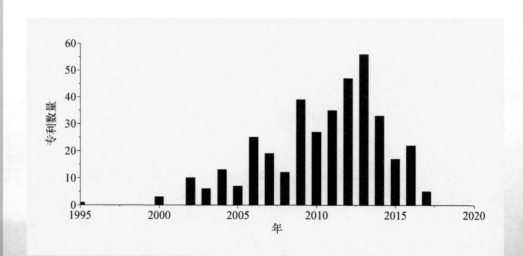

图 2-11 专利权人为美国的灯丝 LED 材料专利年度申请趋势

2013年一直呈波动式增长趋势，到2013年达到顶峰，申请材料专利为56件，2013年后申请量开始呈现下降趋势，说明美国在灯丝LED材料基础专利申请上进入缓慢期。专利申请地区侧重在美国、中国台湾、中国。

2. 灯丝LED材料专利主要技术点

对筛选后的383件专利进行文本聚类分析，发现美国灯丝LED材料专利研究主要集中在Incandescent Lights、Heat Sinks两大核心领域（见表2-4）。

表2-4 美国灯丝LED材料技术核心领域（摘录）

	子 分 类	专 利 数 量
Incandescent Lights	Illumination	25
	Intensity	17
	Emission	13
	Candle Light	13
	Embodiments of the Present	12
	Visible Light	17
	Light Source Assembly	11
Heat Sinks	Light Source	23
	Heat Sink Body	19
	Light Assembly	19
	Printed Circuit Board	9
	Candle Light	6

美国的专利权人的灯丝LED材料核心专利研究主要集中在散热方式、灯泡壳、LED光源组件等。

中国台湾

1. 灯丝LED材料技术专利年度申请趋势

对中国台湾进行筛选后得到178件专利，按照专利优先权年份统计，得到图2-12趋势图。可见：中国台湾在灯丝LED材料专利的申请年份上比较早，是最早研究LED灯丝灯的地区之一，其灯丝LED材料技术的申请专利数量在2004年、2005年持平，而后到2012年一直呈增长趋势，到2012年达到顶峰，

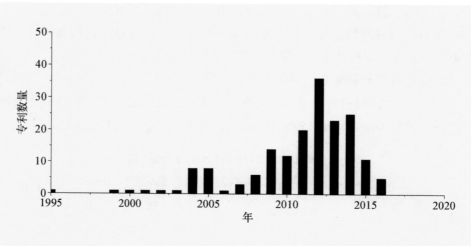

图2-12 专利权人为中国台湾的灯丝 LED 材料专利年度申请趋势

申请材料专利为36件，2012年后申请量开始呈现下降趋势，说明中国台湾在灯丝 LED 材料基础研究热度趋于平淡。专利申请地区侧重在中国台湾、中国、美国。

2. 灯丝 LED 材料专利主要技术点

对筛选后的178件专利进行文本聚类分析，发现中国台湾灯丝 LED 材料专利研究主要集中在电性连接、LED 灯泡两大核心领域（见表2-5）。

表2-5 中国台湾灯丝 LED 材料技术核心领域（摘录）

子　分　类		专　利　数　量
电性连接	发光二极体	15
	发光二极管灯泡	14
	元件连接	6
	透光罩	5
	发光二极管模块	5
	LED 模块	3
LED 灯泡	发光二极体	13
	LED 灯	11

（续表）

子 分 类	专 利 数 量
LED模组	8
LED灯具	7
片电路板	6
贴片式LED	5

（LED灯泡 对应上述四个子分类）

中国台湾的专利权人的灯丝LED材料核心专利研究主要集中在发光二极体、元件连接、LED灯泡等。

韩国

1. 灯丝LED材料技术专利年度申请趋势

对韩国进行筛选后得到178件专利，按照专利优先权年份统计，得到图2-13趋势图。可见：韩国在灯丝LED材料专利的申请年份上比较早，也是最早研究LED灯丝灯的国家和地区之一，其灯丝LED材料技术的申请专利数量在2001年有一个顶点，而后波动上升到2010年，到2010年达到顶峰，申请材料专利为20件，2010年后申请量开始呈现下降趋势，并在2013年有上升的

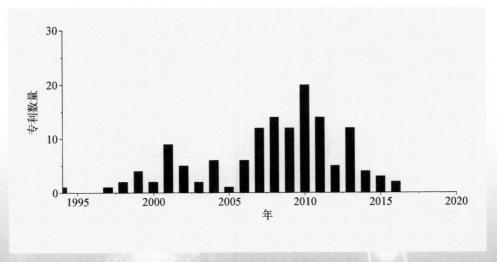

图2-13 专利权人为韩国的灯丝LED材料专利年度申请趋势

转折点；专利申请地区侧重在韩国本土、美国。

2. 灯丝LED材料专利主要技术点

对筛选后的178件专利进行文本聚类分析，发现韩国灯丝LED材料专利研究主要集中在热辐射、电源两大核心领域（见表2-6）。

表2-6　韩国灯丝LED材料技术核心领域（摘录）

	子 　 分 　 类	专 利 数 量
Heat Radiation	Light Emitting Diode Device	10
	Bulb Case	7
	Diffusion	7
	Metal Material	6
	Heat Radiation Member	5
	Radiation Fins	5
	Table	4
Power Source	Power Supply Unit	12
	Light Emitting Diode Device	12
	Driving Substrate	8
	Bulb Case	5
	Power Consumption	5
	AC Power Source	5

韩国的专利权人的灯丝LED材料核心专利研究主要集中在散热体、发光二极管器件、驱动电源等。

各主要技术来源国灯丝LED材料专利对比汇总分析

根据灯丝LED材料技术输出国及地区专利量的时间分布图（图2-9、图2-11、图2-12、图2-13）分析可知，中国的灯丝LED材料技术在2012年达到申请高峰，美国、中国台湾、韩国分别在2013年、2012年、2010年达到申请高峰，而从数量上来讲，中国的专利数量以2098件位居第一，占据了显著优势，美国和中国台湾则以383件、178件位居第二、第三。说明中国、美国和中国台湾对灯丝LED材料关注度比较高，比较注重材料基础的研究，

汇总全球及以上主要技术来源国和地区的技术点（表2-7）发现：散热体、发光二极管是灯丝LED材料技术的共性。

表2-7　全球及各主要技术来源国和地区灯丝LED材料技术点对比

地　域	专　利　聚　类　技　术　点
全　球	散热体，灯泡壳，散热器，LED芯片，柔性基板，透光罩，柔性LED灯带
中　国	散热体，透光罩，灯泡壳，散热片，发光角度，光源组件
美　国	光发射，散热器材料，印刷电路板，发光层
中国台湾	发光二极体，发光二极管灯泡，发光二极管模块，元件连接
韩　国	发光二极管，光散射，金属材料，散热材料，发光二极管装置

灯丝LED材料专利竞争者态势分析

灯丝LED材料全球专利竞争者态势分析

将搜索所得的3 888件灯丝LED材料专利文献的专利权人机构进行分析统计，得到世界各大结构的3D地图（图2-14）。

3D专利地图是直观体现专利权人之间技术差距与实力对比的分布图，图中不同颜色的散点代表不同专利权人；地图上的山峰高低代表专利数量多少，山

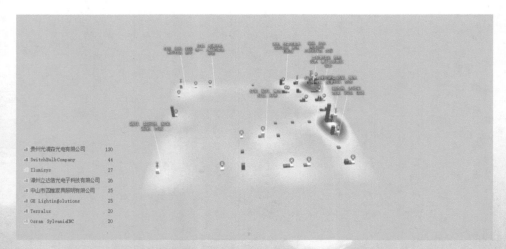

贵州光浦森光电有限公司	130
SwitchBulbCompany	44
Ilumisys	27
漳州立达信光电子科技有限公司	26
中山市四雄家具照明有限公司	25
GE LightingSolutions	25
Terralux	20
Osram SylvaniaINC	20

图2-14　技术来源国为全球的灯丝LED材料各专利权人3D地图

峰远近代表两个聚类的技术关联紧密程度，地图还可以柱状图显示发明权人/发明人在每个聚类下的专利数量，可以看出该技术领域下的竞争态势；红色标签代表发生专利诉讼的专利，蓝色代表有进行过专利许可的专利，而墨绿色代表的是价值高的专利。在世界范围内，贵州光浦森光电有限公司以130件排首位，占全球专利申请总数的3.34%，而Switch Bulb Company拥有44件，排在第二位。

通过3D专利地图，我们可以发现：价值高的专利大部分分布在光发射、二极管灯泡以及灯丝方面，而这些方面也是发生专利诉讼多的领域，这些领域的专利基本是被Switch Bulb Company，Terralux，GE Lighting Solutions，Ilumisys，Osram Sylvania INC.这些国外公司垄断。而贵州光浦森光电有限公司在灯丝LED材料领域的研发重点在散热材料和灯泡壳方面，且这些专利的价值不高；漳州立达信光电子科技有限公司则侧重于灯带材料研发。因此虽然贵州光浦森光电有限公司专利申请数量较多，但其价值远远低于国外其他公司，在该领域处于劣势。

亚洲

对亚洲总共有2 811件灯丝LED材料的专利进行3D地图分析（图2-15），其中贵州光浦森光电有限公司拥有130件，是专利申请数量最多专利人机构。贵州光浦森光电有限公司是一家以LED相关产品研发、生产和销售的企业，

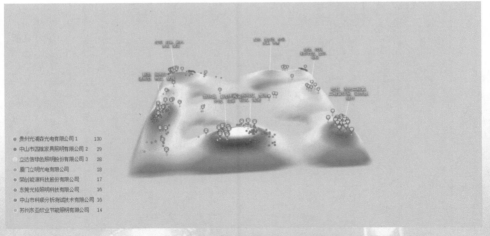

● 贵州光浦森光电有限公司 1	130
● 中山市四维家具照明有限公司 2	29
● 立达信绿色照明股份有限公司 3	28
● 厦门立明光电有限公司	18
● 荣创能源科技股份有限公司	17
● 东美光裕照明科技有限公司	16
● 中山市科顺分析测试技术有限公司	16
● 苏州东亚衍业节能照明有限公司	14

图2-15 技术来源国和地区为亚洲的灯丝LED专利权人3D地图分析

87

总部位于中国贵州。而排名第二的中山市四维家具照明有限公司拥有29件，排名第三的立达信绿色照明股份有限公司又有28件。以上3家专利权人申请专利总数占据亚洲专利机构申请量的6.65%。

荣创能源科技股份有限公司拥有的专利数量虽然不多，但均属于高价值专利，说明该公司在该领域关注度不高，灯丝LED材料不是其研发的热点。

贵州光浦森光电有限公司虽然拥有专利数量很多但仅有个别高价值专利，说明该公司综合实力不是很强，但研究灯丝LED材料是他们的重点且具有一些先进的专利技术。

美洲

将搜索得到的660件美洲专利发明机构的灯丝LED材料专利文献进行3D地图统计分析，得到美洲各大机构的3D专利图（图2-16）。660件专利绝大多数为美国专利权人所拥有的，基本上美国的数量已代表美洲的专利数量。Switch Bulb Company INC在该领域拥有专利28件，占总数的4%。ILUMISYS在该领域拥有专利20件，占总数的3%，而Catalano Anthoy则拥有9件，占总数的1.3%。这三家公司占美洲专利总数的8.3%。

通过3D地图分析我们可以得出：尽管Switch Bulb Company INC公司在该领域拥有大量的专利，但在该领域缺乏先进的专利技术。而ILUMISYS虽然拥

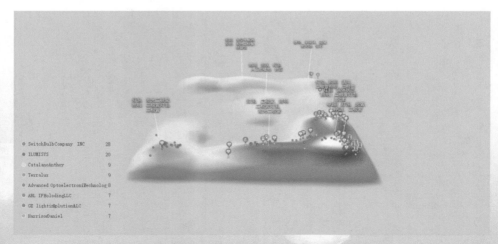

图2-16　技术来源国为美洲的灯丝LED材料专利权人3D地图

有的专利数量少于Switch Bulb Company INC公司，但该公司的专利均为高价值专利，说明该公司在该领域有先进的专利技术。Terralux 公司虽然专利数量不多但均为先进的专利技术。

欧洲

将搜索所得的225件欧洲专利发明机构的灯丝LED材料专利文献进行统计分析，得到欧洲各大申请权人3D地图（图2-17）。其中GE和Osram 各七件，占据了欧洲申请总数的6.2%，而排名第三的S.C Johnson & Son则为5件。EMDE Projects Gmbh，IAN LENNOX Crawford和Intemaix Corporation 均是4件专利。

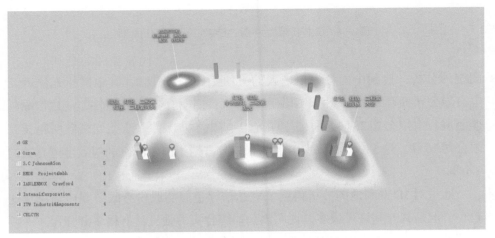

图2-17 欧洲灯丝LED材料专利权人3D地图

通过3D地图分析我们可以得到：在欧洲灯丝LED材料领域没有受到重视，GE 和Osram均为综合实力强劲的公司，但在该领域的专利很少，说明他们并没有在该领域布局，高价值的专利量少且分布不均匀。

灯丝LED材料中国竞争者态势分析

将搜索所得的2 289件中国专利发明机构的灯丝LED材料专利进行3D地

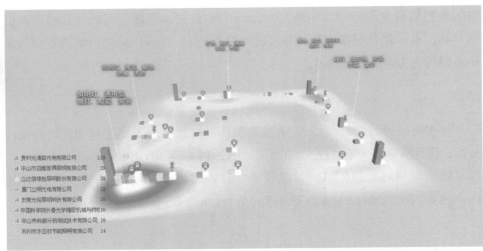

图2-18　技术来源国为中国的各专利权人3D专利地图

图统计分析，得到中国各大申请人的3D地图（图2-18），其中贵州光浦森光电有限公司拥有130件专利、中山市四维家具照明有限公司29件、立达信绿色照明股份有限公司28件，厦门立明光电有限公司18件、东莞光裕照明科技有限公司16件。这5位专利权人申请专利总数占据中国专利专利权人申请总数的9.65%。

通过对3D专利地图分析得到：立达信绿色照明股份有限公司申请总量比较小，但是其专利许可最多，说明该公司综合实力强且具有很多分公司。

而贵州光浦森光电有限公司不仅专利申请总量位居第一，而且其涉及领域范围也很广，说明其专利强度在国内是最高的；而其他高校的专利申请总量低且专利价值不高，说明它们的综合实力以及专利价值都需要加强。

灯丝LED材料领域专利竞争力提升建议

从全球灯丝LED材料发展态势来看，中国与灯丝LED材料相关的企业申请的专利量最多，但是专利的价值不高，高价值专利主要被欧美国家所有，比如Switch Bulb Company，Terralux，GE Lighting Solutions，Ilumisys，Osram

Sylvania INC.这些公司。这说明我国企业在灯丝LED材料领域相对来说处于中等以上水平，专利价值能力不高，需要加大材料方面研发的强度。此外我国的灯丝LED材料领域的专利大部分为公司所有，高校的比例很低，因此我国专利权人，应该产学研结合，大力开发新型灯丝LED材料，以进一步改善性能。例如，到目前为止，红色荧光粉发光器件的效率、色纯度远远低于蓝色、绿色器件的，因此寻找性能良好的红色发光材料是十分必要的。

LED

LIGHT EMITTING DIODE

 全球灯丝**LED**发光材料专利分析

全球灯丝LED发光材料专利现状

全球灯丝LED发光材料专利总量

　　截至2017年12月31日，通过智慧芽专利分析软件，检索全球范围内的灯丝LED方面的专利。专利检索范围包括中国、美国、中国台湾、韩国、日本、

图2-19　全球灯丝LED发光材料专利总量截图

加拿大、荷兰、世界知识产权组织在内的国家和地区，共得到灯丝LED发光材料相关专利申请659件，检索结果见图2-19。

对659件检索结果进行专利失效分析，筛选出检索结果中的失效专利，最后得到失效专利292件，可见相当一部分灯丝LED专利已经失效，见图2-20。专利失效的原因是发明专利未授权、因未缴年费而提前失效或者专利权届满。

图2-20　全球灯丝LED发光材料专利申请总量截图

全球灯丝LED发光材料专利申请年度趋势

将上面检索到的659件专利按照专利优先权年份统计得到图2-21。

由图2-21可见，灯丝LED发光材料专利申请数量从1994年到2011年一直呈增加状态，其中也有一些年份波动，1997年、2000年、2004年都是增长较快的年份，在2011年达到顶峰（62件），之后逐渐下降趋势，2017年的专利申请因为有部分还处于审查过程中尚未公开，因此2017年的数据不纳入分析范围内。

全球灯丝LED发光材料专利主要专利权人

在灯丝LED发光材料659件专利申请中，由100个专利权人所拥有，其中前四名分别为GE LIGHTING SOLUTIONS, LLC、SWITCH BULB COMPANY, INC、OSRAM SYLVANIA INC、INTEMATIX CORPORATION，它们共拥有

LED

LIGHT EMITTING DIODE

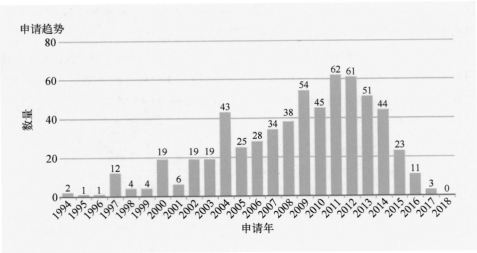

图2-21　全球灯丝LED发光材料专利申请年度趋势柱状图

灯丝LED发光材料方面专利62件，占世界总专利数9.41%。其中GE公司拥有23件，占世界专利总数的3.49%，SWITCH BULB COMPANY 拥有16件，占世界专利总数的2.43%，欧司朗公司拥有12件，占世界专利总数的1.82%，INTEMATIX CORPORATION拥有11件，占世界专利总数的1.67%，如图2-22所示。

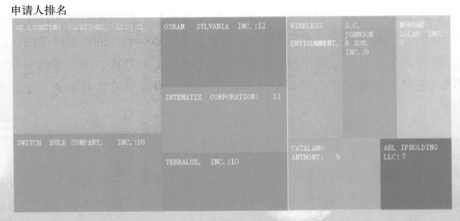

图2-22　灯丝LED发光材料主要专利权人

全球灯丝LED发光材料专利主要发明人

对659件检索结果的专利发明人进行分析，排名前20位的人员构成如图2-23所示。

发明人排名

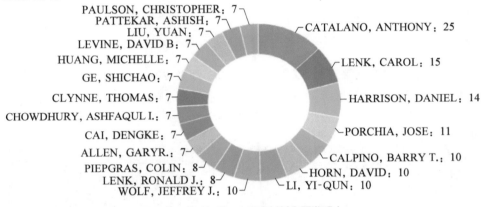

图2-23 全球灯丝LED发光材料主要发明人

通过对排名前10位的发明人的专利进行列表分析，如表2-8所示，我们得出主要发明人所属的公司主要集中在TERRALUX、SWITCH BULB COMPANY、S. C. JOHNSON & SON这三家公司。

表2-8 全球灯丝LED发光材料专利前十名发明人

序号	发 明 人	专利数量	所 属 公 司
1	CATALANO, ANTHONY	25	TERRALUX, INC.
2	LENK, CAROL	15	SWITCH BULB COMPANY, INC.
3	HARRISON, DANIEL	14	TERRALUX, INC
4	PORCHIA, JOSE	11	S. C. JOHNSON & SON, INC.
5	CALPINO, BARRY T.	10	S. C. JOHNSON & SON, INC.
6	HORN, DAVID	10	SWITCH BULB COMPANY, INC.
7	LI, YI-QUN	10	INTEMATIX CORPORATION

LED

LIGHT EMITTING DIODE

（续表）

序号	发 明 人	专利数量	所 属 公 司
8	WOLF, JEFFREY J.	10	S. C. JOHNSON & SON, INC.
9	LENK, RONALD J.	8	S. C. JOHNSON & SON, INC.
10	PIEPGRAS, COLIN	8	PHILIPS LIGHTING NORTH AMERICA CORPORATION

全球灯丝LED发光材料专利技术领域分布

对659件检索结果进行IPC分类号分析，涉及 20个IPC分类号，具体部分如图2-24所示。以下是对全球灯丝LED发光材料专利前四位的统计。

IPC分类排名

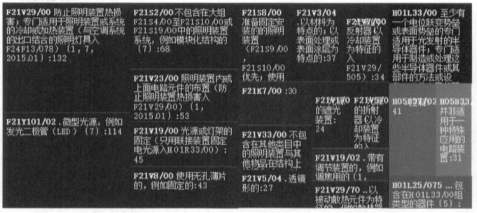

图2-24　全球灯丝LED发光材料专利IPC分类号树图

图2-24是灯丝LED发光材料专利分布情况。其中，技术分类的依据是IPC分类号的大组。从图2-24可看出，专利申请主要集中在F21V29/00、F21Y101/02、F21S2/00、H01L33/00。其中132件属于F21V29/00，即防止照明装置热损害，专门适用于照明装置或系统的冷却或加热装置；114件属于F21Y101/02，即微型光源，例如发光二极管（LED）；68件属于F21S2/00，即不包含在大组F21S4/00至F21S10/00或F21S19/00中的照明装置系统，例如模块化结构的；63件属于H01L33/00，即至少有一个电位跃变势垒或表面势垒的

专门适用于光发射的半导体器件，专门适用于制造或处理这些半导体器件或其部件的方法或设备。

中国灯丝 LED 发光材料专利现状

中国灯丝 LED 发光材料专利总量

如图 2-25 所示，截至 2017 年 12 月 31 日，各国在中国申请的灯丝 LED 发光材料专利总量为 92 件。

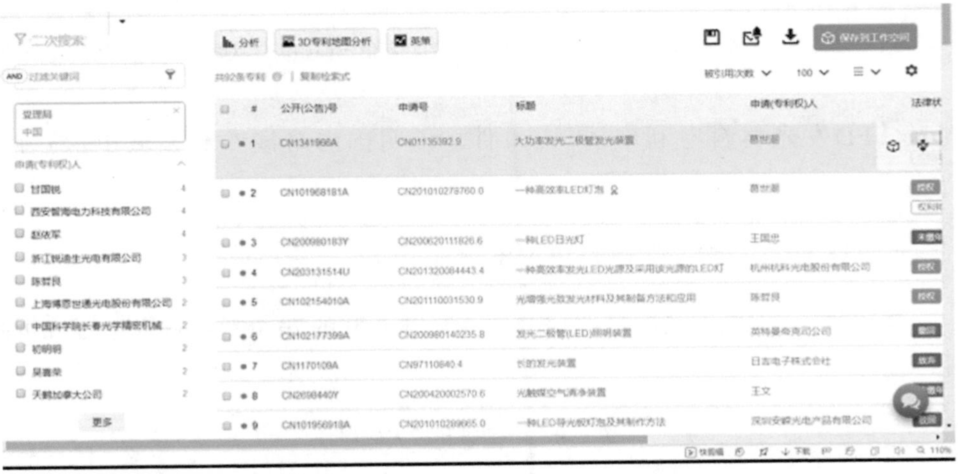

图 2-25　中国灯丝 LED 发光材料专利总量截图（时间点 2017-12-31）

中国灯丝 LED 发光材料专利申请年度趋势

将 92 件检索结果按照专利优先权年份统计，得到图 2-26 趋势图。从灯丝 LED 发光材料整体技术领域中国专利的年度分析情况来看，1994 年开始有相关的专利申请，之后，发光材料专利的申请呈现一直上升的趋势，在 2011 年达到顶峰，申请量为 20 件，说明 2011 年时，中国国内的灯丝 LED 发光材料研究领域比较热门；之后呈现下降趋势，到 2016 年时，

97

LED
LIGHT EMITTING DIODE

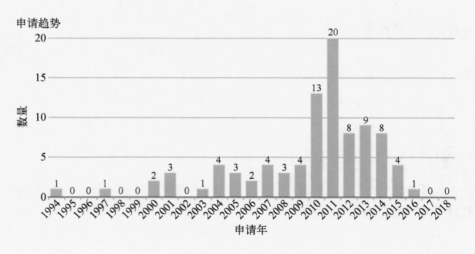

图2-26　中国灯丝LED发光材料专利年度申请趋势柱状图

灯丝LED发光材料专利申请只有1件，说明国内对该专利领域申请热度降低。

中国灯丝LED发光材料专利主要专利权人

对92件在中国申请的灯丝LED发光材料专利的70个专利权人进行分析，得到表2-9。

表2-9　中国专利权人信息

序　号	申请（专利权）人	专 利 数	所属国家
1	西安智海电力科技有限公司	4	中国
2	赵依军	4	中国
3	甘国锐	3	中国
4	上海博恩世通光电股份有限公司	2	中国
5	初明明	2	中国
6	昆山隆泰电子有限公司	2	中国
7	李文雄	2	中国

（续表）

序 号	申请(专利权)人	专 利 数	所属国家
8	浙江锐迪生光电有限公司	2	中国
9	苏州金科信汇光电科技有限公司	2	中国
10	西安金诺光电科技有限公司	2	中国

从表2-9可知，在中国申请灯丝LED发光材料方面的专利数排在前三位的专利权人分别是西安智海电力科技有限公司、赵依军、甘国锐，分别为4件、4件、3件。排名第四位的为上海博恩世通光电股份有限公司，在中国的专利申请量为2件。从前十名的专利权人分布来看，主要专利权人大部分为国内公司，并没有国外公司，说明国内市场主要被国内的公司所占据，国内的公司十分重视灯丝LED的发展，在中国布局了灯丝LED的专利。

中国灯丝LED发光材料专利主要发明人

对92件中国灯丝LED发光材料专利发明人进行分析，100个发明人中排名前20位的人员构成如图2-27所示。

从图中可以看出，在灯丝LED发光材料领域，在中国申请灯丝LED发光材料专利最多的发明人为胡家培、胡民海、赵依军，申请专利数量均为4件，排名靠后的为几位外国人，在中国申请灯丝LED发光材料的专利

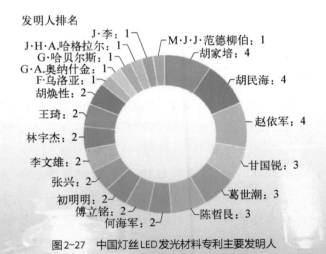

图2-27 中国灯丝LED发光材料专利主要发明人

数量均为1件。从专利发明人信息表2-10可知，在中国申请专利的发明人有2位属于西安智海电力科技有限公司，这说明西安智海电力科技有限公司对灯丝LED发光材料的研发较为重视，同时对中国灯丝LED市场也较为重视。

表2-10　中国灯丝LED材料专利前十位发明人信息

序　号	发明人	专利数	所　属　公　司
1	胡家培	4	西安智海电力科技有限公司
2	胡民海	4	西安智海电力科技有限公司
3	赵依军	4	无
4	甘国锐	3	重庆小草科技有限公司
5	葛世潮	3	浙江锐迪生光电有限公司
6	陈哲艮	3	杭州杭科光电股份有限公司
7	何海军	2	西安金诺光电科技有限公司
8	傅立铭	2	苏州金科信汇光电科技有限公司
9	初明明	2	无
10	张兴	2	昆山隆泰电子有限公司

中国灯丝LED发光材料专利技术领域分布

对92件检索结果专利进行IPC分类号分析，涉及10个分类号，具体分布如图2-28所示。其中，技术依据是IPC分类号的大组。从图2-28可以看出，灯丝LED发光材料主要涉及电学、材料学领域。45件属于F21Y101/02，即微型光源，例如发光二极管；32件属于F21S2/00，不包含在大组F21S4/00至F21S10/00或F21S19/00中的照明装置系统；26件属于F21V29/00，即防止照明装置热损害，专门适用于照明装置或系统的冷却或加热装置（与空调系统的出口结合的照明灯具）；17件属于F21V19/00，即光源或灯架的固定；16件属于F21V23/00，即照明装置内或上面电路元件的布置；9件属于F21V3/04，即以材料为特点的，以表面处理或表面涂层为特点的；8件属于F21V29/50，即冷却装置（驱散或利用照明固定装置热量的空气处理系统）；7件属于F21Y115/10，即发光二极管；6件属于F21V17/10，即以专门的

IPC分类排名

图2-28　中国灯丝LED发光材料专利IPC分布号树图

紧固器材或紧固方法为特征的；5件属于F21S8/00，即准备固定安装的照明装置。

全球灯丝LED发光材料专利技术领域分析

全球灯丝LED发光材料专利申请热点国家及地区

图2-29为灯丝LED发光材料专利申请热点国家地区分布。我们发现灯丝LED发光材料的专利申请主要集中于美国、中国、日本、韩国。其他国家比如俄罗斯、德国、法国、印度等相对数量较少。美国是该领域内专利申请最多的国家，为292件。

近年全球灯丝LED发光材料主要专利技术点

对公开时间（2014-01-01至2017-12-31）进行筛选后的163件专利，然后将这163件专利按照文本聚类分析，如表2-11所示，发现灯丝LED发光材料技术的专利主要集中在LED光源（共有56件）、发光二极管（共有36件）两大核心领域上。表2-11为各技术核心领域的子分类。

世界知识产权组织
16

欧洲
8

多 148

少 0

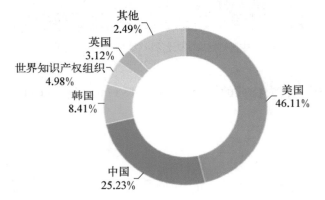

图2-29　全球灯丝LED发光材料专利申请热点国家

表2-11　全球灯丝LED材料技术两大核心领域（摘录）

	子　分　类	专利数量
(1) LED 光源	Solid State	16
	Incandescent Light Bulb	10
	Conventional Light	9
	Module	8
	Illumination Device	7
	Visible Light	6
(2) 发光二极管	Interior Volume, Concave Optical Diffuser	8
	Uniform	7
	Lighting Module	6

（续表）

	子 分 类	专利数量
(2) 发光二极管	Lighting Module	6
	Wavelength	5
	Thermally Conductive Liquid	4

全球灯丝LED发光材料技术的专利主要集中于固态电子器件、白炽灯泡、内部凹面光学扩散器、调光模块等研究。

灯丝LED发光材料专利主要技术来源国及地区分析

将检索结果按照专利权人来源国及地区统计分析结果如图2-30所示，可见灯丝LED发光材料的发明专利主要来自美国、中国、日本、韩国等地。说明来自这几个国家的专利权人（发明人所在企业或研究机构）占据了该领域专利申请量的绝大部分。

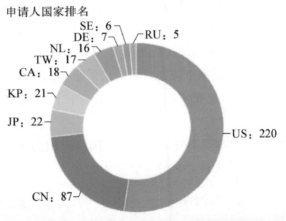

图2-30 灯丝LED发光材料专利主要技术来源国及地区分析

各技术来源国灯丝LED发光材料专利特点分析

（1）美国

对国家（美国）进行筛选后得到220件专利，按照专利优先权年份统计，

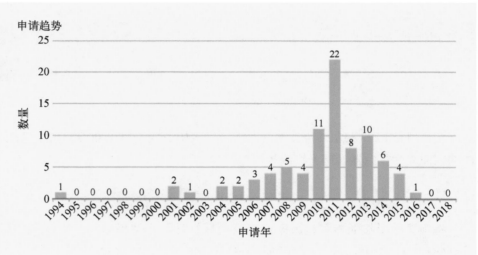

图2-31　专利权人为日本的灯丝LED发光材料专利年度申请趋势

得到趋势图2-31。可见，其灯丝LED发光材料的专利申请数量在1995～2001年专利数量很少，其中1996～1999年专利申请量均为0。在2002～2013年间，灯丝LED发光材料的专利申请量总体上呈现逐渐增加的趋势，这一阶段灯丝LED发展迅速，美国开始重视灯丝LED发光材料专利的布局。在2014～2017年，专利申请的数量开始逐渐下降，这一阶段，大量的公司开始产业化生产灯丝LED，灯丝LED的发展达到成熟阶段，导致灯丝LED及其其相关专利的申请数量逐渐降低。

对220件专利进行文本聚类分析，发现美国灯丝LED发光材料专利研究主要集中在光输出和发射两大核心领域（见表2-12）。

表2-12　美国灯丝LED发光材料技术两大核心领域

	子　分　类	专利数量
	White LEDs, Visible Light	13
	Illumination	13
（1）光输出	String of LEDs	12
	Blue Phosphors, Blue LEDs, Radiation Source	9
	Light Bulb Assembly	8

（续表）

	子 分 类	专利数量
（1）光输出	Orange-red Phosphors	3
	Lamp Housing	3
（2）发射	White LEDs	13
	Incandescent Lamp	11
	Phosphor	10
	Volume Scattering Element, Inside the Bulb	8
	Lamp Adapter	6

来自美国的专利权人的灯丝LED发光材料核心专利研究主要集中于白光LED、照明、光源串、白炽灯、荧光材料等方面。

（2）中国

对国家（中国）进行筛选后得到87件专利，按照专利优先权年份统计，得到图2-32趋势图。可见1994～2011年间，灯丝LED发光材料专利申请量逐渐增加，其中1995～2000年间，专利申请量均为0，在2011～2016年，灯丝

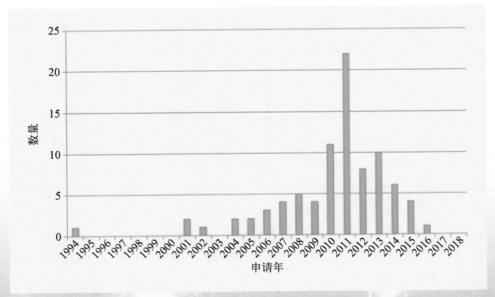

图2-32　专利权人为中国的灯丝LED发光材料专利年度申请趋势

LED

LIGHT EMITTING DIODE

105

LED发光材料专利申请量呈现下降趋势，同样与灯丝LED发展的大趋势是保持一致的。

对87件专利进行文本聚类分析，如表2-13灯丝LED发光材料专利研究主要集中在发光二极管和LED灯珠两大核心领域。

表2-13　中国灯丝LED发光材料技术两大核心领域

	子　分　类	专利数量
（1）发光二极管	LED发光	7
	发光二极管芯片	3
	普通灯泡	3
	电连接	3
	发光二极管制成	3
	发射体	2
（2）LED灯珠	调连接头，照射角度，防水罩	6
	发光体	4
	灯头	3

中国的专利权人的灯丝LED发光材料核心专利研究主要集中于LED发光二极管、发光二极管芯片、灯泡、调连接头、发光体等。

各主要技术来源国灯丝LED发光材料专利对比汇总分析

根据灯丝LED发光材料技术输出国专利量的时间分布图分析可知，美国和中国灯丝LED发光材料技术均在2011年达到顶峰，在2011年之前都是呈上升趋势，在2011年之后均呈现下降趋势，且在1995～2000年间，均没有灯丝LED发光材料相关专利的申请，这是由于灯丝LED发展的大趋势所引起的。对于灯丝LED发光材料专利，美国主要集中在光输出与发射两大核心领域，而中国主要集中在发光二极管与灯珠两大核心领域，两个国家侧重的核心领域还是有所不同的，但在小的领域，比如LED发光二极管、荧光材料、灯罩、灯头等方面是灯丝LED发光材料的研究共性。

全球灯丝LED发光材料专利竞争者态势分析

将搜索所得的659件灯丝LED发光材料专利文献的专利权人机构进行统计分析，得到世界各大机构的3D专利地图。在世界范围内GE Lighting以23件排首位，占全球专利申请总数的3.49%，而Switch Bulb拥有16件排在第二位。

通过3D专利图2-33分析该领域的各竞争者的专利价值差距情况。

Osram公司的综合实力较强但在该领域内有用的专利数量不多且价值高的专利少，说明该公司对该领域关注较少。

Terralux虽然拥有的专利数量较少，但却是在该领域拥有最多高价值专利的公司，说明该公司在该领域内拥有专利技术强。

而像GE，Switch Intematix的公司在该领域内有用的专利数量比较多，但均无高价值专利，说明这些公司在该领域和其他公司一样处于竞争劣势。

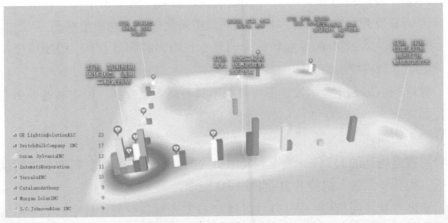

图2-33　技术来源国为全球的灯丝LED发光材料各专利权人3D地图

（1）美洲

对搜索得到的319件专利发明机构的灯丝LED专利文献进行统计分析，得到美洲各大机构3D地图（如图2-34所示）。其中Switch公司拥有13件，是申

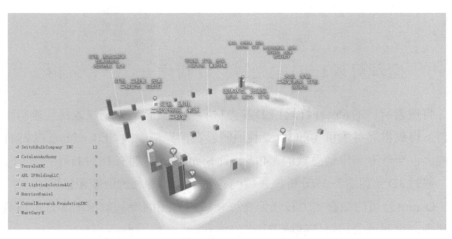

图2-34　技术来源国为美洲的各专利权人3D地图

请专利数量最多的专利权人。排名第二名的是Catalano和Terralux公司，其申请量为9件。而排名第三的ABL，GE和Harrison都拥有7件。以上6家专利权人申请的专利总数占据美洲专利机构申请总量的16.3%。

Switch 公司虽然拥有的专利数量最多，但其专利价值不高，说明该公司在灯丝LED发光材料领域仅仅申请专利量多需要加强专利质量水平。

Terralux虽然拥有的专利数量少但其专利均为高价值专利，说明该公司具有深厚的专利科技实力。

像GE和Cornell专利数量不多且都不具备高质量专利，说明其竞争力普通且较弱。

（2）亚洲

将搜索得到的153件亚洲专利发明机构的灯丝LED发光材料专利进行统计分析，得到亚洲各大机构的3D地图2-35所示。

亚洲专利发明机构一共153件灯丝LED发光材料专利，其中绝大多数为中国专利人所拥有，基本上中国的专利数量已代表亚洲的专利数量。但是目前存在的问题是专利分布在各个不同的专利公司，不够集中，专利数量最多的是西安智海电力科技有限公司和浙江锐迪生光电有限公司，他们两个公司加起来仅7件，可见亚洲对灯丝LED发光材料领域的重视程度不够。

从3D专利图中可以看出，虽然西安智海电力科技有限公司和浙江锐迪生

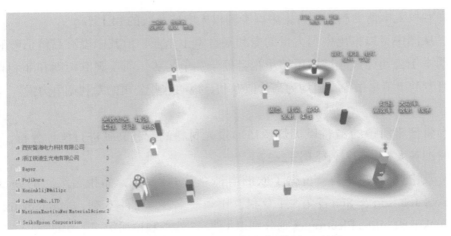

图 2-35 技术来源国为亚洲的各专利权人 3D 地图

光电有限公司加起来仅7件专利，但是他们均属于高价值专利，说明他们有强大的专利技术实力，但是对该领域不够重视。

将搜索所得的92件中国专利发明机构的灯丝 LED 专利文献进行统计分析，得到中国各大申请机构的3D地图（图2-36），其中西安智海电力科技有限公司4件，浙江锐迪生光电有限公司3件，上海博恩世通光电股份有限公司2件，中国科学院长春光学精密机械与物理研究所2件，天鹤加拿大公司2件。这5

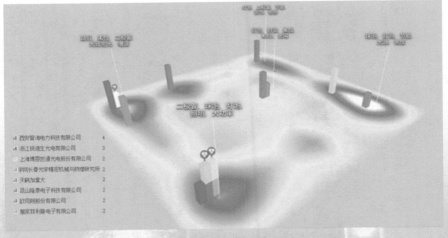

图 2-36 技术来源国为中国的各专利权人 3D 地图

位专利权人申请专利总数占据中国专利权人申请总数的14.13%。

从图中可以得出中国大量的专利来自本土企业，但其中没有高价值专利，说明本土公司在该领域内不够重视且处于竞争劣势。而反观欧司朗和菲利普，尽管专利申请量很少，但均为高价值专利，说明这些公司的专利竞争力强。

（3）欧洲

将搜索所得的87件欧洲灯丝LED发光材料的专利文献进行统计分析，得到欧洲各大机构3D地图（图2-37）。

其中GE 7件专利，占据了欧洲申请总数的8.53%，而排名第二的Osram和S.C. Johnson & Son各为5件专利，比第一名少了2件专利。而Intematix和Koninkijke Philips Electronics则分别以4件、3件专利位居第三、第四名。

通过3D专利地图分析可以得出：GE和S.C. Johnson & Son申请总量比较多，但是其高价值专利没有，说明这些公司综合实力很强，但在灯丝LED发光材料领域的核心专利比较少，专利技术强度不够大。

Osram公司拥有的专利数量多且有专利价值高的专利，说明该公司具有较强的综合实力和专利技术，并且专利价值高，说明在该领域具有较强竞争力。

其他排在前八的专利权人不仅专利数量少且无价值高的专利，所以处于竞争劣势。

图2-37　欧洲灯丝LED发光材料专利权人3D专利地图

全球灯丝 LED 散热材料专利分析

全球灯丝 LED 散热材料专利现状

全球灯丝 LED 散热材料专利总量

截至 2017 年 12 月 31 日，通过智慧芽专利分析软件，共检索到全球的灯丝 LED 散热材料领域相关专利申请 482 件，如图 2-38 所示。专利检索范围包括

图 2-38　全球灯丝 LED 散热材料专利申请总量截图

图2-39　灯丝LED散热材料失效专利截图

美国、中国、韩国、加拿大、澳大利亚、日本等在内的众多国家或地区。

　　将482件检索结果进行专利失效分析，筛选出检索结果中的失效专利，最后得到失效专利172件，可见相当一部分灯丝LED散热材料专利已经失效，见图2-39。

全球灯丝LED散热材料专利申请年度趋势图

　　将482件检索专利按照专利优先权年份统计得到图2-40。

　　由图2-40可见，在2000年之前，灯丝LED散热材料专利还未申请，从2001年至2012年灯丝LED散热材料专利申请呈逐渐递增趋势，其中2009年至2012年专利申请量递增趋势明显，在2012年专利申请量达到最高，从2012年至2017年，灯丝LED散热材料呈现逐渐下降的趋势。从申请趋势上分析，灯丝LED散热材料技术专利申请量变化趋势与灯丝LED的发展大趋势保持一致。

全球灯丝LED散热材料专利主要专利权人

　　将482件灯丝LED散热材料专利按照主要专利权人统计得到图2-41。其中排名第一的为GE Lighting Solutions LLC，其申请的灯丝LED散热材料专利总数为24件，占全球灯丝LED散热材料专利申请总数的15.29%，排名第二名到第五名的分别为Switch Bulb Company INC共19件、Osram Sylvania INC共10件、Terralux INC共10件、Catalano Anthony共9件，前五名共拥有专利72件，占世界总专利数的45.86%。

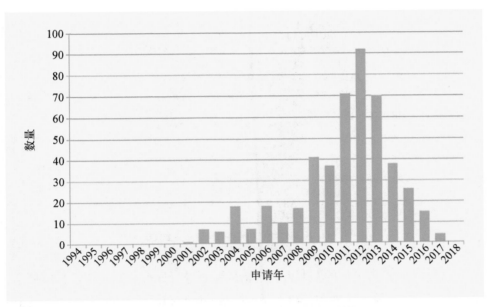

图 2-40　灯丝 LED 散热材料全球专利年度趋势柱状图

申请人排名

图 2-41　全球灯丝 LED 散热材料专利主要专利权人分布

全球灯丝 LED 散热材料专利主要发明人

对 482 件检索结果的专利发明人进行分析，其中发明人中排名前 20 位的发明人构成如图 2-42 所示。

LED

LIGHT EMITTING DIODE

发明人排名

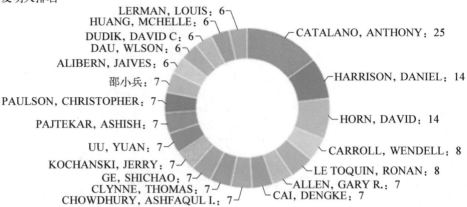

图2-42　全球灯丝LED散热材料专利主要发明人

　　通过对排名前10位的发明人所申请的专利进行列表分析，如表2-14所示，我们得出主要发明人所属的公司主要集中在 Terralux INC、Switch Bulb Company INC、Forever Bulb, LLC、Switch Bulb Company INC、GE Lighting Solutions LLC 这五家公司。在前10位发明人中，其中有2位来自 Terralux INC 公司，2位来自 Switch Bulb Company INC，4位来自 GE Lighting Solutions LLC，可见这三家公司比较重视灯丝LED散热材料的研发。

表2-14　全球灯丝LED散热材料专利前十名发明人信息

序号	发　明　人	专利数	所　属　公　司
1	CATALANO, ANTHONY	25	TERRALUX, INC.
2	HARRISON, DANIEL	14	TERRALUX, INC.
3	HORN, DAVID	14	SWITCH BULB COMPANY, INC.
4	CARROLL, WENDELL	8	FOREVER BULB, LLC
5	LE TOQUIN, RONAN	8	SWITCH BULB COMPANY, INC.
6	ALLEN, GARY R.	7	GE LIGHTING SOLUTIONS, LLC
7	CAI, DENGKE	7	GE LIGHTING SOLUTIONS, LLC
8	CHOWDHURY, ASHFAQUL I.	7	GE LIGHTING SOLUTIONS, LLC
9	CLYNNE, THOMAS	7	GE LIGHTING SOLUTIONS, LLC
10	GE, SHICHAO	7	HANGZHOU FUYANG XINYING DIANZI LTD

全球灯丝 LED 散热材料专利技术领域分布

对482件检索结果进行IPC分类号分析，具体分布如图2-43所示。

图2-43为灯丝LED散热材料专利的技术分布情况，其中技术分类的依据是IPC分类号的大组，目前灯丝LED散热材料专利申请主要集中在电学的F21V29、F21Y101、F21K99、F21S2。其中198件属于F21V29/00，即防止照明装置热损害，专门适用于照明装置或系统的冷却或加热装置；137件属于F21Y101/02，即微型光源，例如发光二极管；128件属于F21K99/00，即其他各组中不包括的技术主题；96件属于F21S2/00，即不包含在大组F21S4/00至F21S10/00或F21S19/00中的照明装置系统。灯丝LED器件性能的进一步提高需要散热材料支持，不断提高灯丝LED器件的散热能力，未来几年关于灯丝LED散热材料将继续发展。

IPC分类排名

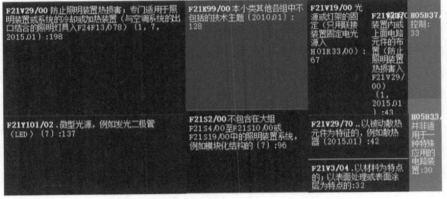

图2-43 全球灯丝LED散热材料专利IPC分类号树图

中国灯丝 LED 散热材料专利现状

中国灯丝 LED 散热材料专利总量

截至2017年12月31日，各国在中国灯丝LED散热材料专利申请总量为

图2-44　中国灯丝LED散热材料专利总量截图

81件，其检索截图如图2-44所示。

中国灯丝LED散热材料专利申请年度趋势

将81件检索结果按照专利优先权年份统计，得到趋势图2-45。

从灯丝LED散热材料整体技术领域中国专利逐年分布情况来看，2007年才开始有相关专利申请，之后，散热材料专利的申请一直呈缓慢增加趋势，并于2012年达到一个小高峰，申请量为29件。这说明这个时期国内灯丝LED散热材料的研究相对较多，在2012年之后，关于灯丝LED散热材料的研究逐渐

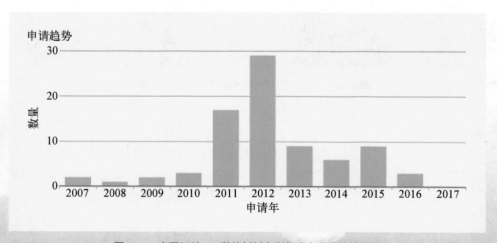

图2-45　中国灯丝LED散热材料专利年度申请趋势柱状图

呈递减趋势，发展相对来说较为平稳，今后，关于灯丝LED散热材料的研究会继续发展。

中国灯丝LED散热材料专利主要专利权人

对81件在中国申请的灯丝LED散热材料的专利权人进行分析，得到表2-15。

表2-15　在中国申请专利权人信息

序 号	公 司 名 称	专 利 数	所属国家
1	东莞市美能电子有限公司	6	中国
2	厦门立明光电有限公司	4	中国
3	东莞市闻誉实业有限公司	2	中国
4	中山市龙舜电气科技有限公司	2	中国
5	广东伟锋光电科技有限公司	2	中国
6	浙江捷莱照明有限公司	2	中国
7	深圳市九洲光电科技有限公司	2	中国
8	苏州红壹佰照明有限公司	2	中国
9	连云港晶德照明电器有限公司	2	中国
10	上海顿格电子贸易有限公司	1	中国

从表2-15可知，在中国申请灯丝LED散热材料方面的专利均来自中国本土的公司，其中专利数排名靠前的专利权人分别是东莞市美能电子、厦门立明光电，分别为6件、4件，其余公司专利申请量只有2件、1件。关于灯丝LED散热材料的专利并不是很多，可见中国对于灯丝LED散热方面的研究还不是很深入，专利申请量不多，对于灯丝LED散热材料的研究还有一定的发展前景。

中国灯丝LED散热材料专利主要发明人

对81件中国灯丝LED散热材料专利进行发明人分析，发明人中排名前20位的人员构成如图2-46所示。

从图中可以看出在灯丝LED散热材料领域，在中国申请灯丝LED散热材

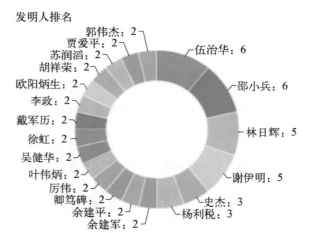

发明人排名

郭伟杰：2
贾爱平：2
苏润滔：2
胡祥荣：2
欧阳炳生：2
李政：2
戴军历：2
徐虹：2
吴健华：2
叶伟炳：2
厉伟：2
卿笃碑：2
余建平：2
余建军：2

伍治华：6
邵小兵：6
林日辉：5
谢伊明：5
史杰：3
杨利税：3

图2-46　中国灯丝LED散热材料专利主要发明人

料专利最多的发明人为伍治华、邵小兵，其专利发明量在前20名中的百分比为16.67%，随后的是林日辉、谢伊明，其专利发明量在前20名中所占的比例为13.89%，同时排名前4位的发明人均为东莞市美能电子有限公司，说明东莞市美能电子对于灯丝LED散热材料的研发比较重视，布局了灯丝LED散热材料相关专利。排名前10名的发明人信息表见表2-16。

表2-16　中国灯丝LED散热材料专利前10位发明人信息

序　号	发明人	专利数	所 属 公 司
1	伍治华	6	东莞市美能电子有限公司
2	邵小兵	6	东莞市美能电子有限公司
3	林日辉	5	东莞市美能电子有限公司
4	谢伊明	5	东莞市美能电子有限公司
5	史　杰	3	无
6	杨利税	3	厦门立明光电有限公司
7	余建军	2	无
8	余建平	2	无
9	卿笃碑	2	苏州红壹佰照明有限公司
10	厉　伟	2	无

中国灯丝LED散热材料专利技术领域分布

对81件检索结果专利进行IPC分类号分析，具体分布如图2-47所示。

其中，技术分类的依据是IPC分类号的大组，从图2-47可以看出中国灯丝LED散热材料专利申请主要集中在F21Y101、F21S2、F21V29、F21V19。其中70件属于F21Y101/02，即微型光源；60件属于F21S2/00，即不包含在大组F21S4/00至F21S10/00或F21S19/00中的照明装置系统；55件属于F21V29/00，即防止照明装置热损害，专门适用于照明装置或系统的冷却或加热装置；37件属于F21V19/00，即光源或灯架的固定。

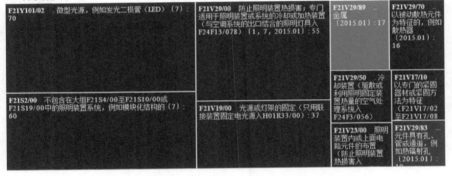

IPC分类排名

图2-47 中国灯丝LED散热材料专利IPC分布号树图

全球灯丝LED散热材料专利技术领域分析

全球灯丝LED散热材料专利申请热点国家及地区

图2-48为灯丝LED散热材料专利热点国家地区分布。我们发现灯丝LED散热材料的专利申请主要集中于美国、中国、韩国、日本、加拿大等国家。美国是该领域内专利申请最多的国家，其他如中国、韩国、日本为该领域专利数量相对较多的地区，澳大利亚、印度、德国等专利数量相对较少，这些地区是灯丝LED散热材料的主要应用国家。

LED

LIGHT EMITTING DIODE

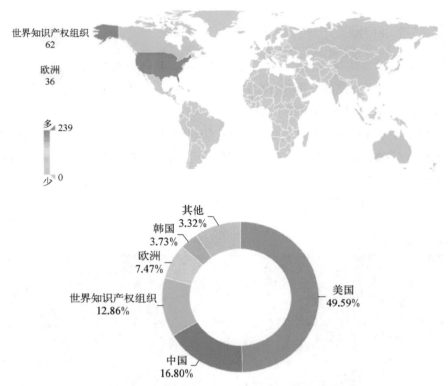

图 2-48　全球灯丝 LED 散热材料专利申请热点国家

近年全球灯丝 LED 散热材料主要专利技术点

对公开时间（2014-01-01 至 2017-12-31）进行筛选后的 189 件专利，将这 189 件专利按照文本聚类分析，如表 2-17 所示，发现灯丝 LED 散热材料技术的专利主要集中在光源和排列两大核心领域。

表 2-17　全球灯丝 LED 材料技术两大核心领域（摘录）

	子　分　类	专利数量
（1）光源	Heat Sinks	17
	Light Output	13
	Light Source Assembly	12
	Plurality of LEDs	12

（续表）

子 分 类	专利数量
（1）光源	
Lighting Device	12
Directly	8
Concave Reflector	7
Housing	6
Illumination Device	4
（2）排列	
Heat Sinks	13
Thermal Conductivity	12
Base and Extending	11
Substrate	11
Assembly	6

全球灯丝LED散热材料技术的专利主要集中在散热器、光辐射、光源模组、热导率、照明装置等领域。灯丝LED散热材料对于器件的散热能力以及器件的使用寿命、发光材料的性能等起到至关重要的作用，灯丝LED散热材料技术的提升有利于提高灯丝LED器件的整体性能。

全球灯丝LED散热材料专利主要技术来源国及地区分析

将检索结果按照专利权人来源国及地区统计，如图2-49所示，可见灯丝

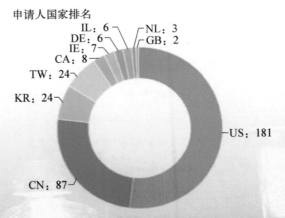

申请人国家排名

IL：6　NL：3
DE：6　GB：2
IE：7
CA：8
TW：24
KR：24
US：181
CN：87

图2-49　灯丝LED散热材料专利主要技术来源国及地区分析

LED

LIGHT EMITTING DIODE

121

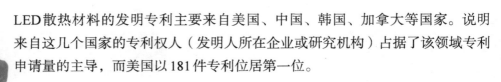

LED散热材料的发明专利主要来自美国、中国、韩国、加拿大等国家。说明来自这几个国家的专利权人（发明人所在企业或研究机构）占据了该领域专利申请量的主导，而美国以181件专利位居第一位。

各主要技术来源国灯丝LED散热材料专利特点分析

（1）美国

对国家（美国）进行筛选后得到181件专利，按照专利优先权年份统计，得到趋势图2-50。可见，其灯丝LED散热材料的专利申请数量在2002年到2008年之间一直呈缓慢发展的趋势，在2009年到2013年之间灯丝LED散热材料专利申请数量则有较大提高，在2013年达到42件。在2013年到2017年之间，专利申请量开始呈逐年下降趋势。

对181件专利进行文本聚类分析，发现美国灯丝LED散热材料主要集中在光源和散热材料两大核心领域（见表2-18）。

表2-18　美国灯丝LED散热材料技术两大核心领域（摘录）

	子　分　类	专利数量
（1）光源	Incandescent Light Bulb	19
	Light Output	18
	Light Source Assembly	15
	Lighting Fixture	11
	Lighting Device	10
	Visible Light	9
	Volume Scattering	6
	Concave Reflector	6
	Circuit Boards, Working Facets	6
（2）散热材料	Heat Sink Body	17
	Circuit Boards	15
	Produce	12
	Lighting Fixture	9

（续表）

	子　分　类	专利数量
（2）散热材料	Candle Light	6
	Volume Scattering Element	6
	Heat Dissipation	4
	Solid State	3

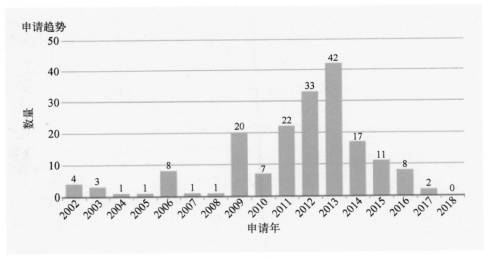

图2-50　专利权人为美国的灯丝LED散热材料专利年度申请趋势

来自美国的专利权人的灯丝LED散热材料研究主要集中于白炽灯泡、光辐射、光源模组、照明器材、散热器材、电路板等领域。

（2）中国

对国家（中国）进行筛选后得到87件专利，按照专利优先权年份统计，得到图2-51趋势图。可见，灯丝LED散热材料的专利申请量在2002年到2010年，一直呈缓慢平稳发展趋势，在2011年、2012年专利申请量增加，在2013年到2016年之间专利申请量又呈现出逐渐下降的趋势。

对87件专利进行文本聚类分析，如表2-19所示，发现灯丝LED散热材料专利研究主要集中在散热基板与LED芯片上两大核心领域。

LED

LIGHT EMITTING DIODE

123

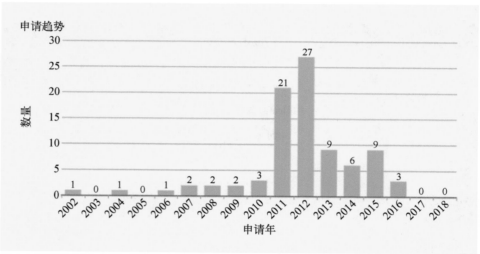

图2-51　专利权人为中国的灯丝LED散热材料专利年度申请趋势

表2-19　中国灯丝LED散热材料技术两大核心领域

	子　分　类	专利数量
（1）散热基板	散热金属外壳，LED发光柱	9
	散热罩	6
	灯体内	5
	高光效LED灯泡	4
	散热材料	3
（2）LED芯片	LED灯泡	11
	散热器	8
	散热金属外壳，LED发光柱	5
	LED光源	5
	散热效果	5
	柔性基板	3

　　中国的专利权人的灯丝LED散热材料核心专利主要集中于散热金属外壳、LED发光柱、散热罩、散热器。

　　（3）韩国

　　对国家（韩国）进行筛选后得到24件专利，按照专利优先权年份统计，得到趋势图2-52。可见在韩国灯丝LED散热材料专利从2007年才开始，而美国与中国均在2002年就开始了相关专利的申请，韩国起步相对较晚，且在2014年之后就没有相关专利的申请了，在2007年到2014年之间，发展基本上较平稳，专利申请量不多，总体上发展较平稳，没有太大的起伏现象出现。

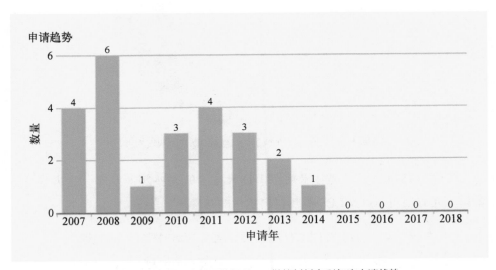

图2-52　专利权人为韩国的灯丝LED散热材料专利年度申请趋势

　　将申请的24件专利进行技术点分析，如图2-53，发现灯丝LED散热材料方面的专利研究主要集中在热辐射、热扩散、球泡类型等方面，韩国对于灯丝LED散热材料相关专利申请较少，对散热材料方面的研究不是很注重。

各主要技术来源国灯丝LED散热材料专利对比汇总分析

　　根据灯丝LED散热材料技术输出国专利时间分布图可知，美国的灯丝LED散热材料技术专利在2013年最多，中国在2012年最多，而韩国在2008年较多一些。从数量上来讲，美国的专利数量为42件位居第一，中国和韩国分别位居第二和第三位。总体上来说，美国关于灯丝LED发光材料的研究相对于中国和韩国来说要略深入一些。

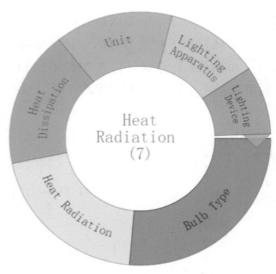

图2-53　专利权人为韩国的灯丝LED散热材料技术点

汇总全球及以上主要技术来源国技术点（见表2-20）发现，散热器、热辐射、光源模组是灯丝LED散热材料技术的共性。

表2-20　全球及各主要技术来源国灯丝LED散热材料技术对比点

地　域	专 利 聚 类 技 术 点
全球	散热器，光辐射，光源模组，热导率，照明装置
美国	白炽灯泡，光辐射，光源模组，照明器材，散热器材，电路板
中国	散热金属外壳，LED发光材料，散热罩，散热器
韩国	热辐射，热扩散，球泡类型

灯丝LED散热材料全球专利竞争者态势分析

灯丝LED散热材料全球专利竞争者态势分析

对搜索所得的482件灯丝LED散热材料专利文献的专利权人机构进行统计分析，得到世界各大机构的3D专利地图。在世界范围内，GE lighting

Solutions LLC 以24件排首位，而 Switch Bulb Company INC 拥有19件排在第二位，Osram Sylvania INC 则以10件专利申请量排在第三位，其他四到八位的专利权人分别为 Terralux INC（10件）、ABL IP Holding LLC（7件）、Organo Bulb INC（7件）、LED Net LTD（6件）、东莞市美能电子有限公司（6件）。

通过3D专利地图2-54分析该领域的各竞争者的技术差距情况，GE 和 Switch 的专利数量多但是高价值专利没有，说明这两个公司缺乏强大的实力但拥有较多的专利。Osram 的专利数量少但该公司实力较强，说明该公司在该领域关注比较少，有强大的综合实力但缺乏该领域专利技术。

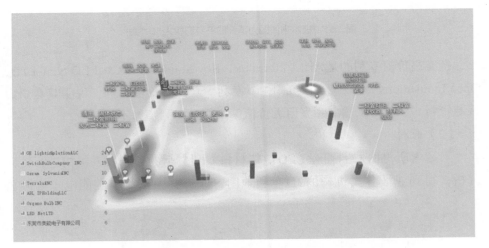

图2-54　技术来源国为全球的灯丝 LED 散热材料各专利权人 3D 地图

（1）美洲

美洲专利发明机构总共有255件灯丝 LED 散热材料专利，将其专利权人进行统计分析，得到美洲各大机构的3D专利地图（如图2-55所示），其中 Switch Bulb Company INC 拥有13件，是所有专利权人申请专利数量最多的公司。而排名第二名的是 Terralux INC，其申请量为9件。ABL IP Holding LLC 和 GE lighting Solutions LLC 并列第三位，其散热材料专利申请数量都为7件。其他并列第四位的专利权人分别为 Bby Solutions INC、LED NET LTD、Once Innovations INC、Quarkstar LLC，散热材料专利申请数量都为4件。

LIGHT EMITTING DIODE

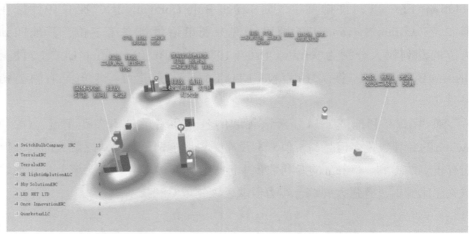

图2-55 技术来源国为美洲的各专利权人 3D 地图

拥有高价值专利的是 ABL，Terralux，Bby Solutions INC，LED NET LTD，Once Innovations INC；Quarkstar LLC 专利少且无高价值专利，说明其竞争力普遍较弱；Switch 虽然专利多但无价值，说明其专利实力不强。

（2）亚洲

对搜索所得的87件灯丝 LED 散热材料专利文献的专利权人机构进行统计分析，得到亚洲各大机构的3D专利地图2-56，其中东莞市美能电子有限公

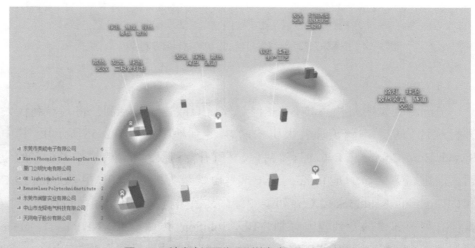

图2-56 技术来源国为亚洲的各专利权人 3D 地图

司拥有6件，是所有专利权人申请专利数量最多的公司。而排名第二名的是 Korea Phoonics Technology Institute 和厦门立明光电有限公司，其申请量都为4件。GE lighting Solutions LLC、Rensselaer Polytechnic Institute、东莞市闻誉实业有限公司、中山市龙舜电气科技有限公司、天网电子股份有限公司并列第三位，其申请量都为2件。

Korea Phoonics Technology Institute 和厦门立明光电有限公司所拥有的专利属于高价值专利，东莞市闻誉实业有限公司和中山市龙舜电气科技有限公司专利少且无高价值专利，说明其竞争力普遍较弱。

将我国的专利权利进行统计分析，得到我国各大机构的3D专利地图（如图2-57所示）。东莞市美能电子有限公司在灯丝LED散热材料方面专利多而且属于高价值专利，说明该公司能力很强，专利技术实力强。厦门立明光电有限公司在散热材料核心专利价值不大，说明该公司专利技术实力不够强。

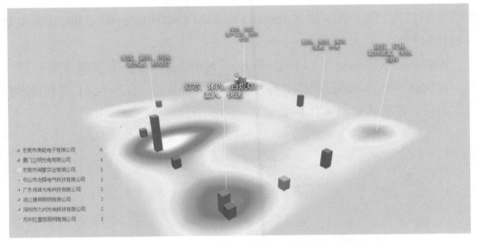

图2-57　技术来源国为中国的各专利权人3D地图

（3）欧洲

对搜索所得的38件灯丝LED散热材料专利文献的专利权人机构进行统计分析，得到欧洲各大机构的3D专利地图2-58，GE lighting Solutions LLC 拥有7件，是所有专利权人申请专利数量最多的公司。而第二位是 Osram Sylvania INC 和 Palo Alto Research Center INC，拥有散热材料专利3件，Goeken Group

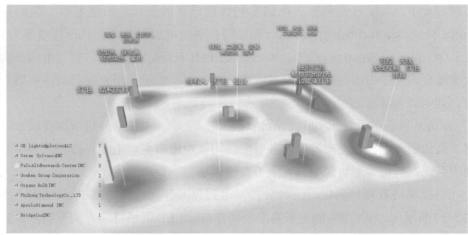

图2-58　技术来源国为欧洲的各专利权人3D地图

Corporation、Organo Bulb INC 和 Phihong Technology Co., LTD 并列第三位，其申请专利量为2件，第四位是 Apoolo Diamond INC 和 Bridgelux, INC，其申请专利量为1件。

　　Phihong Technology Co., LTD 和 Osram Sylvania INC 的专利属于高价值专利，说明这两家公司的专利技术实力强，GE lighting Solutions LLC 专利虽然多但无价值，说明其专利实力不强。

全球灯丝LED材料核心专利解读

全球灯丝LED材料核心专利量

专利强度（Patent Strength）是一种核心专利挖掘工具，它是专利价值判断的综合指标，挖掘核心专利可以帮助我们判断该技术领域的研发重点。专利强度受专利要求数量、引用与被引用次数、是否涉案、专利时间跨度、同组专利数量等因素影响，其强度的高低可以综合地代表该专利的价值大小。一般情况下，我们将专利强度的划分归纳为三类，如表2-21所示。

表2-21 专利强度划分

专 利 强 度	类 型 划 分
80%～100%	核心专利
30%～80%	重要专利
0%～30%	垃圾专利

将3 951件检索结果按照专利强度>80%的条件进行检索，再去掉重复专利后，剩余131件核心专利。3 951件专利只筛选131件核心专利，可见核心专利的巨大价值。

LED

LIGHT EMITTING DIODE

全球灯丝LED材料核心专利年度申请趋势

将131件检索结果按照专利优先权年份统计，得到趋势图2-59。可以看出灯丝LED材料核心专利从1998年到2004年呈现增长趋势，2004年时一个顶峰，申请数量为17件。2004年到2012年之间呈现一定规律的波动并在2012年再次达到顶峰，申请数量为16件，而后开始一直下降，这主要是因为核心专利受专利数量、引用与被引用次数、是否涉案、专利时间跨度、同组专利数量等因素影响，从而导致2014年后核心专利申请量一直下降。其中多数核心专利为美国和中国申请。

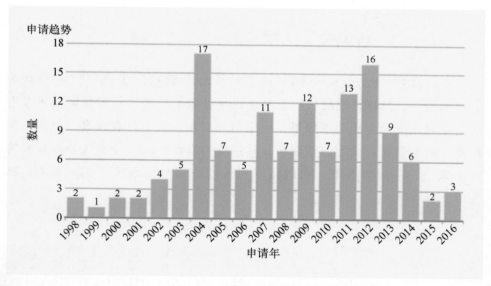

图2-59 灯丝LED材料核心专利年度申请趋势

全球灯丝LED材料核心专利主要专利权人

对全球灯丝LED材料核心专利主要专利权人进行3D专利地图分析，找出该领域的各竞争者的技术差距情况，如图2-60所示。从图中可以看出，

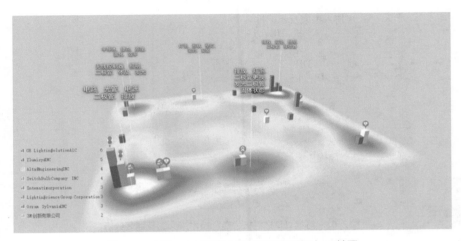

图2-60 灯丝LED材料核心专利主要专利权人3D地图

GE Lighting Solutions LLC 的申请数量最多，其材料核心专利数为6件，排在后面的是Ilumisys INC，其材料核心专利数为5件，排在第三位的是Altair Engineering INC 和 Switch Bulb Company INC，其材料核心专利数为4件。

全球灯丝LED材料核心专利主要专利权人

将131件核心专利按照专利权人国籍统计分析，发现所有的灯丝LED材料领域的核心专利基本上来自美国和中国，其中美国为36件，中国为16件，如图2-61所示。将灯丝LED所有材料领域专利技术来源国及地区对比，我们发现韩国、中国台湾、日本虽然在材料领域申请的专利比较多，但是其申请的核心专利少，掌握的技术优势相比于美国和中国要小，所以他们应该更多地注重于材料领域核心技术的研发。

全球灯丝LED材料核心专利技术分布分析

将131件灯丝LED核心材料的检索结果按照文本聚类分析，发现灯丝LED

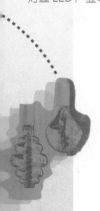

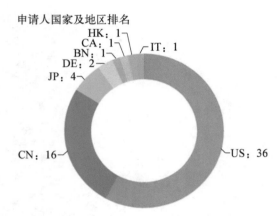

图2-61　灯丝LED材料核心专利技术来源国及地区分析

材料核心专利主要集中在两大核心领域：光源、置换。表2-22所示为各技术核心领域的子分类。

表2-22　全球灯丝LED材料核心专利技术核心领域（摘录）

	子　分　类	专利数量
（1）光源	Illumination	10
	Bulb Housing	10
	Circuit	8
	White Light, Blue Light	4
	Solid STATE Lamp	4
	Lighting Fixture	4
（2）置换	Illumination, Module	10
	Light Emitting Device	9
	Bulb Portion	8
	Incandescent Lamps	8
	Component	5
	White Light, Blue Light	4
	Gallium Nitride	3
	Lamp Assembly	3

灯丝LED材料核心专利主要集中在光源、置换等技术的研究。这些技术集中在照明、灯泡壳、散热材料领域。

灯丝LED材料核心专利是在该技术领域中受到业界和专利权持有人一定程度重视的专利，这些专利反映了在该领域重大技术分支上的创新方案。本节所列的灯丝LED材料核心专利的专利权人绝大多数都属于目前灯丝LED材料产业的领先企业，包括Switch Bulb Company INC、Terralux INC、GE lighting Solutions LLC、东莞市美能电子有限公司等，主要涉及灯丝LED材料技术及相关制造技术，体现了不同申请人对该领域的技术改进，具有一定的借鉴价值。

表2-23列出了全球灯丝LED材料核心专利专利权人、专利号、公开日及专利名称。

表2-23　全球灯丝LED材料核心专利清单

专 利 权 人	专 利 号	公开(公告)日	专 利 名 称
DIALIGHT CORPORATION	US6948829	2005-09-27	Light emitting diode (LED) light bulbs
LIGHTING SCIENCE GROUP CORPORATION	US7086756	2006-08-08	Lighting element using electronically activated light emitting elements and method of making same
TAIWAN OASIS TECHNOLOGY CO., LTD.	US7226189	2007-06-05	Light emitting diode illumination apparatus
ALTAIR ENGINEERING, INC.	US7049761	2006-05-23	Light tube and power supply circuit
GELCORE, LLC	US6796698	2004-09-28	Light emitting diode-based signal light
SEIKO EPSON CORPORATION	US6742907	2004-06-01	Illumination device and display device using it
LIGHT PRESCRIPTIONS INNOVATORS, LLC	US7021797	2006-04-04	Optical device for repositioning and redistributing an LED's light
TIMMERMANS JOS｜RAYMOND JEAN C.	US20020060526A1	2002-05-23	Light tube and power supply circuit
ALTAIR ENGINEERING, INC.	US7510299	2009-03-31	LED lighting device for replacing fluorescent tubes
GELCORE, LLC	US20030185005A1	2003-10-02	Light emitting diode-based signal light
OSRAM SYLVANIA INC.	US7086767	2006-08-08	Thermally efficient LED bulb

LED

LIGHT EMITTING DIODE

135

（续表）

专 利 权 人	专 利 号	公开(公告)日	专 利 名 称
CATALANO ANTHONY | HARRISON DANIEL	US20060012997A1	2006-01-19	Light emitting diode replacement lamp
INTEMATIX CORPORATION	US20100060130A1	2010-03-11	LIGHT EMITTING DIODE (LED) LIGHTING DEVICE
KONINKLIJKE PHILIPS ELECTRONICS N.V.	US6586882	2003-07-01	Lighting system
COTCO HOLDINGS LIMITED	US6803607	2004-10-12	Surface mountable light emitting device
TAIWAN OASIS TECHNOLOGY CO., LTD.	US20060232974A1	2006-10-19	Light emitting diode illumination apparatus
LIGHTING SCIENCES, INC.	US20050207152A1	2005-09-22	Lighting element using electronically activated light emitting elements and method of making same
LIGHTING SCIENCE GROUP CORPORATION	US20050243552A1	2005-11-03	Light bulb having surfaces for reflecting light produced by electronic light generating sources
WIRELESS ENVIRONMENT, LLC	US20090059603A1	2009-03-05	WIRELESS LIGHT BULB
HARTLEY FRED JACK	US6190020	2001-02-20	Light producing assembly for a flashlight
TECHNOLOGY ASSESSMENT GROUP INC.	US20050057187A1	2005-03-17	Universal light emitting illumination device and method
CHIEN TSENG-LU	US6179431	2001-01-30	Flashlight with electro-luminescent element
CML INNOVATIVE TECHNOLOGIES, INC.	US20070242461A1	2007-10-18	LED based light engine
ALTAIR ENGINEERING, INC.	US8093823	2012-01-10	Light sources incorporating light emitting diodes
LIGHTING SCIENCE GROUP CORPORATION	US7367692	2008-05-06	Light bulb having surfaces for reflecting light produced by electronic light generating sources
LIGHT PRESCRIPTIONS INNOVATORS, LLC, A DELAWARE LIMITED LIABILITY COMPANY	US20040228131A1	2004-11-18	Optical device for LED-based light-bulb substitute

（续表）

专 利 权 人	专 利 号	公开(公告)日	专 利 名 称
LEDDYNAMICS	US20040189262A1	2004-09-30	Circuit devices, circuit devices which include light emitting diodes, assemblies which include such circuit devices, flashlights which include such assemblies, and methods for directly replacing flashlight bulbs
IIMURA KEIJI | IIMURA HIDEKI	US20110286200A1	2011-11-24	Semiconductor lamp and light bulb type LED lamp
DIALIGHT CORPORATION	US20050162864A1	2005-07-28	Light emitting diode (LED) light bulbs
ALTAIR ENGINEERING, INC.	US20080062680A1	2008-03-13	LIGHTING DEVICE WITH LEDS
OSRAM SYLVANIA, INC.	US20100195335A1	2010-08-05	BEAM SPREADING OPTICS FOR LIGHT EMITTING DIODES
LEDDYNAMICS	US7015650	2006-03-21	Circuit devices, circuit devices which include light emitting diodes, assemblies which include such circuit devices, flashlights which include such assemblies, and methods for directly replacing flashlight bulbs
INTEMATIX CORPORATION	US8143769	2012-03-27	Light emitting diode (LED) lighting device
ILUMISYS, INC.	US8247985	2012-08-21	Light tube and power supply circuit
FUSION OPTIX, INC	US8750671	2014-06-10	Light bulb with omnidirectional output
CATALANO ANTHONY | HARRISON DANIEL	US20080024070A1	2008-01-31	Light Emitting Diode Replacement Lamp
QUARKSTAR, LLC	US20110163681A1	2011-07-07	Solid State Lamp Using Modular Light Emitting Elements
ILUMISYS, INC.	US8382327	2013-02-26	Light tube and power supply circuit
TECHNOLOGY ASSESSMENT GROUP	US7296913	2007-11-20	Light emitting diode replacement lamp
SWITCH BULB COMPANY, INC.	US8740415	2014-06-03	Partitioned heatsink for improved cooling of an LED bulb
CATALANO ANTHONY	US7318661	2008-01-15	Universal light emitting illumination device and method

（续表）

专 利 权 人	专 利 号	公开(公告)日	专 利 名 称
TRAN BAO Q.	US20120086345A1	2012-04-12	SOLID STATE LIGHT SYSTEM WITH BROADBAND OPTICAL COMMUNICATION CAPABILITY
PLEXTRONICS, INC.	US20100046210A1	2010-02-25	ORGANIC LIGHT EMITTING DIODE PRODUCTS
NOWAK THOMAS | ROCHA-ALVAREZ JUAN C | KASZUBA ANDRZEJ | HENDRICKSON SCOTT A | HO DUSTIN W | BALUJA SANJEEV | CHO TOM | CHANG JOSEPHINE | M SAAD HICHEM	US20060249078A1	2006-11-09	HIGH EFFICIENCY UV CURING SYSTEM
NG KAI KONG | CHIANG KUO-CHIU	US20080285279A1	2008-11-20	Light emitting diode (LED) light bulb
MAZZOCHETTE JOSEPH | AMAYA EDMAR | LI LIN | BLONDER GREG E.	US20050189557A1	2005-09-01	Light emitting diode package assembly that emulates the light pattern produced by an incandescent filament bulb
ILIGHT TECHNOLOGIES, INC.	US7686478	2010-03-30	Bulb for light-emitting diode with color-converting insert
—	US20050254264A1	2005-11-17	Thermally efficient LED bulb
ILIGHT TECHNOLOGIES, INC.	US7663315	2010-02-16	Spherical bulb for light-emitting diode with spherical inner cavity
LOU, MANE	US20090059595A1	2009-03-05	LED AND LED LAMP
COLOR KINETICS INCORPORATED	EP1428415A1	2004-06-16	LED ANWENDUNG | LIGHT EMITTING DIODE BASED PRODUCTS | PRODUITS A DIODES ELECTROLUMINESCENTES
CHIEN, TSENG-LU	US9625134	2017-04-18	Light emitting diode device with track means
嘉兴山蒲照明电器有限公司	CN205579231U	2016-09-14	LED直管灯 | LED (Light-emitting diode) straight lamp

（续表）

专 利 权 人	专 利 号	公开(公告)日	专 利 名 称
贵州光浦森光电有限公司	CN102818171B	2015-04-15	采用安装界面支架组合构件的 LED 草坪灯 | LED (light-emitting diode) lawn lamp using support composite member as mounting interface
S. C. JOHNSON & SON, INC.	US7641364	2010-01-05	Adapter for light bulbs equipped with volatile active dispenser and light emitting diodes
QUNANO AB	US20100148149A1	2010-06-17	ELEVATED LED AND METHOD OF PRODUCING SUCH
惠州元晖光电股份有限公司	CN202733594U	2013-02-13	整体形成的发光二极管光导束 | Integrally-formed LED (light-emitting diode) light carrier bundle
中山市四维家居照明有限公司	CN105255139A	2016-01-20	一种简约壁灯 | Simple wall lamp
摩根阳光公司	CN101680631A	2010-03-24	照明装置 | Illumination device
OSRAM SYLVANIA INC. | 오스람 실바니아 인코포레이티드	KR1020060093028A	2006-08-23	LED BULB | 발광다이오드 전구
ABL IP HOLDING LLC	US20130270999A1	2013-10-17	LAMP USING SOLID STATE SOURCE
APPLIED MATERIALS, INC.	US7663121	2010-02-16	High efficiency UV curing system
CHEN, MING-YUN | HONG, ZUO-CAI	US20140126221A1	2014-05-08	LIGHT EMITTING DIODE BULB WITH GLARE SHIELD STRUCTURE
3M 创新有限公司	CN103190204B	2016-11-16	具有无引线接合管芯的柔性 LED 器件
葛世潮	CN101968181A	2011-02-09	一种高效率 LED 灯泡 | High-efficiency LED lamp bulb
GELCORE LLC	AU2004214360B2	2007-03-29	Module for powering and monitoring light-emitting diodes
パナソニック株式会社	JP5143307B2	2013-02-13	電球形ランプ及び照明装置
深圳市维世科技有限公司	CN104505003B	2017-08-18	一种可自由折叠的柔性 LED 屏幕

LED

LIGHT EMITTING DIODE

（续表）

专 利 权 人	专 利 号	公开(公告)日	专 利 名 称
郑州泽正技术服务有限公司	CN102448401A	2012-05-09	齿科涡轮手持钻 | Dental turbine drill
浙江锐迪生光电有限公司	CN103307464B	2015-09-23	一种 LED 灯泡
李晓锋	CN104279497A	2015-01-14	模拟真火发光的灯泡 | Real fire light simulated bulb
DEROSE ANTHONY	US7695166	2010-04-13	Shaped LED light bulb
GE LIGHTING SOLUTIONS, LLC	EP2844915A1	2015-03-11	REFLEKTOR UND LEUCHTE DAMIT | REFLECTOR AND LAMP COMPRISED THEREOF | RÉFLECTEUR ET LAMPE LE COMPRENANT
EMDEOLED GMBH	US8330355	2012-12-11	Illumination means
杨志强	CN204240103U	2015-04-01	一种螺旋形 LED 封装的灯泡 | Lamp bulb of spiral LED (Light Emitting Diode) packaging device
贵州光浦森光电有限公司	CN103206637A	2013-07-17	一种外延片式的 LED 灯泡光机模组 | Epitaxial wafer type LED (Light Emitting Diode) bulb light machine module
TOSHIBA LIGHTING & TECHNOLOGY CORPORATION	US20120320593A1	2012-12-20	Light Emitting Diode (LED) Bulb
3M 创新有限公司	CN102171300B	2015-02-18	光漫射压敏粘合剂 | Light diffusive pressure sensitive adhesive
SWITCH BULB COMPANY, INC.	US20140028182A1	2014-01-30	METHOD OF LIGHT DISPERSION AND PREFERENTIAL SCATTERING OF CERTAIN WAVELENGTHS OF LIGHT FOR LIGHT-EMITTING DIODES AND BULBS CONSTRUCTED THEREFROM
斯坦雷电气株式会社	CN100413100C	2008-08-20	前照灯光源用发光二极管灯 | Light emitting diode for light source of a vehicle headlamp

（续表）

专 利 权 人	专 利 号	公开(公告)日	专 利 名 称
RENSSELAER POLYTECHNIC INSTITUTE | 렌슬러 폴리테크닉 인스티튜트	KR101758188B1	2017-07-14	SOLID STATE LIGHT SOURCE LIGHT BULB | 발명의 명칭 고체 상태 광원 전구
株式会社藤仓 | 独立行政法人物质·材料研究机构	CN1906269A	2007-01-31	荧光体及使用该荧光体的发出电灯色光的电灯色光发光二极管灯 | Fluorescent substance and light bulb color light emitting diode lamp using the fluorescent substance and emitting light bulb color light
INTEMATIX CORPORATION	EP2094813A2	2009-09-02	ALUMOSILICATBASIERTE APFELSINENROTE LEUCHTSTOFFE MIT GEMISCHTEN ZWEI-UND DREIWERTIGEN KATIONEN | ALUMINUM-SILICATE BASED ORANGE-RED PHOSPHORS WITH MIXED DIVALENT AND TRIVALENT CATIONS | LUMINOPHORES ROUGE-ORANGER À BASE DE SILICATE D'ALUMINIUM COMPRENANT DES CATIONS BIVALENTS ET TRIVALENTS MÉLANGÉS
GE LIGHTING SOLUTIONS, LLC	US20120080699A1	2012-04-05	LIGHTWEIGHT HEAT SINKS AND LED LAMPS EMPLOYING SAME
新灯源科技有限公司	CN1869504A	2006-11-29	发光二极管群集灯泡 | LED cluster bulb
GE LIGHTING SOLUTIONS, LLC	AU2011233568A1	2012-11-01	Lightweight heat sinks and LED lamps employing same
オスラム・シルバニア・インコーポレイテッド	JP2012506125A	2012-03-08	体積散乱用要素を有する発光ダイオードベースのランプ
CREE, INC.	US9243758	2016-01-26	Compact heat sinks and solid state lamp incorporating same
GE LIGHTING SOLUTIONS, LLC	US20150109758A1	2015-04-23	LED LAMP WITH ND-GLASS BULB

LED

LIGHT EMITTING DIODE

（续表）

专 利 权 人	专 利 号	公开(公告)日	专 利 名 称
奥斯兰姆奥普托半导体股份有限两合公司	CN1270111A	2000-10-18	尤其用于机动车灯盒的柔性LED多重模块 | Flexible LED multiple module for lamp shell of vehicle
AVX CORPORATION	GB2472294B	2013-07-17	Two-part top loading card edge connector and component assembly
泰科电子(AMP)意大利公司	CN102844935A	2012-12-26	用于柔性发光二极管条密封件的电连接器 | Electrical connector for flexible led strip seal
SEIKO EPSON CORPORATION | 세이코 엡슨 가부시키가이샤	KR1019990071627A	1999-09-27	조명장치및그장치를사용하는표시기기
上海本星电子科技有限公司	CN206164938U	2017-05-10	遥控电灯及其遥控器
罗姆股份有限公司	CN202302928U	2012-07-04	LED灯泡 | LED (light emitting diode) lamp bulb
HICKEY ROBERT J	US20090167190A1	2009-07-02	Apparatus and Method for a Light-Emitting Diode Lamp that Simulates a Filament Lamp
LINARES ROBERT C	US20060211222A1	2006-09-21	GALLIUM NITRIDE LIGHT EMITTING DEVICES ON DIAMOND
MITSUBISHI ELECTRIC LIGHTING CORP | 三菱電機照明株式会社	JP2013123027A	2013-06-20	LIGHT-EMITTING DIODE LAMP, LIGHTING APPARATUS, LIGHT-EMITTING LAMP MANUFACTURING METHOD, LIGHT-EMITTING DIODE LAMP MANUFACTURING METHOD, STREET LIGHT, AND LAMP REPLACEMENT METHOD | 発光ダイオードランプ及び照明器具及び発光ランプの製造方法及び発光ダイオードランプの製造方法及び街路灯及びランプ交換方法
CATALANO ANTHONY | HARRISON DANIEL	US20090309501A1	2009-12-17	Light Emitting Diode Replacement Lamp
SCHAFF WILLIAM J. | HWANG JEONGHYUN	US20030173578A1	2003-09-18	Highly doped III-nitride semiconductors

（续表）

专 利 权 人	专 利 号	公开(公告)日	专 利 名 称
CORNELL RESEARCH FOUNDATION, INC.	US20050179047A1	2005-08-18	Highly doped III-nitride semiconductors
ILUMISYS, INC.	US9739428	2017-08-22	Light tube and power supply circuit
AMERICAN DJ SUPPLY, INC.	US20120181935A1	2012-07-19	WIRELESS CONTROLLER FOR LIGHTING SYSTEM
GE 照明解决方案有限责任公司	CN103238027A	2013-08-07	重量轻的散热器和使用该散热器的 LED 灯 | Lightweight heat sinks and led lamps employing same
GE LIGHTING SOLUTIONS, LLC	EP2622267A1	2013-08-07	LEICHTGEWICHTIGE KÜHLKÖRPER UND LED-LAMPEN DAMIT | LIGHTWEIGHT HEAT SINKS AND LED LAMPS EMPLOYING SAME | PUITS THERMIQUES LÉGERS ET LAMPES À LED LES EMPLOYANT
ジーイー ライティング ソリューションズ エルエルシー	JP2013543223A	2013-11-28	軽量ヒートシンク及びこれを利用した LED ランプ
QUIRION STEEVE | LACHANCE ROBERT | BERNARD MICHEL	US20110279038A1	2011-11-17	RETROFIT LED LAMP ASSEMBLY FOR SEALED OPTICAL LAMPS
QUIRION STEEVE | LACHANCE ROBERT | BERNARD MICHEL	CA2703611A1	2011-11-12	RETROFIT LED LAMP ASSEMBLY FOR SEALED OPTICAL LAMPS | LAMPE A DEL ADAPTEE POUR LES LAMPES OPTIQUES SCELLEES
ST. ALBERT INNOVATIONS, LLC	US8915623	2014-12-23	Cover for a light bulb
上海无线电设备研究所	CN202877861U	2013-04-17	LED 球泡灯全自动柔性装配线 | Full-automatic flexible assembly line of light-emitting diode (LED) bulb lamp
GE LIGHTING SOLUTIONS, LLC	EP2553331A1	2013-02-06	LEICHTGEWICHTIGE KÜHLKÖRPER UND LED-LAMPEN DAMIT | LIGHTWEIGHT HEAT SINKS AND LED LAMPS EMPLOYING SAME | DISSIPATEURS THERMIQUES LÉGERS ET LAMPES À DEL UTILISANT CES DERNIERS

LED

LIGHT EMITTING DIODE

（续表）

专 利 权 人	专 利 号	公开(公告)日	专 利 名 称
ILUMISYS, INC.	US9006990	2015-04-14	Light tube and power supply circuit
AMERICAN DJ SUPPLY, INC.	US20140292222A1	2014-10-02	WIRELESS CONTROLLER FOR LIGHTING SYSTEM
ILUMISYS, INC.	US9006993	2015-04-14	Light tube and power supply circuit
OSRAM SYLVANIA INC.	CA2739116A1	2010-04-22	LIGHT EMITTING DIODE-BASED LAMP HAVING A VOLUME SCATTERING ELEMENT | LAMPE A DIODES ELECTROLUMINESCENTES COMPORTANT UN ELEMENT DE DIFFUSION VOLUMIQUE
LAUER, MARK	US8408746	2013-04-02	Artificial candles with glowing canopies that flutter
PALO ALTO RESEARCH CENTER INCORPORATED	US20140126213A1	2014-05-08	LED BULB WITH INTEGRATED THERMAL AND OPTICAL DIFFUSER
SWITCH BULB COMPANY, INC.	US20130146901A1	2013-06-13	COMPRESSION VOLUME COMPENSATION
COLBY, STEVEN M.	US8911119	2014-12-16	Bulb including cover
VADAI EPHRAIM	US20110134239A1	2011-06-09	EFFICIENT ILLUMINATION SYSTEM FOR LEGACY STREET LIGHTING SYSTEMS
APOLLO DIAMOND, INC	US20120164786A1	2012-06-28	GALLIUM NITRIDE LIGHT EMITTING DEVICES ON DIAMOND
SWITCH BULB COMPANY, INC.	US20150184815A1	2015-07-02	LED BULB HAVING AN ADJUSTABLE LIGHT-DISTRIBUTION PROFILE
鹤山丽得电子实业有限公司	CN203984762U	2014-12-03	柔性线路板、柔性LED灯条 | Flexible circuit board and flexible LED light bar
COLBY STEVEN M	US7748877	2010-07-06	Multi-mode bulb
CATALANO, ANTHONY	US20140254154A1	2014-09-11	LIGHT-EMITTING DIODE LIGHT BULB GENERATING DIRECT AND DECORATIVE ILLUMINATION

（续表）

专 利 权 人	专 利 号	公开(公告)日	专 利 名 称
PANASONIC CORP | パナソニック株式会社	JP2012227162A	2012-11-15	BULB-TYPE LAMP AND LIGHTING DEVICE | 電球形ランプ及び照明装置
嘉兴山蒲照明电器有限公司	CN204962340U	2016-01-13	一种 LED 球泡灯 | Light-emitting diode (LED) bulb lamp
CUNNINGHAM, DAVID W.	US20140185287A1	2014-07-03	Lighting Fixture And Light-Emitting Diode Light Source Assembly
LAUER MARK A	US7850346	2010-12-14	Artificial candles with realistic flames
CORNELL RESEARCH FOUNDATION, INC.	US20090165816A1	2009-07-02	HIGHLY DOPED III-NITRIDE SEMICONDUCTORS
DEROSE ANTHONY	US20080084692A1	2008-04-10	Shaped LED Light Bulb

LED

LIGHT EMITTING DIODE

 # 中国灯丝LED材料相关专利分析

中国灯丝LED材料专利申请趋势分析

经上海市专利平台检索，检索时间为1993-01-01至2017-12-31，涉及灯丝LED材料专利共计2 276件。从图2-62所示的灯丝LED材料申请和公开的趋势图可以清楚地看到，灯丝LED材料方面相关专利在1994年开始申请，之

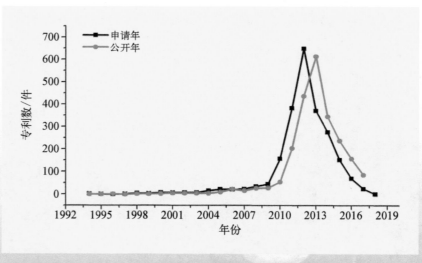

图2-62　灯丝LED材料专利申请和公开趋势图

后一直呈缓慢增加的趋势，在2009年之后灯丝LED材料方面相关专利申请量开始增加，并在2012年达到顶峰650件，从2013年开始，专利申请量又开始逐渐降低。

中国灯丝LED材料专利申请人分析

在中国的灯丝LED材料专利技术申请中（见表2-24），中国本土申请人的专利申请所占比例最大，专利申请量达到2 111件，其他国家在中国本土的专利申请量都不是很多，说明中国本土灯丝LED材料专利的申请还是主要被国内企业或者科研院所占领，其他国家对灯丝LED材料在中国的市场还不是很重视。中国本土申请人中，广东省以673件专利申请量位居第一，说明广东省在灯丝LED材料研发方面有一定的技术实力，浙江省以294件专利申请位居第二，江苏省以216件专利申请排名第三；排在前三位后的福建、贵州、上海三地的灯丝LED材料专利申请分别为174件、132件、112件，排名第七到第十的分别为四川、山东、安徽、北京四省（市）。

表2-24 各国家和地区以及省（市）在中国灯丝LED材料专利申请数

国家和地区	专利申请数	中国各省（市）	专利申请数
中国	2 051	广东	673
中国台湾	52	浙江	294
日本	13	江苏	216
中国香港	8	福建	174
罗马尼亚	6	贵州	132
美国	6	上海	112
荷兰	5	四川	70
德国	4	山东	49
加拿大	3	安徽	35
韩国	3	北京	34

LED

LIGHT EMITTING DIODE

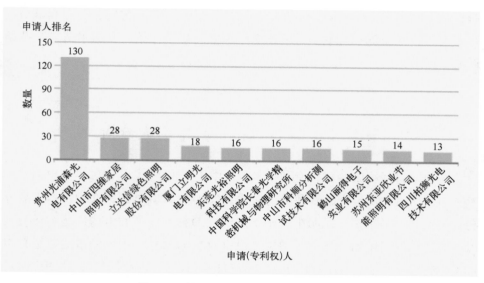

图2-63　中国灯丝LED材料专利申请人构成

　　图2-63为灯丝LED材料专利主要申请人（前10位）及其申请量，从图中可以看出中国灯丝LED材料专利申请人主要是中国本土的企业和科研院所构成，排名第一的为贵州光浦森光电专利申请量为130件，远超过其他企业，可见贵州光浦森对于灯丝LED材料的研发较为重视，其他的企业申请量都不是很多，对于灯丝LED材料研发还不是很重视，还有很大的专利申请发展空间。

　　图2-64为主要专利申请人的年度申请趋势。从图中可以看出，在2009年之前，灯丝LED材料申请量为0，在2009年之后呈平稳发展状态，其中贵州光浦森光电科技有限公司申请专利130件，在2012年专利申请量较多，在2013年之后，专利申请量开始逐渐下降。贵州光浦森光电专利的主要发明人为张哲源与张继强等人。其专利技术分类主要集中在F21Y101（127件）、F21V29（123件）、F21V19（96件）、F21S8（67件）、F21S2（61件）、F21V17（54件）等。将其申请专利按照全文聚类分析，包括下面几个主要聚类：安装界面支架；灯泡内罩；通用型LED灯泡；挤压型散热器；导热支架；双面散热器；筒灯底座；LED照明灯；吸顶灯；LED晶片；导热转换板；固定孔板；一体式LED灯泡；外延片。

　　中山市四维家居照明有限公司申请专利28件。灯丝LED材料相关专利从

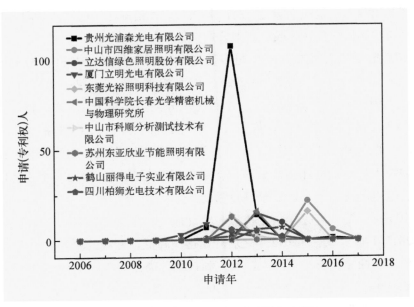

图 2-64　中国灯丝 LED 材料专利申请人年度趋势

2009年开始申请，近年来逐渐增加，公司专利的主要发明人为马骏康、罗永成。其专利技术分布主要集中在 F21V29（28件）、C08K13（20件）、C08K7（20件）、C08L23（20件）、C08L69（20件）、C09D7（20件）等。将其申请专利按照全文聚类分析，包括以下几个主要聚类：散热体内设有驱动元件；环形缺槽；欧式 LED；灯头上设有 LED 光源；连接部，PCB 板，散热筒体下端；连接槽位；底座上端；散热体内设有空腔。

　　立达信绿色照明股份有限公司申请专利28件。灯丝 LED 材料相关专利从2010年开始申请，在2012年后开始下降，公司专利的主要发明人为李江淮、郭伟杰、李永川等人。其专利技术分类主要集中在 F21Y101（26件）、F21S2（23件）、F21V29（13件）、F21V19（12件）、F21K9（7件）、F21Y115（7件）等。将其申请专利按照全文聚类分析，包括以下几个主要聚类：大角度发光 LED 灯；发光件；反射部；LED 球泡灯；通过灯泡壳实现向外散热；导热柱；正向 LED 光源；柔性基板。

　　厦门立明光电有限公司申请专利28件。灯丝 LED 材料相关专利从2009年开始申请，在2011年开始逐渐下降，公司专利的主要发明人为林新文、王辉

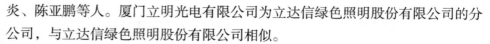

炎、陈亚鹏等人。厦门立明光电有限公司为立达信绿色照明股份有限公司的分公司，与立达信绿色照明股份有限公司相似。

东莞光裕照明科技有限公司申请专利16件。灯丝LED材料相关专利从2009年开始申请，在2012年和2015年专利申请量略多一些，公司专利的主要发明人为王明华与许庆树。其专利技术分类主要集中在F21Y115（13件）、F21V19（12件）、F21K9（11件）、F21V3（11件）、F21V23（8件）、F21S2（5件）等。将其专利申请按照全文聚类分析，包括以下几个主要聚类：LED驱动器的输入端连接电连接器；蜡烛拉尾型LED灯丝灯；球型泡壳芯柱LED驱动器；电连接线位于支架内部LED驱动器。

中国科学院长春光学精密机械与物理研究所申请专利16件。灯丝LED材料在2013年略多一些，2013年之后开始逐渐降低，专利的主要发明人为孙强、隋永新、杨怀江、王立军等人。其专利技术分类主要集中在H01L33（16件）、H01L25（10件）、H01L27（4件）、G09F9（2件）、H01L21（2件）。将其专利申请按照全文聚类分析，包括以下几个主要聚类：微型柔性LED面阵；微型柔性LED阵列器件；微型LED集成阵列；柔性连接的LED器件；透明电极柔性LED微显示阵列。

中山市科顺分析测试技术有限公司申请专利16件。灯丝LED材料在2012年略多一些，在2012年之后开始逐渐降低，专利的主要发明人为文勇、王耀青。其专利技术分类主要集中在F21Y101（15件）、F21S4（13件）、F21V19（13件）、F21Y115（13件）、F21V23（5件）、F21S2（3件）等。将其专利申请按照全文聚类分析，包括以下几个主要聚类：带状主体；柔性带状电路板；LED灯泡、连接部、开口端。

苏州东亚欣业节能照明有限公司申请专利14件。公司专利的主要发明人为董标颖。其专利技术分类主要集中在F21S2（14件）、F21Y101（14件）、F21V29（8件）、F21V23（7件）、F21V17（5件）、F21V3（5件）、F21V5（3件）等。将其专利申请按照全文聚类分析，包括以下几个主要聚类：灯罩内壁上设置；嵌入层；线路连接层；接触点低于灯壳的侧壁、侧壁上且灯罩的下部、灯罩的下部与灯壳的侧壁；弧形面。

鹤山丽得电子实业有限公司申请专利15件，公司专利的主要发明人为樊邦弘，樊邦扬，谢汉良等人。其专利技术分类主要集中在F21V19（13

件 ）、F21Y101（13件）、F21Y115（12件）、F21S4（7件）、F21V23（7件）、F21Y103（5件）、F21V31（4件）。将其专利申请按照全文聚类分析，包括以下几个主要聚类：柔性线路板；柔性LED灯条；带状LED光源；导光件的柔性LED条形灯；一体式导光件的柔性LED条形；单层导电层。

四川柏狮光电技术有限公司申请专利13件，公司专利的主要发明人为王建全、梁丽、陈可等人。其专利技术分类主要集中在F21Y101（10件）、F21S2（8件）、F21V29（8件）、F21V19（3件）、F21V17（2件）、H01L25（2件）、H01L33（2件）。将其专利申请按照全文聚类分析，包括以下几个主要聚类：条形LED灯丝；LED灯泡；透光罩；大角度；电源基座；LED晶片；LED灯珠。

由图2-65中申请人在中灯丝LED材料方面专利申请排名可知，在我国，从事灯丝LED材料研究的企业主要是贵州光浦森光电有限公司、中山市四维家居照明有限公司、立达信绿色照明股份有限公司、厦门立明光电有限公司等公司，其中以贵州光浦森光电有限公司的130件专利为首。其中高校暂未上榜，科研院所中只有中国科学院长春光学精密机械与物理研究所。可见，中国灯丝LED材料中国申请人中大部分还是以企业为主。

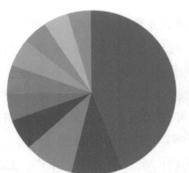

- 贵州光浦森光电有限公司
- 中山市四维家居照明有限公司
- 立达信绿色照明股份有限公司
- 厦门立明光电有限公司
- 东莞光裕照明科技有限公司
- 中国科学院长春光学精密机械与物理研究所
- 中山市科顺分析测试技术有限公司
- 苏州东亚欣业节能照明有限公司
- 鹤山丽得电子实业有限公司
- 四川柏狮光电技术有限公司

图2-65　中国灯丝LED材料中国申请人构成

中国灯丝LED材料专利发明人分析

由图2-66中发明人在灯LED材料方面专利分析可知，张哲源、张继

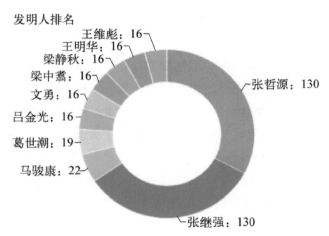

发明人排名

王维彪：16
王明华：16
梁静秋：16
梁中翥：16
文勇：16
吕金光：16
葛世潮：19
马骏康：22

张哲源：130

张继强：130

图2-66　中国灯丝LED材料发明人构成分析

强分别拥有130件专利，他们的发明专利主要归属贵州光浦森光电有限公司。

马骏康申请22件专利，发明专利主要归属于中山市四维家居照明有限公司。

葛世潮申请19件专利，浙江大学退休研究员，专利主要归属于为浙江锐迪生光电有限公司。1971年，他研制成荧光数码管和真空荧光显示屏，用于替代当时的层叠式辉光数码管，被广泛用于数字显示，并推广到国内10多家工厂生产。1977年研制成的高亮度荧光矩阵显示屏，获得浙江省科技成果一等奖。1985年，他的论文《高亮度荧光显示与饱和亮度》获得国家教委科技进步一等奖，并被收入《1986年中国百科年鉴》。1989年研制成彩色超大屏幕视频显示系统，被收入《1991年中国科技成果大全》。1998年研制成超长寿命冷阴极节能灯，2003年在广东省东莞建厂生产，2006年又研制成大功率高效率冷阴极灯。葛世潮在国内外已获授权的专利有110余项，其中大部分专利已在东莞生产，部分专利已授权国内外4家公司生产和销售。

吕金光、梁中翥、梁静秋、王维彪分别申请专利16件，专利归属于中国科学院长春光学精密机械与物理研究所。

文勇申请专利16件，专利归属于中山市科顺分析测试技术有限公司。

中国灯丝LED材料专利主分类号分析

图2-67为中国灯丝LED材料专利技术分布情况（前10位），其中，技术分类的依据是IPC分类号的小类。图2-68是各专利分类的年度申请趋势。从图2-67可以看出，灯丝LED材料涉及的技术领域非常多，包括电学、物理、热学等技术领域。其中涉及微型光源（F21Y101/02）的专利申请共计1 658件。涉及模块化结构，不包含在大组F21S4/00至F21S10/00或F21S19/00中的照明装置系统（F21S2/00）的专利申请共计1 137件。涉及防止照明装置热损害，专门适用于照明装置或系统的冷却或加热装置（F21V29/00）的专利申请共计910件。涉及光源或灯架的固定（只用联接装置固定电光源）（F21V19/00）的专利申请共计721件。涉及发光二极管（F21Y115/10）的相关专利申请共计379件。涉及照明装置内或上面电路元件的布置（F21V23/00）的相关专利申请共计351件。涉及以专门的紧固器材或紧固方法为特征（F21V17/10）的相关专利申请共计273件。涉及元件具有孔、管或通道，例如热辐射孔（F21V29/83）的相关专利申请共计245件。涉及连接装置的元件（F21V23/06）的相关专利申请共计221件。涉及冷却装置（驱散或利用照明固定装置热量的

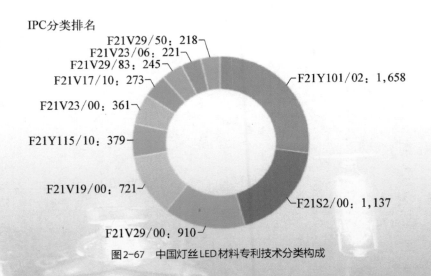

IPC分类排名

F21V29/50：218
F21V23/06：221
F21V29/83：245
F21V17/10：273
F21V23/00：361
F21Y115/10：379
F21V19/00：721
F21V29/00：910

F21Y101/02：1,658
F21S2/00：1,137

图2-67 中国灯丝LED材料专利技术分类构成

LIGHT EMITTING DIODE

LED

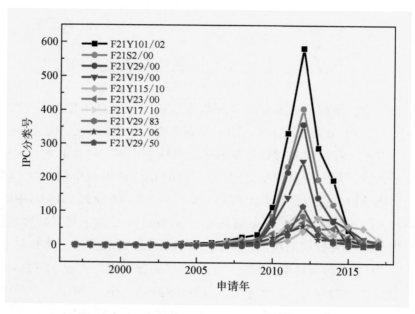

图2-68　中国灯丝LED材料专利技术分类年度申请趋势

空气处理系统）（F21V29/50）相关专利申请共计218件。从年度申请趋势图上可看出，年度申请量在2012年之前均呈现逐渐增加的状态，在2012年之后，年度申请量均为逐渐下降的趋势。

灯丝LED材料产业发展战略建议

灯丝LED材料方面的专利数量相对较多，全球范围内灯丝LED材料专利的申请集中在美国、中国、日本、韩国和欧洲这五个国家和地区。同时这五个国家和地区也是主要的技术来源地。其中，美国占据了主要地位。从拥有核心专利来看，美国和中国拥有最多的核心专利。专利年申请呈快速增长趋势。在2012年之后随着灯丝LED产业技术的成熟以及产业整合发展，专利申请增速暂缓，专利申请量逐年递减。灯丝LED材料的发光材料领域的专利申请多于散热材料。散热材料作为灯丝LED材料的一个研究重点，主要包括散热器，散热基板，散热罩等领域。其中，近年来国外新申请的专利主要集中在散热器。在灯丝LED材料专利申请中，主要申请人包括GE LIGHTING SOLUTIONS, LLC、SWITCH BULB COMPANY, INC、OSRAM SYLVANIA INC、INTEMATIX CORPORATION等，美国占据了主要的份额，显示出相当的整体实力。

灯丝LED材料中国专利现状

当欧美和日韩的专利申请量出现一定的下降趋势时，中国在灯丝LED领域的专利份额呈增长态势。中国在灯丝LED领域的专利申请具有一定的基础。

同时，国外的申请人主要是世界知名的公司，国内排名靠前的专利申请人中以一些小公司为主。中国内地灯丝LED专利申请分布极不平衡，广东、江苏、浙江、福建等东部经济发达地区以及具有传统LED产业的地区灯丝LED材料专利申请量排名靠前，同时台湾的灯丝LED材料发展迅速，也申请了不少的专利。广东的代表性的申请人主要为企业为主。对于国内的申请人来说，对灯丝LED材料的研究起步较迟，2004年之后灯丝LED材料的相关专利才开始稳定增加。而在这之前国外已经申请了大量的基础专利。同时可以发现，在中国申请的专利中，有相当一部分是国外专利，他们在国内开始积极进行专利布局。

中国灯丝LED材料领域专利竞争力提升建议

灯丝LED行业作为资金及技术密集型产业，要想发展好，就必须得到政府、企业和科技工作者的通力合作与大力支持。对中国政府而言，要想在灯丝LED行业处于领先地位，就要有鲜明而富有远见的眼光对灯丝LED材料进行支持，以此推动灯丝LED整个行业的发展，重视对研发灯丝LED材料的研发机构的扶持，牵头组织技术联盟，设立专项研发基金或科技配套研发资金等，激发企业及科研机构的研发积极性。同时大力倡导企业进行对知识产权的保护，定期开办培训及宣讲，不断宣传知识产权的重要性，为我国灯丝LED材料技术的可持续发展奠定基础。

（1）在灯丝LED材料方面，虽然国内众多企业和科研院所在材料相关研究上取得了丰硕的成果，申请了许多相关专利，然而中国的企业与美国的相比，还存在着许多差距，在核心材料专利上来看美国要多于中国，另外，日本与韩国也是很大的竞争对手，因此，中国在灯丝LED材料的竞争中面临着巨大的挑战，在专利的质量与价值上应该更加专注。

（2）灯丝LED材料领域核心专利大部分掌握在美国的几家大公司手中，中国在该领域要想有所突破，需要加强与国外的交流，引进海外人才和先进技术。加强基础性、前沿性技术研究，支持企业加强知识产权国内外布局，抢占产业技术制高点。引进人才提高自身的创新能力和造血能力，逐步缩小与国外重点企业的差距。

（3）推动产学研资源的整合，实现高端突破。中国企业可以借助于这种企业与大学和科研机构进行合作的模式，提高企业自身的研发能力。

（4）我国的企业和科研院所十分注重加强发光材料的研究，因为发光材料是获得高性能器件的关键，同时散热材料是出光品质的保证，所以我国应该加强在发光材料和散热材料的专利布局。

（5）全球灯丝LED材料专利申请大部分集中于美国、中国、日本、韩国以及一些欧洲国家中，中国申请人在巩固在本土的申请之外，可以适度地加强在国外其他国家和新兴市场专利的申请。

（6）加强灯丝LED产业材料专利预警应急服务体系建设，有助于获得相关产业发展信息，有利于我国灯丝LED产业从业者在自主创新和生产经营活动的过程中规避侵权风险、避免盲目投资，提高研发起点，迅速提高我国企业自主研发能力和国际竞争力。

第三章

灯丝 LED 产业器件领域专利分析

全球灯丝LED器件专利现状

全球灯丝LED器件专利总量

截至2017年12月31日，通过智慧芽专利分析软件，共检索到全球灯丝LED有关器件领域相关专利申请2 971件，如图3-1所示。专利检索范围包括中国、美国、中国台湾、韩国、日本、英国、法国、德国、PCT、EPO在内的超过70个国家或地区。

将2 971件检索结果进行专利失效分析，筛选出检索结果中的失效专利，

图3-1　全球灯丝LED器件专利申请总量截图

最后得到失效专利1 951件，可见相当一部分灯丝LED器件相关专利已经失效，见图3-2。

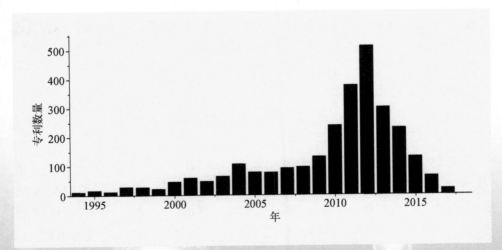

图3-2 灯丝LED器件失效专利截图

全球灯丝LED器件专利申请年度趋势

将2 971件检索专利按照专利优先权年份统计得到图3-3和图3-4。

图3-3 灯丝LED器件全球专利年度趋势柱状图

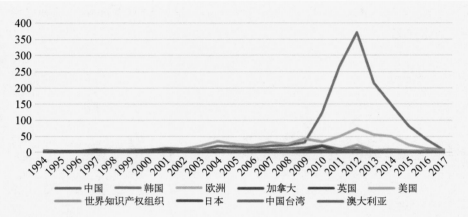

图3-4　灯丝LED器件专利年度趋势线性图

由图3-3可见，灯丝LED器件的专利数量1994年到2012年一直呈现上升趋势，2012年之后专利数量呈下降趋势，其中2012年达到申请灯丝LED器件专利数量的顶峰，申请数量为513件。从年度专利申请总量分析，在2010年到2014年间，该领域专利年申请量在200件以上，说明这几年间灯丝LED器件属于比较热门领域。

从图3-4可知中国申请量在2012年达到峰值，随后呈现下降趋势。美国的申请量一直呈先上升后下降的趋势，并在2012年达到顶峰。韩国的申请量在2001年达到顶峰，其后呈先降后升的趋势，2010年到顶点，之后下降。其他国家或地区申请量也都是呈先上升后下降的趋势。

全球灯丝LED器件专利主要发明人

对2 971件检索结果的专利发明人进行分析，发明人中排名前20名的人员构成见图3-5。其中申请量排在前三的是张哲源、张继强、CATALANO ANTHONY，其申请量分别占总量的0.98%、0.98%、0.84%。该三人总的申请量占总量2.8%，略多于其他发明人。同时其他发明人的申请量较为平均，所以灯丝LED器件的专利申请人来看较为平均。

发明人排名

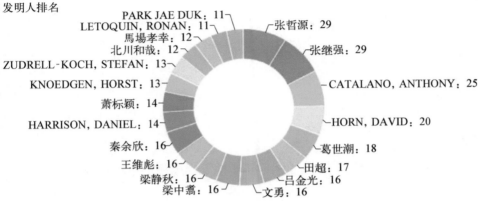

图3-5 全球灯丝 LED 器件专利前 20 名主要发明人

 全球灯丝LED器件专利分析

全球灯丝LED器件专利申请热点国家及地区

图3-6为灯丝LED器件专利申请热点国家地区分布，我们发现灯丝LED器件的专利申请主要集中在中国、美国、韩国、日本、世界知识产权组织。其他国家及地区如中国台湾、加拿大、英国、澳大利亚等数量相对较少。图3-5中，中国是该领域内专利申请最多的国家，达到1 456件。其他如美国、韩国、日本为该领域专利数量相对较多的国家或地区，中国台湾、加拿大、英国、澳大利亚等专利数量相对较少，说明这些国家或地区是灯丝LED器件的主要应用国家。

图3-6　全球灯丝LED器件专利申请热点国家及地区

全球近年灯丝LED器件主要专利技术点

对公开时间（2014-01-01至2017-12-31）进行筛选后的专利，如图3-7所示，发现灯丝LED器件技术的专利主要集中在LED灯泡、LED光源、Light Source、LED球泡灯、柔性LED、发光二极管。LED灯泡是灯丝LED器件的主要部分，也是专利技术点中最重要的，这部分具有光源、电连接、LED芯片。

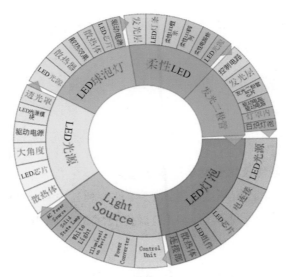

图3-7　近年全球灯丝LED器件专利主要技术点

全球灯丝LED器件专利主要技术来源国及地区分析

将检索结果按照专利权人国籍统计分析发现，全球灯丝LED的发明专利主要来自中国、美国、韩国、日本，如图3-8所示。从地域来看，主要分布在亚洲。其中专利数量最多的是中国，有1 348件，远远超过其他国家。说明来自这几个国家的专利权人（发明人所在企业或研究机构）主导着该领域的专利申请量。

LED

LIGHT EMITTING DIODE

165

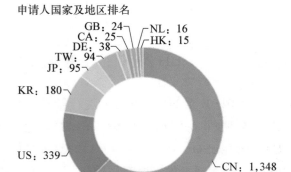

申请人国家及地区排名

GB：24　NL：16
CA：25　HK：15
DE：38
TW：94
JP：95
KR：180
US：339
CN：1,348

图3-8　灯丝LED器件专利主要技术来源国及地区分析

各主要技术来源国灯丝LED器件专利分析

中国

1. 灯丝LED器件技术专利年度申请趋势

对国家（中国）进行筛选后得到1 348件专利，按照专利优先权年份统计，得到图3-9趋势图。可见其灯丝LED器件技术的专利申请数量在1994年到

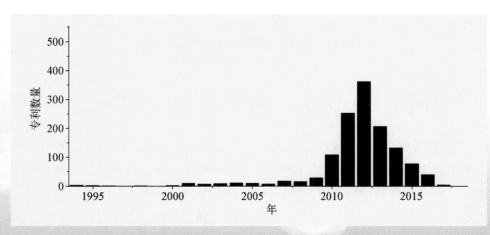

图3-9　专利权人为中国的灯丝LED器件专利年度申请趋势

2012年一直是增长趋势，2012年达到顶峰，申请数量为363件，之后呈现下降趋势，在2010年至2014年之间，灯丝LED器件专利申请数量一直在100件以上，说明这5年间中国企业或研究机构对灯丝LED器件的专利申请非常火热。

2. 灯丝LED器件技术专利主要技术点

对公开时间（2014-01-01至2017-12-31）进行筛选后的401件专利，对这401件专利进行文本聚类分析，发现中国灯丝LED器件专利研究主要集中在LED灯泡、LED光源、LED球泡灯、柔性LED四大核心领域，如图3-10所示。其中LED灯泡是中国重点研究的技术点。

图3-10 技术来源国为中国的灯丝LED器件技术点

美国

1. 灯丝LED器件技术专利年度申请趋势

对国家（美国）进行筛选后得到191件专利，按照专利优先权年份统计，得到图3-11趋势图。可见其灯丝LED器件技术的专利申请数量在1994年到2012年一直是波动式增长趋势，2012年达到顶峰，申请数量为49件，之后呈现下降趋势。

LED

LIGHT EMITTING DIODE

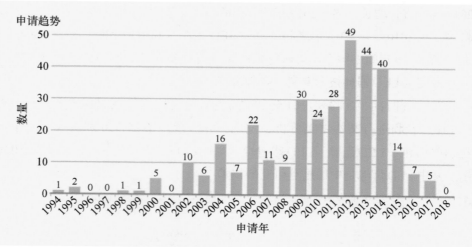

图3-11　专利权人为美国的灯丝LED器件专利年度申请趋势

2. 灯丝LED器件技术专利主要技术点

对公开时间（2014-01-01至2017-12-31）进行筛选后的191件专利，对这191件专利进行文本聚类分析，发现美国灯丝LED器件专利研究主要集中在Light Source、Light Outpaut、Lighting System三大核心领域，如图3-12所示。

图3-12　技术来源国为美国的灯丝LED器件技术点

美国的专利权人灯丝LED核心专利主要集中在Light Source（光源）上。

韩国

1. 灯丝LED器件技术专利年度申请趋势

　　对国家（韩国）进行筛选后得到180件专利，按照专利优先权年份统计，得到图3-13趋势图。可见，韩国的灯丝LED器件申请专利从1994就有了，到2001年时，达到一个顶峰，申请数量为13件。之后一直呈下降趋势，到2006年后又开始呈现上升趋势，并在2010年时达到一个顶峰，申请数量为18件，之后呈下降趋势发展。

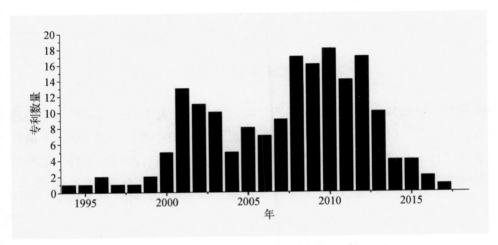

图3-13　专利权人为韩国的灯丝LED器件专利年度申请趋势

2. 灯丝LED器件技术专利主要技术点

　　对公开时间（2014-01-01至2017-12-31）进行筛选后的180件专利，对这180件专利进行文本聚类分析，发现韩国灯丝LED器件专利研究主要集中在Power Source、Cover、Light-emitting Diodes、Module四大核心领域，如图3-14所示。

日本

1. 灯丝LED器件技术专利年度申请趋势

　　对国家（日本）进行筛选后得到95件专利，按照专利优先权年份统计，

169

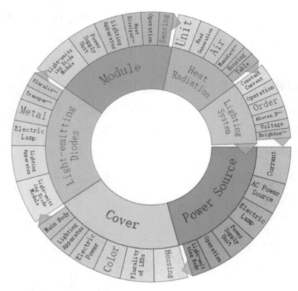

图 3-14　技术来源国为韩国的灯丝 LED 器件技术点

得到图 3-15 趋势图。可见，日本在灯丝 LED 器件专利申请从 2000 年开始，说明日本在灯丝 LED 器件专利方面不够重视，在 2010 年时，达到顶峰，申请数量为 15 件。其他年份申请量都在 12 以下，说明日本在灯丝 LED 器件方面不是很成熟。

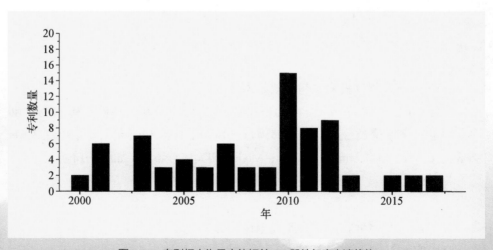

图 3-15　专利权人为日本的灯丝 LED 器件年度申请趋势

2. 灯丝 LED 器件技术专利主要技术点

对公开时间（2014-01-01 至 2017-12-31）进行筛选后的 95 件专利，对这 95 件专利进行文本聚类分析，发现日本灯丝 LED 器件专利研究主要集中在 Light Source Device、Fluorescent Lamp、Shape 三大核心领域，如图 3-16 所示。日本的专利权人的灯丝 LED 器件核心专利研究主要集中在光源装置上，说明日本在光源器件方面还是有一定研究的。

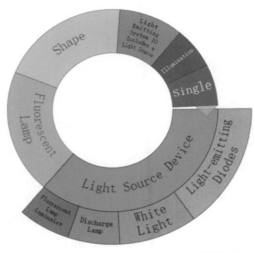

图 3-16　技术来源国为日本的灯丝 LED 器件技术点

LED

LIGHT EMITTING DIODE

 全球灯丝LED器件工艺专利分析

全球灯丝LED器件工艺专利现状

全球灯丝LED器件工艺专利总量

专利检索范围包括中国、美国、韩国、日本、中国台湾、英国、法国、德国、PCT、EPO在内的超过70个国家或地区。按照检索方式在专利标题、摘要中检索了灯丝LED器件工艺得到检索结果686件，如图3-17所示。该领域

图 3-17　全球灯丝 LED 器件工艺专利总量截图

的专利数占总灯丝LED器件数量的23.1%。

全球灯丝LED器件工艺专利申请年度趋势

将686件检索结果按照专利优先权年份统计，得到图3-18趋势图。可见灯丝LED器件工艺的专利数量在2010年之前一直呈现缓慢上升的趋势，2011年和2012年两年间灯丝LED器件工艺专利快速增长，并在2012年达到最大值，申请数量为117件，之后一直呈下降趋势。从年度专利申请总量分析，该领域专利年申请量在120件以下，但部分年份都超过70件，说明该领域的专利数量相对较多。

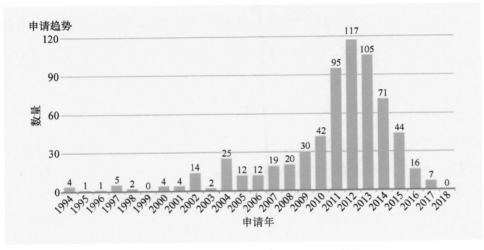

图3-18 全球灯丝LED器件工艺专利申请年度趋势

将申请量按国别折线图分析，如图3-19所示，中国申请量在2009年前一直是缓慢增长，2009年至2013年呈快速增长，并在2013年达到峰值，2013年后呈下降趋势。美国申请量在2013年前波动增长，并在2013年达到峰值，2013年以后呈下降趋势。欧洲申请量在2011年前呈波动增长，并在2011年达到峰值，2011年以后呈下降趋势。

全球灯丝LED器件工艺专利主要专利权人

将检索结果按照专利权人统计分析发现，该领域不同专利权人的专利拥有量差距悬殊，其中SWITCH BULB COMPANY, INC.专利数量遥遥领先，且该

LED

LIGHT EMITTING DIODE

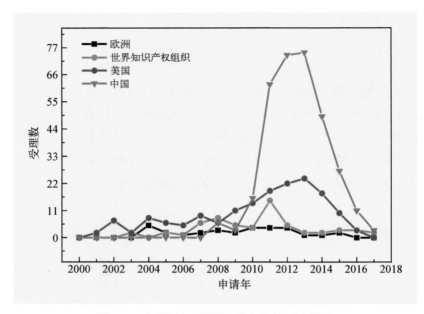

图3-19　全球灯丝LED器件工艺专利申请地折线图

公司的专利技术也远远领先其他申请人。其他如中国科学院长春光学精密机械与物理研究所、GE Lighting Solutions、S.C Johnson & Son、苏州东亚欣业节能照明有限公司、贵州光浦森光电有限公司都是该领域的主要竞争者。图3-20为全球灯丝LED器件工艺专利主要专利权人3D专利地图，由图可以看出，贵

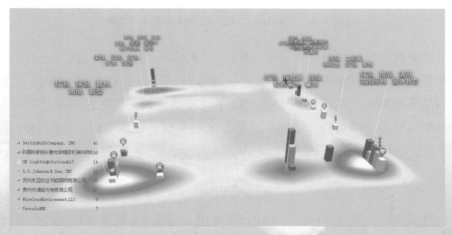

图3-20　全球灯丝LED器件工艺专利主要专利权人3D专利地图

174

州光浦森光电有限公司和苏州东亚欣业节能照明有限公司拥有价值不高的灯丝LED器件工艺申请专利，SWITCH BULB COMPANY, INC.和GE Lighting Solutions专利数量虽然多，但大多是价值不高的灯丝LED器件工艺专利。

全球灯丝LED器件工艺专利主要发明人

将686件检索结果按照前20名发明人统计分析发现，该领域不同发明人的专利拥有量差距不大。如图3-21所示，HORN, DAVID、CATALANO, ANTHONY分别以8.3%、7.0%的专利拥有率领先于其他发明人。并列第三名的有吕金光、梁中翥、梁静秋、王维彪、田超、秦余欣，申请数为16件，其专利占有率为6.67%。各发明人的申请数量相差不大，分布较均匀。说明全球灯丝LED器件工艺专利发展较为平衡，没有工艺特别突出的发明人。其中申请专利数最多的HORN, DAVID是美国人，说明器件工艺在美国处于领先地位。

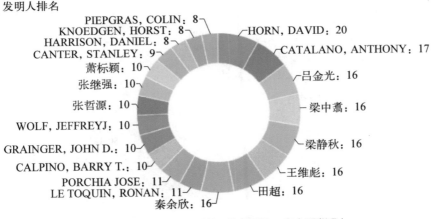

图3-21　全球灯丝LED器件工艺专利前20名主要发明人

全球灯丝LED器件工艺专利特点分析

全球灯丝LED器件工艺专利申请热点国家及地区

将686件检索结果按照专利国别或地区统计分析，发现灯丝LED器件工艺

的专利申请数量主要集中在中国、美国、欧洲、英国。其他国家及地区相对较少，如图3-22所示。其中专利数量最多的国家是中国，有346件。其他如美国、欧洲、英国为该领域专利相对较多的国家，韩国、日本、加拿大、澳大利亚等为专利数量相对较少的国家，说明这些国家是灯丝LED器件工艺的主要应用国家。

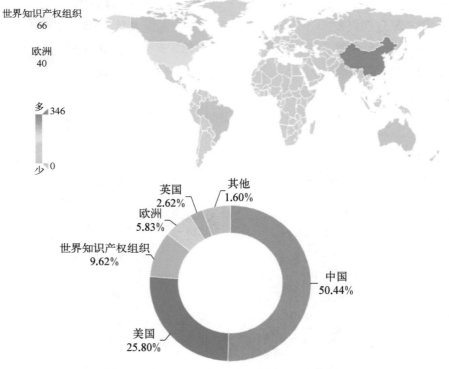

图3-22　全球灯丝LED器件工艺专利申请热点国家及地区

全球灯丝LED器件工艺主要专利技术点

对公开时间（2014-01-01至2017-12-31）进行筛选后的专利，按照文本聚类分析，如图3-23所示，发现全球灯丝LED器件工艺的专利主要集中在LED灯泡、LED光源、LED芯片、柔性LED、LED球泡灯、发光二极管六大核心领域。

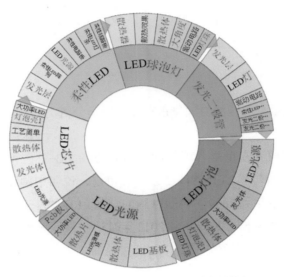

图3-23 全球灯丝LED器件工艺主要专利技术

全球灯丝 LED 器件工艺主要技术来源国

对686件检索结果的专利权人进行国家及地区统计，如图3-24所示，发现全球灯丝LED器件工艺的发明专利主要来自中国、美国、英国、德国、法国、荷兰、中国台湾。其中专利数量最多的是中国，专利数量为328件，远远超过

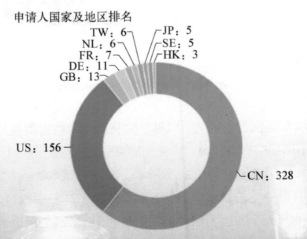

图3-24 灯丝LED器件工艺专利主要技术来源国及地区

177

LED

LIGHT EMITTING DIODE

其他的国家及地区。说明来自中国的专利权人（发明人所在企业或研究机构）主导了该领域的专利申请量。

各主要技术来源国灯丝LED器件工艺专利发明特点分析

对各主要技术来源国的专利量进行文本聚类分析。

1. 中国

中国的专利权人在世界各国年度申请趋势如图3-25，可见其核心专利申请在1994年开始有灯丝LED器件工艺专利申请，说明中国在该领域属于较早申请的国家，1994年到2009年期间中国的灯丝LED器件工艺专利还是比较少的，2009年后快速增长，2012年和2013年时达到顶峰，申请量为73件，2013年后申请量一直呈下降趋势。

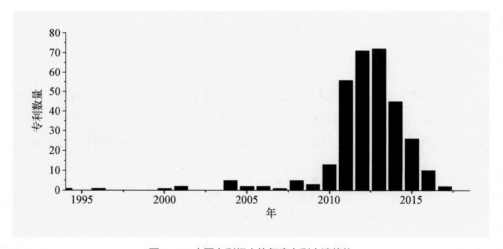

图3-25　中国专利权人的年度专利申请趋势

来自中国的专利权人主要是中国科学院长春光学精密机械与物理研究所、苏州东亚欣业节能照明有限公司、贵州光浦森光电有限公司、上海无线电设备研究所四家公司或研究所，如图3-26所示。其中苏州东亚欣业节能照明有限公司在灯丝LED器件工艺领域申请的专利价值性不高；中国科学院长春光学精密机械与物理研究所和上海无线电设备研究所两家研究所申请专利数量多，但价值性不高；贵州光浦森光电有限公司关于灯丝LED器件工艺专利布局广，

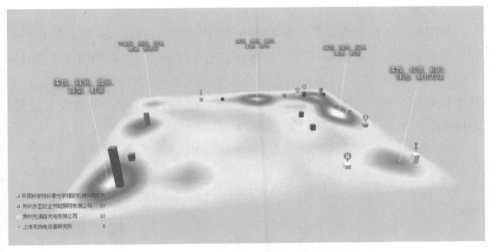

图3-26 中国灯丝 LED 器件工艺专利主要专利权人

但价值性不高。

专利技术要点主要集中在 LED 灯泡、LED 光源、LED 芯片、柔性 LED、LED 球泡灯、发光二极管。文本聚类图如图3-27所示。其中 LED 灯泡、LED 光源是中国重点研究领域。

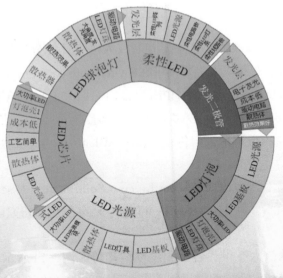

图3-27 中国灯丝 LED 器件工艺主要专利技术

LED

LIGHT EMITTING DIODE

2. 美国

美国的专利权人在世界各国年度申请趋势如图 3-28 所示，可见其核心专利申请在 1994 年有极少量灯丝 LED 器件工艺专利申请，说明美国在该领域属于较早申请的国家之一，1994 年到 2002 年期间美国的灯丝 LED 器件工艺专利还是比较少的，2002 年后波动增长，2013 年时达到顶峰，申请量为 26 件，2013 年后申请量一直呈下降趋势。

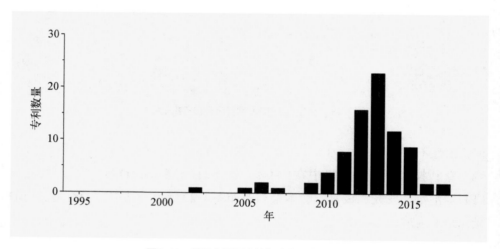

图 3-28　美国专利权人的年度专利申请趋势

将美国灯丝 LED 器件工艺主要专利权人进行统计分析得到结果如图 3-29 所示，来自美国的专利权人主要集中在 Switch bulb company, INC.、GE Lighting Solutions、S.C Johnson&So、ABL IPHoldingLLC 四家企业，Switch bulb company, INC.在该领域的申请专利量较多，而且分布广，但专利的价值性不高；S.C Johnson&So 企业的申请量大但价值不高；ABL IPHoldingLLC 申请专利价值性较高。

专利主要技术点为 Incandescent Lights、Solid State、Assembly，文本聚类分析如图 3-30 所示。其中 Incandescent Lights 是美国重要研究的领域。

3. 英国

英国的专利权人在世界各国年度申请趋势如图 3-31 所示，可见其在灯丝 LED 器件工艺专利申请方面做得并不多，只在 2008 年有 4 件专利申请量。

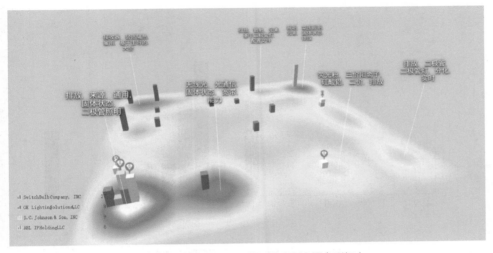

图3-29 美国灯丝LED器件工艺专利主要专利权人

图3-30 美国灯丝LED器件工艺主要专利技术

将英国灯丝LED器件工艺专利主要专利权人进行统计分析，得到如图3-32所示，来自英国的专利权人主要集中在 Verivide TD、Barton，Richard peter James、Hammond Troy，D、Mathai，Mathew，K四家企业，这四家企业的专利申请量和价值性都不高。

LED

LIGHT EMITTING DIODE

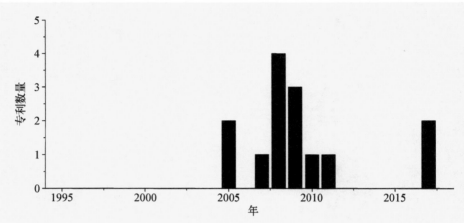

图3-31 英国专利权人的年度专利申请趋势

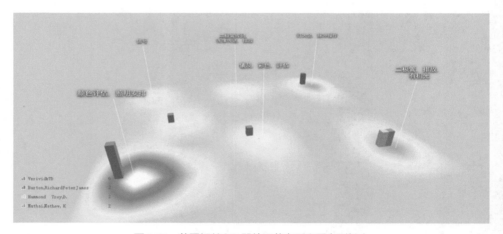

图3-32 英国灯丝LED器件工艺专利主要专利权人

专利主要技术点为Colour Assessment、Lighting Systems，文本聚类分析如图3-33所示。

全球灯丝LED器件工艺专利竞争者态势分析

对全球灯丝LED器件工艺专利按照专利权人国籍拆分成欧洲、美洲、亚

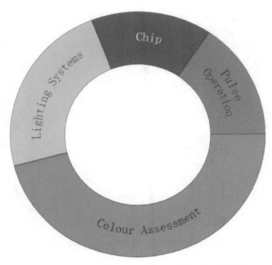

图3-33 英国灯丝LED器件工艺主要专利技术

洲三个部分，去除掉母公司在别国的子公司的专利申请进行分析。

亚洲

检索出亚洲的灯丝 LED 器件工艺专利数 356 件，将检索结果按照专利权人统计分析发现，该领域不同专利权人的专利拥有量差距悬殊，在前 10 名的亚洲专利权人中全部是中国的企业或研究所，说明中国在灯丝 LED 器件工艺领域遥遥领先。其中中国科学院长春光学精密机械与物理研究所以 16 件专利数量排名第一，研究所机构其专利主要集中在柔性、显示、二极管方面，但专利价值不高；苏州东亚欣业节能照明有限公司和贵州光浦森光电有限公司排名第二，申请专利数为 10 件，其中苏州东亚欣业节能照明有限公司的灯丝 LED 器件工艺专利价值性不高；上海无线电设备研究所和上海鼎晖科技股份有限公司排名第三，申请专利量为 6 件。3D 专利地图如图 3-34 所示。

美洲

检索出美洲的灯丝 LED 器件工艺专利数 185 件，将检索结果按照专利权人统计分析发现，该领域不同专利权人的专利拥有量差距悬殊，来自美国的Switch bulb company, INC. 以 32 件专利数量遥遥领先，但是该公司的专利技术却

183

LED

LIGHT EMITTING DIODE

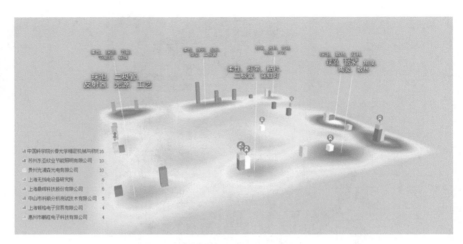

图3-34　亚洲灯丝LED器件工艺专利主要专利权人3D专利地图

没有领先于其他申请人，其32件专利申请量，大多是专利价值性不高的专利；Terralux INC 排名第二，申请数7件；ABL IP Holding LLC 和Catalano Anthony 并列排名第三，申请数为6件，且专利价值性较高。3D专利地图如图3-35所示。

欧洲

检索出欧洲的灯丝LED器件工艺专利数62件，将检索结果按照专利权人统计分析发现，GE Lighting Soulutions, LLC 和S.C. Johnson & Son, INC 并列第

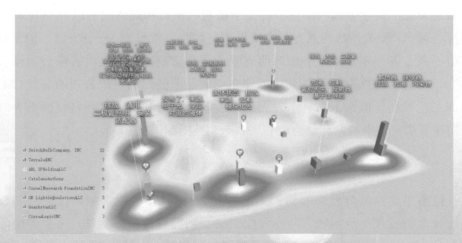

图3-35　美洲灯丝LED器件工艺专利主要专利权人3D专利地图

一，申请数为5件；Intematix Corporation排名第二，申请数为3件，且其申请专利的价值性不高；Amway Corporation排名第三，申请数为2件，但其申请专利价值性高。3D专利地图如图3-36所示。

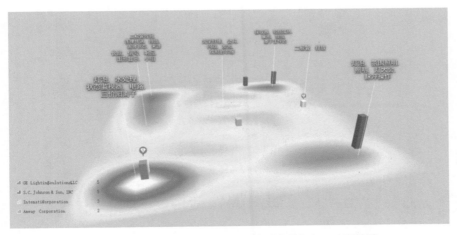

图3-36　欧洲灯丝LED器件工艺专利主要专利权人3D专利地图

全球灯丝LED器件结构专利分析

全球灯丝LED器件结构专利现状

全球灯丝LED器件结构专利总量

　　专利检索范围包括中国、美国、英国、德国、韩国、日本、世界知识产权组织等在内的超过70个国家、地区或组织。按照检索方式，我们在专利标题、摘要、权利要求项中检索了灯丝LED器件结构，得到检索结果2 072件，检索

图3-37　全球灯丝LED器件结构专利总量截图

结果见图3-37所示。该领域的专利数占灯丝LED器件专利数的69.74%。

全球灯丝 LED 器件结构专利申请年度趋势

将2 072件检索结果按照专利优先权年份统计，得到趋势图3-38，可见灯丝LED器件结构的专利数从1994年开始到2012年一直呈现上升趋势，其中在2009年至2012年间呈快速增长趋势，在2012年达到顶峰，灯丝LED器件结构专利数为427件，之后呈下降趋势；2016年后专利申请数已经低于100件，说明近年间对于灯丝LED器件结构方面的专利不再成为研究热门。

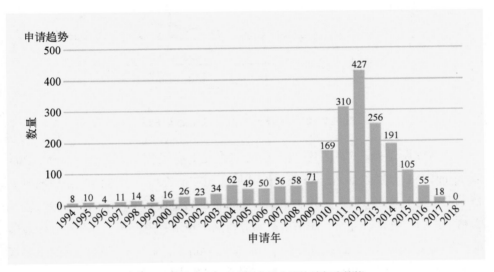

图3-38　全球灯丝LED器件结构专利申请年度趋势

将申请量按国别分析，得到图3-39折线图，中国申请量1993年至2009年一直呈缓慢增长趋势，从2009年到2017年呈先上升后下降的趋势，其中在2012年达到申请专利数的顶峰，申请数为349件；美国的申请数呈先上升后下降的趋势，2012年达到高峰，申请数为53件；欧洲和韩国的专利申请量都很少，但整体发展很稳定。

全球灯丝 LED 器件结构专利主要专利权人

将2 072件检索结果按照专利权人统计分析，发现该领域不同专利权人的

LIGHT EMITTING DIODE　LED

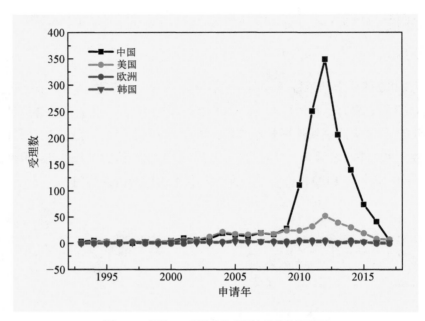

图3-39　灯丝LED器件结构专利申请趋势折线图

专利拥有差距悬殊，来自中国的贵州光浦森光电有限公司和美国的Switch Bulb Company, INC分别以29件、25件领先其他公司或研究所，且这两个公司的专利技术也领先于其他申请人。其他如GE Lighting Solutions, LLC、中国科学院长春光学精密机械与物理研究所、中山市科顺分析测试技术有限公司、苏州东亚欣业节能照明有限公司、Cirrus Logic INC、Intematix Corporation等都是该领域的主要竞争者。可通过如图3-40所示3D专利地图分析该领域的各竞争者的技术差距情况。

　　GE Lighting Solutions, LLC、中国科学院长春光学精密机械与物理研究所和中山市科顺分析测试技术有限公司并列第三，申请数为16件，但专利价值性不高。

全球灯丝LED器件结构专利主要发明人

　　将2 072件检索结果按照前20名发明人统计分析发现，该领域不同发明人的专利拥有量差距不大。如图3-41所示，张哲源、张继强、HORN, DAVID、葛世潮、田超、吕金光、文勇、梁静秋、王维彪、秦余欣分别以1.4%、1.4%、0.97%、0.77%、0.77%、0.77%、0.77%、0.77%、0.77%、0.77%的专利拥有率领先于其他的发明人。专利发明人分布较为平均，没有特别突出的发明人。

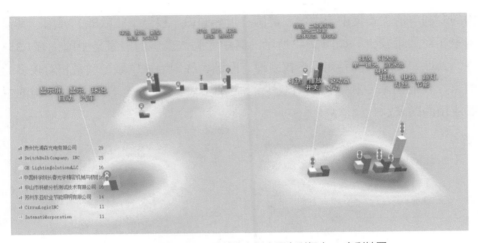

图3-40 全球灯丝LED器件结构专利主要专利权人3D专利地图

发明人排名

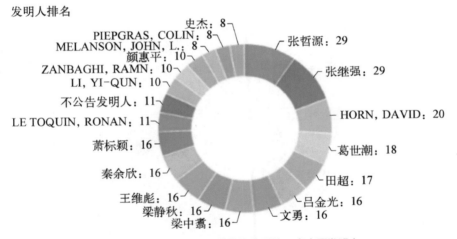

图3-41 全球灯丝LED器件结构专利前20名主要发明人

全球灯丝LED器件结构专利分析

全球灯丝LED器件结构专利申请热点国家及地区

将2072件检索结果按照专利国别或地区统计分析，发现灯丝LED器件结构的专利申请主要集中于中国、美国、世界知识产权组织、欧洲、韩国。其他国家相对数量较少，如图3-42所示。其中专利数最多的国家是中国，有1 353件。其他如美国、世界知识产权组织、欧洲、韩国为该领域专利量相对较多的国家，其他国家专利数量相对较少，说明这些国家是灯丝LED器件结构的主要应用的国家。

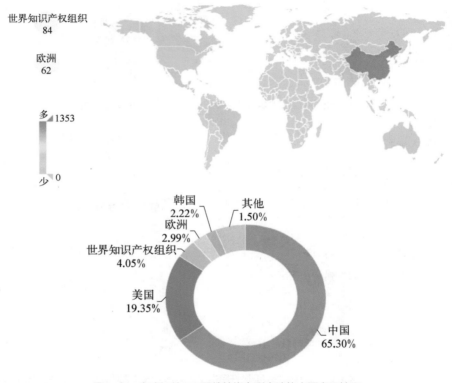

图3-42　全球灯丝LED器件结构专利申请热点国家及地区

全球近年灯丝LED器件结构主要专利技术点

从2 072件全球灯丝LED器件结构专利中选取公开时间为2014年1月1日至2017年12月31日的专利，利用专利强度挖掘工具，得到全球灯丝LED器件结构主要专利，对检索结果按照文本聚类分析，如图3-43所示，发现近年全球灯丝LED器件结构的专利技术研究主要集中在LED灯泡、LED光源、LED

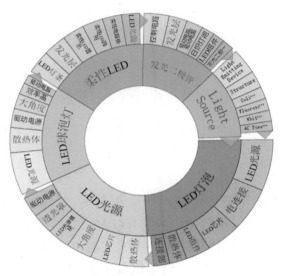

图3-43 灯丝LED器件结构主要专利技术点

球泡灯、柔性LED、发光二极管等。

全球灯丝LED器件结构专利主要技术来源国及地区分析

将2 072件检索结果的专利权人进行国籍统计分析，如图3-44所示。可见全球灯丝LED器件结构的发明专利主要来自中国、美国、中国台湾、韩国、

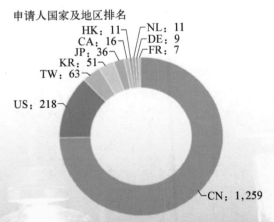

图3-44 全球灯丝LED器件结构专利来源热点国家及地区

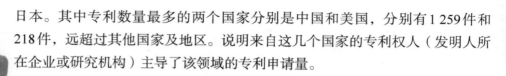

日本。其中专利数量最多的两个国家分别是中国和美国，分别有1 259件和218件，远超过其他国家及地区。说明来自这几个国家的专利权人（发明人所在企业或研究机构）主导了该领域的专利申请量。

全球灯丝LED器件结构专利主要技术来源国及地区分析

将各主要技术来源国的专利量进行文本聚类分析，对主要技术来源国进行分析。

（1）中国

中国的专利权人年度申请趋势如图3-45所示，专利申请量为1 259件。从图中可以看出，从1994年开始中国就有灯丝LED器件结构的专利申请，在1994年至2009年，灯丝LED器件结构相关专利申请量较少，发展比较缓慢。从2010年至2012年，三年之间，灯丝LED器件结构专利申请逐渐增多，发展迅速，这三年灯丝LED器件结构的发展比较迅猛。从2013年开始到2017年，灯丝LED器件结构的专利申请量又开始逐渐下降，灯丝LED器件结构的发展度过了快速发展的时期，专利申请量开始逐渐下降。

来自中国的专利权人主要是贵州光浦森光电、中科院长春光机所、中山市科顺分析测试，这三家企业所占专利数比例较多，其他企业相对较少，从

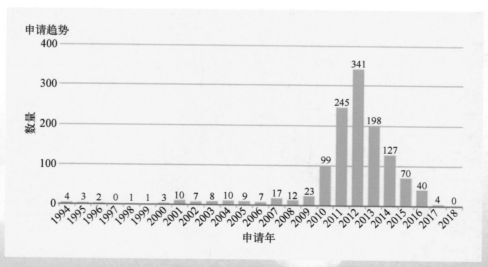

图3-45　中国灯丝LED器件结构专利申请年度趋势

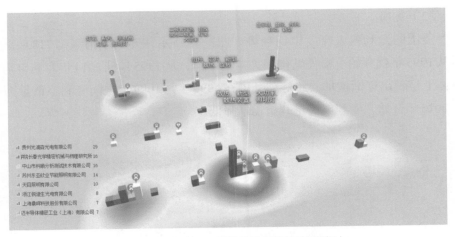

图3-46 中国灯丝LED器件结构专利主要专利权人

图3-46所示的专利权人3D图可以看出，贵州光浦森光电最高，即申请的专利数量最多，专利主要集中在散热、新型散热装置、大功率照明灯上，但是其专利价值不高。

文本聚类图如图3-47所示。可以看出专利主要技术点为LED灯泡、LED光源、LED球泡灯、发光二极管。

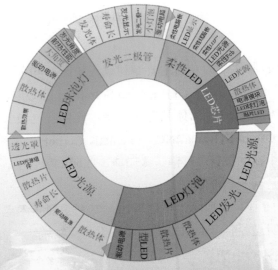

图3-47 中国灯丝LED器件结构主要专利技术点

（2）美国

美国的专利权人年度申请趋势如图3-48所示，专利申请量为218件。最早从1995年就开始有器件结构相关专利申请，从1995年到2014年专利申请量整体上呈现出逐渐增加的趋势，其中在1996年与1999年之间专利申请量为0。从2015年开始，专利申请量开始逐渐降低。

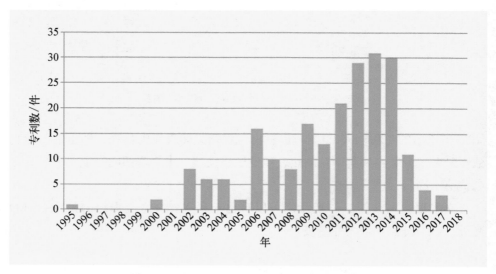

图3-48　美国灯丝LED器件结构专利年度申请趋势

美国灯丝LED器件结构专利主要专利权人如图3-49所示。从图中可以看出Switch Bulb Company, INC，GE Lighting Solutions, LLC申请专利申请量比较多，专利主要集中在灯泡、固体状态、照明、元素、二极管等上，但其专利价值不高。其中Osram Sylvania INC、Intematix Corporation公司专利申请量较少，专利主要集中在二极管、灯泡、太阳能、照明二极管上，这两个公司专利申请量虽少，但是其专利价值较高。

文本聚类图如图3-50所示。可以看出，专利主要技术点为光输出、照明系统、电源、照明光源、多个LED模组、发射光等领域。

（3）中国台湾

中国台湾的专利权人在世界各国年度申请趋势如图3-51所示，专利申请

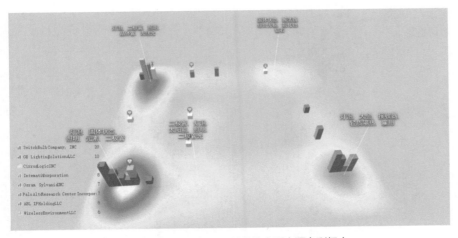

图3-49 美国灯丝 LED 器件结构专利主要专利权人

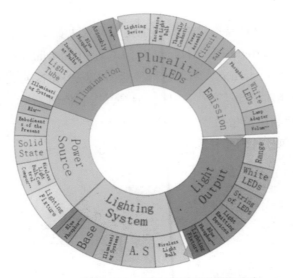

图3-50 美国灯丝 LED 器件结构主要专利技术点

量为63件。从图中可以看出，在1998年到2009年之间，专利申请量呈现波动变化的趋势，总体上数量较少，在2010年到2012年之间，专利申请量略有增加，在2013年到2015年之间，专利申请量又略有降低，在2016年到2018年之间，专利申请量又均为0，总体上中国台湾专利申请量的发展呈波动变化的趋势。

LED

LIGHT EMITTING DIODE

195

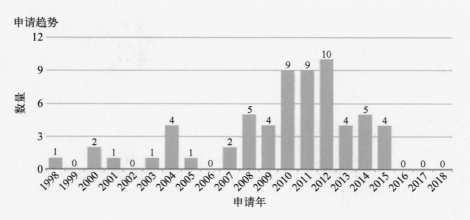

图3-51　中国台湾灯丝LED器件结构专利申请年度趋势

　　中国台湾灯丝LED器件结构专利主要专利权人如图3-52所示。从图中可以看出主要是由Everlight Electronics CO., LTD，Industrial Technology Research Institute，TSLC Corporation、雅世达科技股份有限公司这四家公司申请，其中前三家公司专利申请量虽然较多一些，但是其专利价值不是很高，亚世达科技股份有限公司专利申请量最少，其专利的价值也不高，专利主要集中在灯泡、发光二极管、照明灯管上。

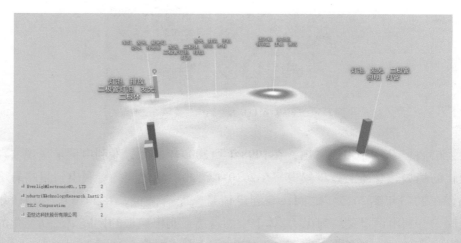

图3-52　中国台湾灯丝LED器件结构专利主要专利权人

文本聚类图如图3-53，从图中可以看出发光二极管、LED灯泡、发光二极体、泡壳、照明光源等。

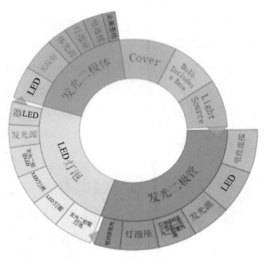

图3-53 中国台湾灯丝LED器件结构主要专利技术点

（4）韩国

韩国的专利权人在世界各国年度申请趋势如图3-54所示，其专利申请量

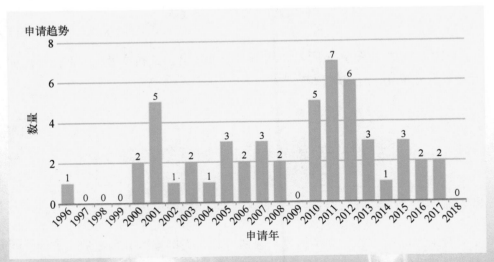

图3-54 韩国灯丝LED器件结构专利申请年度趋势

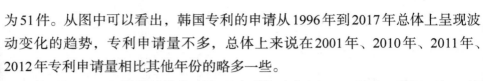

为51件。从图中可以看出，韩国专利的申请从1996年到2017年总体上呈现波动变化的趋势，专利申请量不多，总体上来说在2001年、2010年、2011年、2012年专利申请量相比其他年份的略多一些。

韩国灯丝LED器件结构专利主要专利权人如图3-55所示。由图可知，韩国灯丝LED器件主要由DSE CO., LTD、FIVE ONE TECH CO., LTD、KOREA PHOTONICS TECHNOLOGY INSTITUTE、KUMHO ELECTRIC CO. LTD这四家公司生产，公司专利集中在照明、二极管、二极管灯泡、显示装置等主要方面，其专利的价值都不高。韩国在专利价值上占据的优势不多，仍需对专利价值方面付出努力。

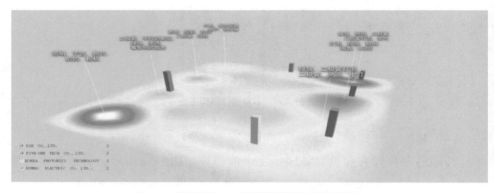

图3-55　韩国灯丝LED器件结构专利主要专利权人

文本聚类图如图3-56所示。从图中可以看出，专利技术点为散热、照明光源、发光单元、合成树脂等。

全球灯丝LED器件结构专利竞争者态势分析

全球灯丝LED器件结构专利竞争者态势分析

对全球灯丝LED器件结构专利按照专利权人国籍拆分为亚洲、美洲、欧洲三部分进行分析。

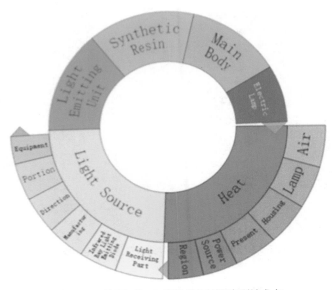

图3-56　韩国灯丝LED器件结构主要专利技术点

（1）亚洲

　　检索出亚洲的灯丝LED器件结构专利数为1 457件，将检索结果按照专利权人统计分析，发现贵州光浦森光电有限公司和中国科学院长春光学精密机械与物理研究所申请专利较多，专利主要关于散热、发光二极管、大功率、芯片、灯具、灯带等主要方面，申请专利的价值不高。苏州东亚欣业节能照明有限公司申请专利排名第四，但公司申请的专利价值较高。天目照明有限公司、浙江锐迪生光电有限公司、上海鼎晖科技股份有限公司、亿米电子工业股份有限公司这几家公司申请的专利相对较少，且申请专利的价值也不高。由图可看出，虽然亚洲灯丝LED器件结构专利中中国本土专利权人占据了最主要部分，但是中国的公司以及科研院所仍然要加强对灯丝LED相关的研究，提高研发和科研能力，提高专利的价值。3D专利地图如图3-57所示。

（2）美洲

　　检索出美洲的灯丝LED器件结构专利数为428件，将检索结果按照专利权人统计分析，发现Switch Bulb Company，INC、Cirrus Logic INC、ABL IP Holding LLC这三家公司申请专利数量较多，专利主要集中在灯泡、二极管、

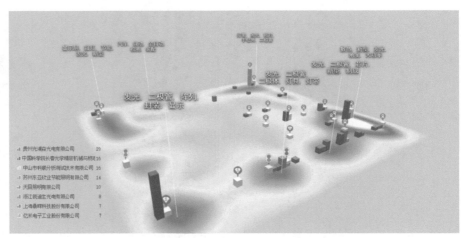

贵州优浦森光电有限公司 29
中国科学院长春光学精密机械与物理 16
中山市利铭分析测试技术有限公司 16
苏州东亚业节能照明有限公司 14
木旦照明有限公司 10
浙江枫通生光电有限公司 8
上海鼎晖科技股份有限公司 7
亿米电子工业股份有限公司 7

图 3-57　亚洲灯丝 LED 器件结构专利主要专利权人

固体状态、电路、二极管灯泡等主要方面，而且 ABL IP Holding LLC 公司申请的专利的价值较高。Morgan Solar INC 公司申请的专利数量较少，专利主要集中在半导体、掺杂、固化、排放这些方面，但是其申请的专利的价值较高。Altair Engineering INC、American DJ Supply INC 这两家公司申请的专利较少，申请专利主要集中在灯泡、光通信、固体状态等方面，而且申请的专利的价值不高。3D 专利地图如图 3-58 所示。

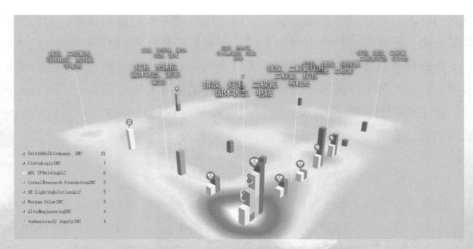

SwitchBulbCompany, INC 19
CirrusLogicINC 7
ABL IPHoldingLLC 6
CornelResearchFoundationINC 5
GE LightingSolution&LLC 5
Morgan SolarINC 5
AltairEngineeringINC 4
tuAmericanDJ SupplyINC 4

图 3-58　美洲灯丝 LED 器件结构专利主要专利权人

（3）欧洲

检索出欧洲的灯丝LED器件结构专利数为85件，将检索结果按照专利权人统计分析，发现GE Lighting Solutions, LLC、Osram Sylvania INC这两家公司申请专利数量较多，专利主要集中在排放、二极管灯泡、照明、卡边缘、构件组装等这些方面，Osram Sylvania INC公司申请的专利的价值较高。Intematix Corporation、Morgan Solar INC这两家公司申请专利数量相对较少，专利主要集中在照明、二极管、二极管灯、排放、光学、彩色光、荧光物质这些方面，Intematix Corporation公司申请的专利的价值较高。3D专利地图如图3-59所示。

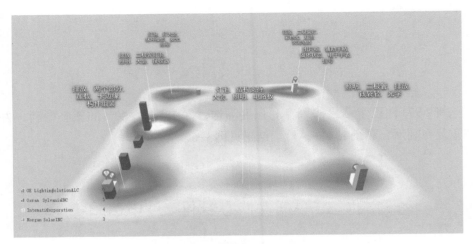

图3-59 欧洲灯丝LED器件结构专利主要专利权人

全球灯丝LED器件核心专利解读

全球灯丝LED器件核心专利量

将2 971件检索结果按照专利强度筛选，保留强度>80%的核心专利，去掉重复专利后，剩余134件，检索结果见图3-60。

全球灯丝LED器件核心专利年度申请趋势

将去重复后得到的134件检索结果按照专利优先权年份统计，得到图3-61趋势图，可见灯丝LED器件核心专利数量在2004年以前呈现逐渐增加的趋势，在2004年达到最大值，从2005年之后，专利申请量呈现波动的趋势。在2003年到2007年之间，核心专利申请量较多，没有太大的波动，说明这几年灯丝LED器件发展迅速，许多核心专利都是在这个时期申请的。

将申请量按国别分析，得到如图3-62所示的折线图。从图中可以看出，美国核心专利量在2004年达到最大值，在2004年之前，核心专利的数量呈现波动增加的趋势，在2004年之后，核心专利的数量呈现波动降低到趋势。核心专利申请量除去美国之后，依次分别为中国、欧洲、加拿大、澳大利亚、日本，其核心专利申请量均较少，核心专利申请总体上呈现波动变化的状态。可

图3-60 灯丝LED器件核心专利量截图

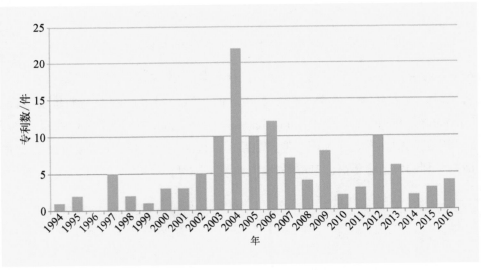

图3-61 灯丝LED器件核心专利年度申请趋势

见，美国比较重视灯丝LED器件的研发工作，掌握了很多核心专利和技术。

全球灯丝LED器件核心专利主要专利权人

将134件检索结果按照专利权人统计分析，发现Color kinetic Incorporated、

LED
LIGHT EMITTING DIODE

203

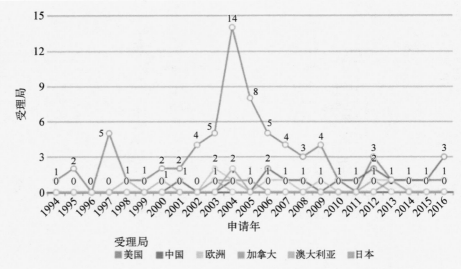

图3-62　灯丝LED器件核心专利年度申请趋势线性图

Alai Engineering INC这两家公司申请专利数量较多，专利主要集中在汽车前照灯、发光光管、电源、电路这些方面，但公司申请的专利的价值不高。Intemati Corporation、L-3 Communications Corporation共申请专利数量较少，专利主要集中在发光、标记、像素电路、平板液晶显示器等这些方面，公司申请的专利的价值也不高。3D专利地图如图3-63所示。

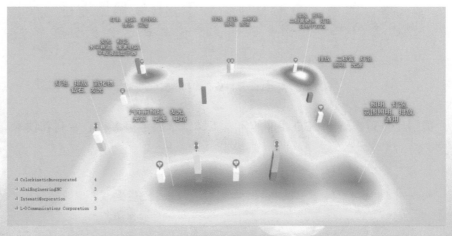

图3-63　灯丝LED器件核心专利主要专利权人

全球灯丝LED器件核心专利技术来源国分析

将134件检索结果的专利权人进行国籍统计分析，如图3-64所示，可见全球灯丝LED器件结构的发明专利主要来自美国、中国、欧洲、加拿大、澳大利亚、日本。其中核心专利最多的国家是美国，有111件核心专利。与其他国家或地区相比，美国拥有相关的核心技术更多，说明美国比较注重灯丝LED器件的研发工作，拥有较多的核心专利和技术。从全球来看，美国、中国、欧洲、加拿大、澳大利亚、日本等这几个国家或地区的专利权人（发明人所在企业或研究机构）主导了该领域的专利申请量。

图3-64　灯丝LED器件核心专利技术来源国分析

全球灯丝LED器件核心专利技术点分布分析

灯丝LED器件领域的核心专利有134件，对检索结果按照文本聚类分析，如图3-65所示，发现近年全球灯丝LED器件核心专利技术主要集中在白炽灯、照明装置、照明光源、可见光、热传导、线路板等方面。

205

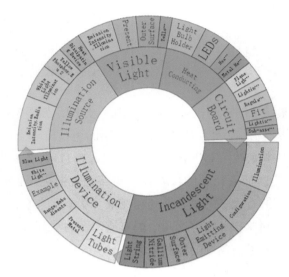

图3-65　灯丝LED器件核心专利技术点分布

全球灯丝LED器件核心专利清单

检索全球2013年01月01日到2017年12月31日灯丝LED器件全球核心专利，具体数据如表3-1所示。

表3-1　全球灯丝LED器件核心专利清单

专 利 权 人	专 利 号	公开(公告)日	专 利 名 称
NATIONAL SERVICE INDUSTRIES, INC.	US5463280	1995-10-31	Light emitting diode retrofit lamp
RAY STEPHEN W	US4211955	1980-07-08	Solid state lamp
DONNELLY CORPORATION	US4882565	1989-11-21	Information display for rearview mirrors
COLOR KINETICS INCORPORATED	US6965205	2005-11-15	Light emitting diode based products
GENERAL SIGNAL CORPORATION	US5655830	1997-08-12	Lighting device
E & G ENTERPRISES	US4675575	1987-06-23	Light-emitting diode assemblies and systems therefore

（续表）

专 利 权 人	专 利 号	公开(公告)日	专 利 名 称
DIALIGHT CORPORATION	US6948829	2005-09-27	Light emitting diode (LED) light bulbs
PRECISION SOLAR CONTROLS INC.	US6150771	2000-11-21	Circuit for interfacing between a conventional traffic signal conflict monitor and light emitting diodes replacing a conventional incandescent bulb in the signal
COLOR KINETICS INCORPORATED	US7161313	2007-01-09	Light emitting diode based products
LIGHTING SCIENCE GROUP CORPORATION	US7086756	2006-08-08	Lighting element using electronically activated light emitting elements and method of making same
KAYLU INDUSTRIAL CORPORATION	US6864513	2005-03-08	Light emitting diode bulb having high heat dissipating efficiency
TAIWAN OASIS TECHNOLOGY CO., LTD.	US7226189	2007-06-05	Light emitting diode illumination apparatus
PIEPGRAS COLIN | MUELLER GEORGE G. | LYS IHOR A. | DOWLING KEVIN J. | MORGAN FREDERICK M.	US20030137258A1	2003-07-24	Light emitting diode based products
LEE; TZIUM-SHOU	US5092344	1992-03-03	Remote indicator for stimulator
FIVE STAR IMPORT GROUP, L.L.C.	US7396142	2008-07-08	LED light bulb
ALTAIR ENGINEERING, INC.	US7049761	2006-05-23	Light tube and power supply circuit
GE SHICHAO	US20050068776A1	2005-03-31	Led and led lamp
AVIONIC INSTRUMENTS INC.	US6388393	2002-05-14	Ballasts for operating light emitting diodes in AC circuits
SEIKO EPSON CORPORATION	US6742907	2004-06-01	Illumination device and display device using it
WROBEL; AVI	US5303124	1994-04-12	Self-energizing LED lamp
LOU, MANE	US7497596	2009-03-03	LED and LED lamp
LIGHT PRESCRIPTIONS INNOVATORS, LLC	US7021797	2006-04-04	Optical device for repositioning and redistributing an LED's light

LED

LIGHT EMITTING DIODE

（续表）

专 利 权 人	专 利 号	公开(公告)日	专 利 名 称
MENZER RANDY L. | DULIN JACQUES M.	US20020043943A1	2002-04-18	LED array primary display light sources employing dynamically switchable bypass circuitry
ALTAIR ENGINEERING, INC.	US7510299	2009-03-31	LED lighting device for replacing fluorescent tubes
OSRAM SYLVANIA INC.	US7086767	2006-08-08	Thermally efficient LED bulb
CATALANO ANTHONY | HARRISON DANIEL	US20060012997A1	2006-01-19	Light emitting diode replacement lamp
HIYOSHI ELECTRIC CO., LTD.	US5931570	1999-08-03	Light emitting diode lamp
INTEMATIX CORPORATION	US20100060130A1	2010-03-11	LIGHT EMITTING DIODE (LED) LIGHTING DEVICE
COLOR KINETICS INCORPORATED	US20050285547A1	2005-12-29	Light emitting diode based products
LI CHIA MAO	US7165866	2007-01-23	Light enhanced and heat dissipating bulb
MITSUBISHI ELECTRIC CORP | MITSUBISHI ELECTRIC LIGHTING CORP | 三菱電機株式会社 | 三菱電機照明株式会社	JP2006156187A	2006-06-15	LED LIGHT SOURCE DEVICE AND LED ELECTRIC BULB | LED 光源装置及び LED 電球
HIYOSHI ELECTRIC CO., LTD.	US5941626	1999-08-24	Long light emitting apparatus
COOK, JIMMY G.	US5685637	1997-11-11	Dual spectrum illumination system
COTCO HOLDINGS LIMITED	US6803607	2004-10-12	Surface mountable light emitting device
KENNETH J. MYERS, EDWARD GREENBERG	US6330111	2001-12-11	Lighting elements including light emitting diodes, microprism sheet, reflector, and diffusing agent
TAIWAN OASIS TECHNOLOGY CO., LTD.	US20060232974A1	2006-10-19	Light emitting diode illumination apparatus
JIMMY G. COOK	US5984494	1999-11-16	Light shield for an illumination system

（续表）

专利权人	专利号	公开(公告)日	专利名称
GE SHICHAO	US20060198147A1	2006-09-07	LED and LED lamp
JOHNSON III H F | PORCHIA JOSE | CALPINO BARRY T | WOLF JEFFREY J	US20060238136A1	2006-10-26	Lamp and bulb for illumination and ambiance lighting
COLOR KINETICS INCORPORATED	WO2003026358A1	2003-03-27	LIGHT EMITTING DIODE BASED PRODUCTS | PRODUITS A DIODES ELECTROLUMINESCENTES
LIGHTING SCIENCES, INC.	US20050207152A1	2005-09-22	Lighting element using electronically activated light emitting elements and method of making same
LIGHTING SCIENCE GROUP CORPORATION	US20050243552A1	2005-11-03	Light bulb having surfaces for reflecting light produced by electronic light generating sources
WIRELESS ENVIRONMENT, LLC	US20090059603A1	2009-03-05	WIRELESS LIGHT BULB
TELDEDYNE LIGHTING AND DISPLAY PRODUCTS, INC.	US5926320	1999-07-20	Ring-lens system for efficient beam formation
OPALEC	US6791283	2004-09-14	Dual mode regulated light-emitting diode module for flashlights
LI CHIA MAO	US20060092640A1	2006-05-04	Light enhanced and heat dissipating bulb
HARTLEY FRED JACK	US6190020	2001-02-20	Light producing assembly for a flashlight
TECHNOLOGY ASSESSMENT GROUP INC.	US20050057187A1	2005-03-17	Universal light emitting illumination device and method
MATSUSHITA ELECTRIC WORKS LTD	JP2006040727A	2006-02-09	LIGHT-EMITTING DIODE LIGHTING DEVICE AND ILLUMINATION DEVICE | 発光ダイオード点灯装置及び照明器具

LED LIGHT EMITTING DIODE

（续表）

专 利 权 人	专 利 号	公开(公告)日	专 利 名 称
APPLIED MATERIALS, INC.	US20060251827A1	2006−11−09	TANDEM UV CHAMBER FOR CURING DIELECTRIC MATERIALS
CHIEN, TSENG-LU	US9625134	2017−04−18	Light emitting diode device with track means
嘉兴山蒲照明电器有限公司	CN205579231U	2016−09−14	LED 直管灯 | LED (Light-emitting diode) straight lamp
中山市四维家居照明有限公司	CN106382489A	2017−02−08	一种照射效果好的灯泡 | Lamp bulb playing good illumination effect
CREE, INC. | TONG, TAO | LETOQUIN, RONAN | KELLER, BERND | TARSA, ERIC | YOUMANS, MARK | LOWES, THEODORE | MEDENDORP, NICHOLAS | VAN DE VEN | NEGLEY, GERALD | MEDENDORP, NICHOLAS, W., JR. | VAN DE VEN, ANTONY	WO2011109100A3	2011−09−09	LED LAMP OR BULB WITH REMOTE PHOSPHOR AND DIFFUSER CONFIGURATION WITH ENHANCED SCATTERING PROPERTIES | LAMPE OU AMPOULE DEL À PROPRIÉTÉS DE DIFFUSION ACCRUES PRÉSENTANT UNE CONFIGURATION ÉLOIGNÉE DE DIFFUSEUR ET DE LUMINOPHORE
贵州光浦森光电有限公司	CN102798005B	2014−08−20	通用型 LED 灯泡的构建方法及卡环结构方式的 LED 灯泡 | Construction method for universal-type LED (light-emitting diode) bulb and LED bulb of clamping ring structure
INTEMATIX CORPORATION | WANG, NING | DONG, YI | CHENG, SHIFAN | LI, YI-QUN	WO2006108013A3	2006−10−12	NOVEL SILICATE-BASED YELLOW-GREEN PHOSPHORS | NOUVEAUX PHOSPHORES JAUNE-VERT A BASE DE SILICATE
S. C. JOHNSON & SON INC.	CA2531323C	2005−01−13	LAMP AND BULB FOR ILLUMINATION AND AMBIANCE LIGHTING | LAMPE ET AMPOULE D'ECLAIRAGE ET ECLAIRAGE D'AMBIANCE

（续表）

专利权人	专利号	公开(公告)日	专利名称
QUNANO AB	EP2091862A1	2009-08-26	ERHÖHTE LED UND HERSTELLUNGSVERFAHREN DAFÜR	ELEVATED LED AND METHOD OF PRODUCING SUCH	DIODE ÉLECTROLUMINESCENTE SURÉLEVÉE ET SON PROCÉDÉ DE PRODUCTION
惠州元晖光电股份有限公司	CN202733594U	2013-02-13	整体形成的发光二极管光导束	Integrally-formed LED (light-emitting diode) light carrier bundle
中山市四维家居照明有限公司	CN105276464A	2016-01-27	一种散热好的吊灯装置	Ceiling lamp device with good heat dissipation
摩根阳光公司	CN101680631A	2010-03-24	照明装置	Illumination device
JIJ, INC.	US20070273296A9	2007-11-29	LED light strings
CATALANO ANTHONY	US7318661	2008-01-15	Universal light emitting illumination device and method
LIGHT PRESCRIPTIONS INNOVATORS, LLC, A DELAWARE LIMITED LIABILITY COMPANY	US20040228131A1	2004-11-18	Optical device for LED-based light-bulb substitute
ABL IP HOLDING LLC	US20130270999A1	2013-10-17	LAMP USING SOLID STATE SOURCE
LIVINGSTYLE ENTERPRISES LIMITED	EP2722576A1	2014-04-23	LED-GLÜHLAMPE MIT LICHTABSCHIRMSTRUKTUR	LIGHT EMITTING DIODE BULB WITH LIGHT SHIELDING STRUCTURE	AMPOULE DE DIODE ÉLECTROLUMINESCENTE PRÉSENTANT UNE STRUCTURE ÉCRAN
3M创新有限公司	CN103190204B	2016-11-16	具有无引线接合管芯的柔性LED器件
浙江锐迪生光电有限公司	CN102109115B	2012-08-15	一种P-N结4π出光的高压LED及LED灯泡	P-N junction 4pi light emitting high-voltage light emitting diode (LED) and LED lamp bulb

LED

LIGHT EMITTING DIODE

（续表）

专 利 权 人	专 利 号	公开(公告)日	专 利 名 称
GELCORE LLC	AU2004214360B2	2007-03-29	Module for powering and monitoring light-emitting diodes
PANASONIC CORP | パナソニック株式会社	JP2012227162A	2012-11-15	BULB-TYPE LAMP AND LIGHTING DEVICE | 電球形ランプ及び照明装置
PLEXTRONICS INC. | MATHAI, MATHEW, K. | STORCH, MARK, L. | THOMPSON, GLENN | SCOTT, ELI, J. | PATTISON, LISA | HAMMOND, TROY, D.	WO2010022105A3	2010-07-01	ORGANIC LIGHT EMITTING DIODE PRODUCTS | PRODUITS À DIODES ÉLECTROLUMINESCENTES ORGANIQUES
葛世潮	CN1359137A	2002-07-17	超导热管灯 | Super heat-conductive pipe lamp
OWENS-CORNING FIBERGLAS CORPORATION	US4233520	1980-11-11	Electro optical control to detect a filament passing through a guide eye and using a light emitting diode
ALTAIR ENGINEERING, INC.	US20110156608A1	2011-06-30	LIGHT TUBE AND POWER SUPPLY CIRCUIT
MONROE AUTO EQUIPMENT CO	GB1531324A	1978-11-08	VEHICLE LEVELLING DEVICE
EIGENMANN LUDWIG	CA1297085C	1992-03-10	LUMINOUS HORIZONTAL ROADWAY MARKINGS | BANDES LUMINEUSES DE SIGNALISATION ROUTIERE HORIZONTALE
DEROSE ANTHONY	US7695166	2010-04-13	Shaped LED light bulb
AJLAJT TEKNOLODZHIS, INK.	RU2408817C2	2011-01-10	LIGHT-EMITTING DIODE ILLUMINATION SYSTEM WITH SPIRAL FIBRE AS HEATING FILAMENT
ITEK GRAPHIX CORP.	US4691987	1987-09-08	Optical fiber cable producer and method of bonding optical fibers to light emitting diodes
SCIANNA, CARLO | 시안나 카를로	KR1020010041570A	2001-05-25	OMNIDIRECTIONAL LIGHTING DEVICE | 전방향 발광장치

（续表）

专 利 权 人	专 利 号	公开(公告)日	专 利 名 称
GE LIGHTING SOLUTIONS, LLC.	US20130294086A1	2013-11-07	REFLECTOR AND LAMP COMPRISED THEREOF
EMDEOLED GMBH	US8330355	2012-12-11	Illumination means
杨志强	CN204240103U	2015-04-01	一种螺旋形 LED 封装的灯泡 | Lamp bulb of spiral LED (Light Emitting Diode) packaging device
贵州光浦森光电有限公司	CN103206637A	2013-07-17	一种外延片式的 LED 灯泡光机模组 | Epitaxial wafer type LED (Light Emitting Diode) bulb light machine module
3M INNOVATIVE PROPERTIES COMPANY	US20100068421A1	2010-03-18	LIGHT DIFFUSIVE PRESSURE SENSITIVE ADHESIVE
TOSHIBA LIGHTING & TECHNOLOGY CORPORATION	US20120320593A1	2012-12-20	Light Emitting Diode (LED) Bulb
SEMILEDS OPTOELECTRONICS CO., LTD. | DOAN, TRUNG TRI | YEN, JUI-KANG	WO2013097270A1	2013-07-04	LLB BULB HAVING LIGHT EXTRACTING ROUGH SURFACE PATTERN (LERSP) AND METHOD OF FABRICATION | AMPOULE LLB COMPRENANT UNE CONFIGURATION DE SURFACE RUGUEUSE D'EXTRACTION DE LUMIÈRE (LERSP) ET PROCÉDÉ DE FABRICATION
STANLEY ELECTRIC CO., LTD.	EP1487025B1	2017-01-25	Leuchtdiode für Kraftfahrzeug-Scheinwerferlichtquelle, Kraftfahrzeug-Scheinwerferlichtquelle, und Kraftfahrzeug-Scheinwerferlichtque-llenanord nung | Light emitting diode lamp for light source of a vehicle headlamp, vehicle headlamp, and vehicle headlamp assembly | Diode électroluminescente pour une source lumineuse d'un projecteur de véhicule, projecteur de véhicule, et ensemble de projecteur de véhicule

（续表）

专利权人	专利号	公开(公告)日	专利名称
PANASONIC INTELLECTUAL PROPERTY MANAGEMENT CO., LT D.	US20170023204A1	2017-01-26	LIGHT BULB SHAPED LAMP
舒伯布尔斯公司	CN101484964A	2009-07-15	用于发光二极管及其构成的灯泡分散光并优先散射某些波长的光的方法 | Method of light dispersion and preferential scattering of certain wavelengths of light for light-emitting diodes and bulbs constructed therefrom
SAMSUNG SDI CO., LTD. | 삼성에스디아이주식회사	KR1020050050484A	2005-05-31	Pixel circuit in flat panel display device and Drivingmethod thereof | 평판표시장치 및 그의 구동방법
RENSSELAER POLYTECHNIC INSTITUTE | 렌슬러폴리테크닉인스티튜트	KR101758188B1	2017-07-14	SOLID STATE LIGHT SOURCE LIGHT BULB | 발명의 명칭 고체상태 광원 전구
SHOTT AG	RU2600117C2	2016-10-20	DISPLAY DEVICE, IN PARTICULAR FOR COOK TOPS
INTEMATIX CORPORATION | LIU, SHENGFENG | CHENG, SHIFAN | LI, YI-QUN	WO2008060836A3	2008-05-22	ALUMINUM-SILICATE BASED ORANGE-RED PHOSPHORS WITH MIXED DIVALENT AND TRIVALENT CATIONS | LUMINOPHORES ROUGE-ORANGER À BASE DE SILICATE D'ALUMINIUM COMPRENANT DES CATIONS BIVALENTS ET TRIVALENTS MÉLANGÉS
奥斯兰姆施尔凡尼亚公司	CN1824993A	2006-08-30	彩色头灯 | Colored headlamp
KOCHANSKI, JERRY	EP2912372A2	2015-09-02	GLÜHLAMPE, GLÜHLAMPENFASSUNG SOWIE KOMBINATION AUS EINER GLÜHLAMPE UND EINER GLÜHLAMPENFASSUNG | A LIGHT BULB, A LIGHT BULB

（续表）

专 利 权 人	专 利 号	公开(公告)日	专 利 名 称
KOCHANSKI, JERRY	EP2912372A2	2015-09-02	HOLDER, AND A COMBINATION OF A LIGHT BULB AND A LIGHT BULB HOLDER | AMPOULE ÉLECTRIQUE, SUPPORT D'AMPOULE ÉLECTRIQUE, ET COMBINAISON D'UNE AMPOULE ÉLECTRIQUE ET D'UN SUPPORT D'AMPOULE ÉLECTRIQUE
KOCHANSKI, JERRY | HAMILTON, LAUREN	WO2014064671A2	2014-05-01	A LIGHT BULB, A LIGHT BULB HOLDER, AND A COMBINATION OF A LIGHT BULB AND A LIGHT BULB HOLDER | AMPOULE ÉLECTRIQUE, SUPPORT D'AMPOULE ÉLECTRIQUE, ET COMBINAISON D'UNE AMPOULE ÉLECTRIQUE ET D'UN SUPPORT D'AMPOULE ÉLECTRIQUE
KOCHANSKI JERRY	CA2888923A1	2014-05-01	A LIGHT BULB, A LIGHT BULB HOLDER, AND A COMBINATION OF A LIGHT BULB AND A LIGHT BULB HOLDER | AMPOULE ELECTRIQUE, SUPPORT D'AMPOULE ELECTRIQUE, ET COMBINAISON D'UNE AMPOULE ELECTRIQUE ET D'UN SUPPORT D'AMPOULE ELECTRIQUE
KOCHANSKI, JERRY	IN1308KOLNP2015A	2016-01-01	A LIGHT BULB, A LIGHT BULB HOLDER, AND A COMBINATION OF A LIGHT BULB AND A LIGHT BULB HOLDER
JERRY, KOCHANSKI | KOCHANSKI, JERRY	AU2013336222A1	2015-05-14	A light bulb, a light bulb holder, and a combination of a light bulb and a light bulb holder
CATALANO ANTHONY | HARRISON DANIEL	US20080024070A1	2008-01-31	Light Emitting Diode Replacement Lamp
SEIKO EPSON CORPORATION | 세이코 엡슨 가부 시키가이샤	KR1019990071627A	1999-09-27	조명장치및그장치를사용하는표시기기

（续表）

专 利 权 人	专 利 号	公开(公告)日	专 利 名 称
上海本星电子科技有限公司	CN206164938U	2017-05-10	遥控电灯及其遥控器
—	US20050093718A1	2005-05-05	Light source assembly for vehicle external lighting
SCOTT KEITH	US20100187961A1	2010-07-29	PHOSPHOR HOUSING FOR LIGHT EMITTING DIODE LAMP
BRIDGELUX, INC.	EP2391848A1	2011-12-07	PHOSPHORGEHUSE FÜR LEUCHTDIODENLAMPE | PHOSPHOR HOUSING FOR LIGHT EMITTING DIODE LAMP | ENVELOPPE EN SUBSTANCE FLUORESCENTE POUR LAMPE À DIODES ÉLECTROLUMINESCENTES
BRIDGELUX INC. | SCOTT, KEITH	WO2010087926A1	2010-08-05	PHOSPHOR HOUSING FOR LIGHT EMITTING DIODE LAMP | ENVELOPPE EN SUBSTANCE FLUORESCENTE POUR LAMPE À DIODES ÉLECTROLUMINESCENTES
MOTORCAR PARTS OF AMERICA, INC.	US20060226720A1	2006-10-12	Illuminated alternator and method of operation
LIGHTING SCIENCE GROUP CORPORATION	WO2005108853A1	2005-11-17	LIGHT BULB HAVING SURFACES FOR REFLECTING LIGHT PRODUCED BY ELECTRONIC LIGHT GENERATING SOURCES | AMPOULE COMPORTANT DES SURFACES DESTINEES A REFLECHIR UNE LUMIERE PRODUITE PAR DES SOURCES DE GENERATION DE LUMIERE ELECTRONIQUES
APOLLO DIAMOND, INC. | LINARES, ROBERT C.	EP1851369A1	2007-11-07	LICHTEMITTIERENDE GALLIUMNITRIDVORRICHTUNGEN AUF DIAMANT | GALLIUM NITRIDE LIGHT EMITTING DEVICES ON DIAMOND |

（续表）

专 利 权 人	专 利 号	公开(公告)日	专 利 名 称
APOLLO DIAMOND, INC. | LINARES, ROBERT C.	EP1851369A1	2007-11-07	EMETTEURS DE LUMIERE EN NITRURE DE GALLIUM SUR DIAMANT
APOLLO DIAMOND, INC. | LINARES, ROBERT, C.	WO2006081348A1	2006-08-03	GALLIUM NITRIDE LIGHT EMITTING DEVICES ON DIAMOND | EMETTEURS DE LUMIERE EN NITRURE DE GALLIUM SUR DIAMANT
阿波罗钻石公司	CN101155949A	2008-04-02	金刚石上的氮化镓发光装置 | Gallium nitride light emitting devices on diamond
LINARES ROBERT C	US20060211222A1	2006-09-21	GALLIUM NITRIDE LIGHT EMITTING DEVICES ON DIAMOND
DOYLE KEVIN	US20060187652A1	2006-08-24	LED pool or spa light having unitary lens body
DOYLE, KEVIN	WO2006091538A3	2006-08-31	AN LED POOL OR SPA LIGHT HAVING A UNITARY LENS BODY | ECLAIRAGE DE PISCINE OU DE BASSIN THERMAL A LED, PRESENTANT UN CORPS DE LENTILLE UNITAIRE
L-3 COMMUNICATIONS CORPORATION	WO2003068599A1	2003-08-21	LIGHT SOURCE ASSEMBLY FOR VEHICLE EXTERNAL LIGHTING | ENSEMBLE D'ECLAIRAGE DESTINE A L'ECLAIRAGE EXTERNE D'UN VEHICULE
L-3 COMMUNICATIONS CORPORATION	EP1480877A1	2004-12-01	LICHTQUELLENANORDNUNG FÜR FAHRZEUGAUSSENBE-LEUCHTUNG | LIGHT SOURCE ASSEMBLY FOR VEHICLE EXTERNAL LIGHTING | ENSEMBLE D'ECLAIRAGE DESTINE A L'ECLAIRAGE EXTERNE D'UN VEHICULE

LED

LIGHT EMITTING DIODE

专 利 权 人	专 利 号	公开(公告)日	专 利 名 称
L-3 COMMUNICATIONS CORPORATION	CA2476234A1	2003-08-21	LIGHT SOURCE ASSEMBLY FOR VEHICLE EXTERNAL LIGHTING | ENSEMBLE D'ECLAIRAGE DESTINE A L'ECLAIRAGE EXTERNE D'UN VEHICULE
CATALANO ANTHONY | HARRISON DANIEL	US20090309501A1	2009-12-17	Light Emitting Diode Replacement Lamp
SCHAFF WILLIAM J. | HWANG JEONGHYUN	US20030173578A1	2003-09-18	Highly doped III-nitride semiconductors
CORNELL RESEARCH FOUNDATION, INC.	US20050179047A1	2005-08-18	Highly doped III-nitride semiconductors
KRAUSE, GABRIEL	US20140355292A1	2014-12-04	Fiber Optic Filament Lamp
PLEXTRONICS, INC.	US20100046210A1	2010-02-25	ORGANIC LIGHT EMITTING DIODE PRODUCTS
PLEXTRONICS INC. | MATHAI, MATHEW, K. | STORCH, MARK, L. | THOMPSON, GLENN | SCOTT, ELI, J. | PATTISON, LISA | HAMMOND, TROY, D.	WO2010022105A2	2010-02-25	ORGANIC LIGHT EMITTING DIODE PRODUCTS | PRODUITS À DIODES ÉLECTROLUMINESCENTES ORGANIQUES
JIJ, INC.	US20050174065A1	2005-08-11	LED light strings
STAY LIT INTERNATIONAL INC.	CA2524839A1	2006-10-11	LED LIGHT STRINGS | GUIRLANDES ELECTRIQUES A DEL
CREE INC.	US20090284958A1	2009-11-19	CONVERSION KIT FOR LIGHTING ASSEMBLIES
OSRAM AG | AKUTA, TAKAHIRO | MURAMATSU, HIROMI | OISHI, KEIZO | OSAWA, TAKASHI | OKUYAMA, JUNICHI | SUZUKI, TATSUYA	WO2013007815A1	2013-01-17	LIGHT-EMITTING DIODE LAMP, LIGHTING FIXTURE, METHOD OF MANUFACTURING LIGHT-EMITTING LAMP, METHOD OF MANUFACTURING LIGHT-EMITTING DIODE LAMP, STREET LIGHT, AND METHOD OF EXCHANGING LAMP | LAMPE À DIODES

（续表）

专 利 权 人	专 利 号	公开(公告)日	专 利 名 称
OSRAM AG | AKUTA, TAKAHIRO | MURAMATSU, HIROMI | OISHI, KEIZO | OSAWA, TAKASHI | OKUYAMA, JUNICHI | SUZUKI, TATSUYA	WO2013007815A1	2013-01-17	ÉLECTROLUMINESCENTES, LUMINAIRE, PROCÉDÉ DE FABRICATION D'UNE LAMPE ÉMETTRICE DE LUMIÈRE, PROCÉDÉ DE FABRICATION DE LAMPE À DIODES ÉLECTROLUMINESCENTE, LAMPADAIRE, ET PROCÉDÉ DE REMPLACEMENT DE LAMPE
NUWAVE LLC	US20160169454A1	2016-06-16	LIGHT EMITTING DIODE APPARATUS, SYSTEM, AND METHOD
S.C. JOHNSON & SON, INC.	AU2004254642A1	2005-01-13	Lamp and bulb for illumination and ambiance lighting
S·C·约翰松及索恩公司	CN1836132A	2006-09-20	用于照明和环境照明的电灯和灯泡 | Lamp and bulb for illumination and ambiance lighting
S.C. JOHNSON & SON INC.	WO2005003625A1	2005-01-13	LAMP AND BULB FOR ILLUMINATION AND AMBIANCE LIGHTING | LAMPE ET AMPOULE D'ECLAIRAGE ET ECLAIRAGE D'AMBIANCE
BLACK & DECKER, INC.	US5896024	1999-04-20	Method and apparatus for manually selecting battery charging process
S.C. JOHNSON & SON, INC.	EP1639292A1	2006-03-29	LAMPE UND GLÜHBIRNE FÜR BELICHTUNG UND UMGEBUNGSBELEUCHTUNG | LAMP AND BULB FOR ILLUMINATION AND AMBIANCE LIGHTING | LAMPE ET AMPOULE D'ECLAIRAGE ET ECLAIRAGE D'AMBIANCE

LED

LIGHT EMITTING DIODE

 # 中国灯丝 LED 器件专利现状

中国灯丝 LED 器件专利申请公开趋势分析

经上海市专利平台检索，截至2017年12月31日，涉及灯丝LED器件的专利共1 456件。从图3-66可清楚地看到中国灯丝LED器件专利申请和公开的趋势。可以把中国灯丝LED器件领域的专利申请的总体趋势分为四个阶段。

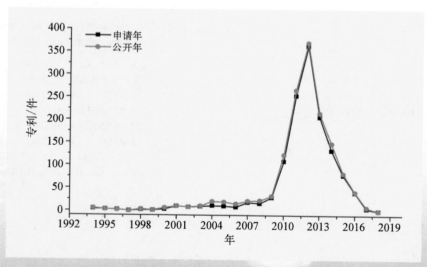

图3-66　中国灯丝LED器件专利申请公开量趋势对比分析

第一阶段（1994～2000年）：灯丝LED器件方面相关专利在1994年开始申请，之后一直呈缓慢发展状态，我国灯丝LED器件方面的研究还处于起步阶段。

第二阶段（2001～2009年）：我国灯丝LED器件方面相关专利的申请量开始略有增加，与第一阶段相比，增长速度更快一些，我国灯丝LED器件方面的研究开始逐渐发展。

第三阶段（2010～2013年）：我国灯丝LED器件方面相关专利的申请量迅速增加，并在2013年达到顶峰，此阶段我国各企业、高校、科研院所等对灯丝LED器件的研发工作较为重视，此阶段是我国灯丝LED器件快速发展的阶段。

第四阶段（2014～2017年）：我国灯丝LED器件方面相关专利的申请量快速降低，大量的企业已经实现产业化生产灯丝LED器件，灯丝LED器件的发展已经到了瓶颈期，要想继续发展，就需要进一步研发新产品、新工艺、新技术，仍然需要不断的研究和探索。

中国灯丝LED器件专利申请区域分析

了解专利申请来源的区域分布，能够更好地了解哪些国家/地区、省等在灯丝LED器件领域具有较好的专利申请，能够为申请人企业发展规划提供一定的参考。表3-2为各国家及我国各省市在中国申请灯丝LED器件专利的数量。

表3-2 各国家和地区以及我国各省份在中国申请灯丝LED器件专利数

区 域	专 利 数 量	区域（省市）	专 利 数 量
中 国	1 316	广东	339
中国台湾	35	浙江	206
中国香港	9	江苏	160
日 本	6	上海	108
荷 兰	5	福建	81
美 国	5	安徽	44
德 国	3	北京	43

LED

LIGHT EMITTING DIODE

（续表）

区　　域	专 利 数 量	区域（省市）	专 利 数 量
韩　国	3	四川	42
罗马尼亚	3	山东	39
文　莱	2	贵州	32

主要国家和地区专利申请分布

在中国的灯丝LED器件专利技术申请中，中国本土申请人的专利申请所占比例最大。从表3-2可看出，中国专利申请数量为1 316件，其次为中国台湾和中国香港，日本、荷兰、美国等国家在中国也有少量专利的申请，由表中可看出，大部分为中国本土申请人申请，其他国家在中国的专利申请量都较少，说明国外对中国的市场还不是特别的重视，还未大量地在中国市场布局专利，中国本土申请人占据了中国的市场，布局了大量的专利。

中国主要地区/省专利申请分布

对于中国申请人来说，广东、浙江和江苏申请数量位居前三。广东省以339件专利申请位居第一，说明广东省在灯丝LED器件的研发方面较为重视，发展较快，浙江省以206件专利申请位居第二，江苏省以160件专利申请位居第三。第4～6名分别是上海、福建、安徽，三省（市）的灯丝LED器件专利申请分别是108件、81件、44件，这三个省市在中国灯丝LED器件专利申请中也具有一定的优势，也比较重视灯丝LED器件方面的研发和专利申请。而排名第七到十的分别是北京、四川、山东和贵州四省（市）。

中国灯丝LED器件专利主要申请人

申请人是申请主体，也是技术发展的主要推动力量。通过对于申请人，尤其是主要申请人的研究，可以发现本领域的申请主体的特点以及申请人的专利战略特点。以下从全球申请数量前十和中国申请数量前10名的主要申请人出发分析其相关专利的特点。

中国灯丝LED器件专利主要申请人构成

由图3-67可知在中国申请器件专利的申请人构成。从图中可看出，贵州光浦森光电有限公司申请专利数量最多，其次分别是中国科学院长春光学精密机械与物理研究所、中山市科顺分析测试有限公司、苏州东亚欣业节能照明有限公司、天目照明有限公司、史杰、浙江锐迪生光电有限公司、上海鼎晖科技股份有限公司、富士迈半导体精密工业（上海）有限公司、木林森股份有限公司。以下是部分申请人的介绍：

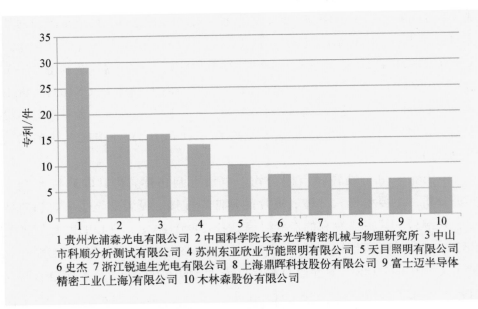

图3-67　中国灯丝LED器件专利申请人构成分析

贵州光浦森光电有限公司：申请专利29件。将其专利按照全文聚类分析，主要是内罩、导热支架；光机模板；透镜卡环；LED晶片；固定孔板；照明灯。其主要专利的专利号有CN202303052U（一种LED路灯），CN202303286U（一种带散热器的LED灯泡），CN102352997A（一种带散热器的LED灯泡及其组建照明灯的方法），CN202253255U（一种LED吸顶灯），CN102798005A

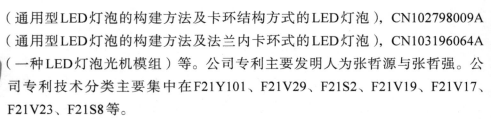

（通用型LED灯泡的构建方法及卡环结构方式的LED灯泡），CN102798009A（通用型LED灯泡的构建方法及法兰内卡环式的LED灯泡），CN103196064A（一种LED灯泡光机模组）等。公司专利主要发明人为张哲源与张哲强。公司专利技术分类主要集中在F21Y101、F21V29、F21S2、F21V19、F21V17、F21V23、F21S8等。

中国科学院长春光学精密机械与物理研究所：申请专利16件。将其专利按照全文聚类分析，主要是微型柔性LED面阵；微型柔性LED阵列器件的工作；微型LED集成阵列；柔性连接的LED器件；透明电极柔性LED微显示阵列芯片。其主要专利的专利号有CN103400924A（微型柔性LED阵列器件及制备方法）、CN103400850A（用于微显示与照明的柔性LED阵列器件及制作方法）、CN103400918B（透明电极高密度柔性LED微显示阵列器件及制作方法）、CN103426875B（透明电极柔性LED微显示阵列器件及制备方法）、CN103474425B（高发光均匀性的微型柔性LED面阵器件及制备方法）、CN103390614B（高发光均匀性的微型柔性LED面阵器件）、CN103474445B（微型LED集成阵列器件及制备方法）等。其专利主要发明人为王维彪、梁中翥、梁静秋等。专利技术分类主要集中在H01L33、H01L25、H01L27、G09F9、H01L21等。

中山市科顺分析测试有限公司：申请专利16件。将其专利按照全文聚类分析，主要是带状主体；翼片的延伸端连接；设置有至少一排LED贴片；软铜板。其主要专利的专利号有CN102095118A（柔性LED贴片灯带）、CN201902898U（柔性LED贴片灯带）、CN202868427U（一种柔性LED贴片灯带）、CN102095118B（柔性LED贴片灯带）、CN102927486A（柔性LED贴片灯带）、CN201731363U（一种柔性LED贴片灯带）、CN202747086U（一种柔性LED贴片灯带）等。公司专利主要发明人为文勇。公司专利技术分类主要集中在F21S4、F21Y101、F21V19、F21Y115、F21V23、F21V15、F21V17等。

苏州东亚欣业节能照明有限公司：申请专利14件。将其专利按照全文聚类分析，主要是灯罩的内壁上设置；嵌入层；线路连接层；接触点低于灯壳的侧壁，侧壁上且灯罩的下部，灯罩的下部与灯壳侧壁；弧形面。其主要专利的专利号有CN103047559A（LED球泡灯）、CN102588793A（球泡灯）、CN202511051U（由纳米复合塑料制成的LED球泡灯）、CN102588800A

（纳米复合塑料制成的 LED 球泡灯）、CN202511041U（一种 LED 球泡灯）、CN202546352U（一种纳米复合塑料制成的 LED 球泡灯）、CN102588792A（一种球泡灯）等。公司专利主要发明人为萧标颖。公司专利技术分类主要集中在F21S2、F21Y101、F21V29、F21V23、F21V17、F21V3、F21V5 等。

天目照明有限公司：申请专利 10 件。将其专利按照全文聚类分析，主要是挡风片；散热结构的 LED 球泡灯；LED 庭院灯；LED 台灯，旋转架，支撑架。其主要专利的专利号有 CN103075689A（新型 LED 庭院灯）、CN103148377A（LED 灯泡）、CN203099440U（LED 球泡灯）、CN103148378A（LED 球泡灯）、CN203099534U（新型 LED 庭院灯）、CN203099447U（新型散热结构的 LED 球泡灯）、CN203099494U（新型 LED 台灯）等。公司专利主要发明人为颜惠平。公司专利技术分类主要集中在 F21Y101、F21V29、F21S2、F21S6、F21S8、F21V17、F21V23 等。

浙江锐迪生光电有限公司：申请专利 8 件。将其申请专利按照全文聚类分析，主要是 LED 路灯；照明灯；相互串联；电连接器相连。其主要专利的专利号有 CN102109115B（一种 P-N 结 4π 出光的高压 LED 及 LED 灯泡）、CN103322465A（一种 LED 路灯）、CN103775858A（芯片倒装于透明陶瓷管的 4π 出光 LED 发光管及照明灯）、CN205424484U（LED 灯丝灯）、CN202546349U（一种 LED 灯泡）、CN202546492U（一种 LED 路灯）等。公司专利主要发明人为葛世潮、葛晓勤等。公司专利技术分类主要集中在F21V29、F21V23、F21Y101、F21V19、F21K9、F21S2、F21S8 等。

上海鼎晖科技股份有限公司：申请专利 7 件。将其申请专利按照全文聚类分析，主要是 LED 灯成型工艺；散热器等。其主要专利的专利号有 CN104266093A（一种带有诱轨的 LED 灯）、CN104006321B（一种 3D COB LED 灯发光组件及 LED 灯）、CN104315373B（一种 LED 灯成型工艺）、CN204114663U（一种具有绝缘保护的 LED 灯）、CN104565902A（一种螺旋式 LED 灯）。公司专利主要发明人为李建胜。公司专利技术分类主要集中在F21S2、F21V19、F21Y101、F21V29、F21K9、F21V17、F21V23 等。

富士迈半导体精密工业（上海）有限公司：申请专利 7 件。将其申请专利按照文本聚类分析，主要是区块形成多个光斑；罩体发射光线；LED 灯泡排布形状。其主要专利的专利号有 CN103185281A（LED 灯泡）、CN103185280A

225

（LED灯泡）、CN202432423U（LED灯泡）、CN202432422U（LED灯泡）、CN102343406A（折线模块及采用该折线模块之固态光源灯泡组装设备）。公司专利主要发明人为赖志铭、黄俊凯、王君伟等。公司专利技术分类主要集中在F21V17、F21V19、F21Y101、F21S10、F21V23、F21V7、B21F1等。

木林森股份有限公司：申请专利7件。将其申请专利按照文本聚类分析，主要是散热外壳；LED灯珠；柔性LED灯带，环形贴装。其主要专利的专利号有CN105244431A（一种便于制造的LED灯丝、LED灯丝的制作工艺及设备）、CN203810118U（一种大功率LED球泡灯）、CN203810116U（一种内置翅片散热器的LED灯泡）、CN202927520U（一种柔性LED贴片灯）、CN203857301U（一种LED球泡灯）、CN203052284U（一种贴装式360°发光LED光源）、CN203628338U（一种采用新型散热结构的LED蜡烛灯）。公司专利主要发明人为刘天明、涂梅仙、张沛等。公司专利技术分类主要集中在F21S2、F21Y101、F21V29、F21V19、F21V15、F21V23、F21V3等。

中国灯丝LED器件专利国内申请人构成分析

由图3-68可知，中国灯丝LED器件专利国内申请人构成中，贵州光浦森

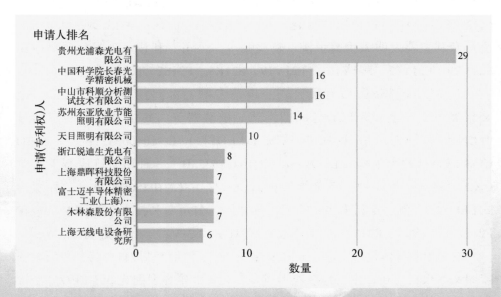

图3-68　中国灯丝LED器件专利国内申请人构成

光电有限公司最多，有29件。接下来是中国科学院长春光学精密机械与物理研究所与中山市科顺分析测试技术有限公司，都申请了16件专利，其次是苏州东亚欣业节能照明有限公司申请了14件专利，天目照明有限公司申请了10件专利。浙江锐迪生光电有限公司、上海鼎晖科技股份有限公司、富士迈半导体精密工业（上海）有限公司、木林森股份有限公司与上海无线电设备研究所分别以8件、7件、7件、7件、6件专利排名其后。

中国灯丝LED器件专利主要发明人

发明人是专利技术发展的主要推动力量，通过对特定专利的发明人进行研究，可以发现相应技术领域的主要发明人或发明团队。由图3-69可知，中国灯丝LED器件发明人构成主要有张哲源、张继强、田超、葛世潮、吕金光、文勇、梁中翥、梁静秋、王维彪和秦余欣。其中张哲源的专利申请数量最多，有29件。以下从主要发明人出发分析其相关特点。

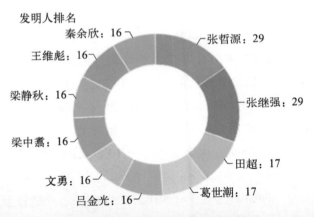

发明人排名

秦余欣：16　　　　　　张哲源：29
王维彪：16
梁静秋：16　　　　　　张继强：29
梁中翥：16
文勇：16　　　　　　田超：17
吕金光：16　　　　葛世潮：17

图3-69　中国灯丝LED器件发明人构成

张哲源：申请专利29件。将其专利按照全文聚类分析，主要是内罩，导热支架；光机模板；透镜卡环；LED晶片；固定孔板；照明灯。其主要专利的专利号CN202303052U（一种LED路灯）、CN202303286U（一种带散热器的LED

227

灯泡）、CN102352997A（一种带散热器的LED灯泡及其组建照明灯的方法）、CN202253255U（一种LED吸顶灯）、CN102798005A（通用型LED灯泡的构建方法及卡环结构方式的LED灯泡）、CN102798009A（通用型LED灯泡的构建方法及法兰内卡环式的LED灯泡）、CN103196064A（一种LED灯泡光机模组）。

张继强：申请专利29件。将其专利按照全文聚类分析，主要是内罩，导热支架；光机模板；透镜卡环；LED晶片；固定孔板；照明灯。其主要专利的专利号CN202303052U（一种LED路灯）、CN202303286U（一种带散热器的LED灯泡）、CN102352997A（一种带散热器的LED灯泡及其组建照明灯的方法）、CN202253255U（一种LED吸顶灯）、CN102798005A（通用型LED灯泡的构建方法及卡环结构方式的LED灯泡）、CN102798009A（通用型LED灯泡的构建方法及法兰内卡环式的LED灯泡）、CN103196064A（一种LED灯泡光机模组）。

田超：申请专利17件。将其专利按照全文聚类分析，主要是微型柔性LED面阵；微型柔性LED阵列器件；微型LED集成阵列；柔性连接的LED器件；透明电极柔性LED微显示阵列芯片。其主要专利的专利号CN103400924A（微型柔性LED阵列器件及制备方法）、CN103400850A（用于微显示与照明的柔性LED阵列器件及制作方法）、CN103400918B（透明电极高密度柔性LED微显示阵列器件及制作方法）、CN103426875B（透明电极柔性LED微显示阵列器件及制备方法）、CN103474425B（高发光均匀性的微型柔性LED面阵器件及制备方法）、CN103390614B（高发光均匀性的微型柔性LED面阵器件）、CN103474445B（微型LED集成阵列器件及制备方法）。

葛世潮：申请专利17件。将其专利按照全文聚类分析，主要是发光二极管；LED发光；高压LED；连接件；超导热。其主要专利的专利号CN102109115B（一种P-N结4π出光的高压LED及LED灯泡）、CN1359137A（超导热管灯）、TW200412678A（发光二极管及其发光二极管灯）、CN103322465A（一种LED路灯）、CN103775858A（芯片倒装于透明陶瓷管的4π出光LED发光管及照明灯）、CN1341966A（大功率发光二极管发光装置）、CN205424484U（LED灯丝灯）。

吕金光：申请专利16件。将其专利按照全文聚类分析，主要是微型柔性LED面阵；微型柔性LED阵列器件；微型LED集成阵列；柔性连接的LED器件；透明电极柔性LED微显示阵列芯片。其主要专利的专利号CN103400924A

（微型柔性 LED 阵列器件及制备方法）、CN103400850A（用于微显示与照明的柔性 LED 阵列器件及制作方法）、CN103400918B（透明电极高密度柔性 LED 微显示阵列器件及制作方法）、CN103426875B（透明电极柔性 LED 微显示阵列器件及制备方法）、CN103474425B（高发光均匀性的微型柔性 LED 面阵器件及制备方法）、CN103390614B（高发光均匀性的微型柔性 LED 面阵器件）、CN103474445B（微型 LED 集成阵列器件及制备方法）。

王维彪：申请专利 16 件。将其专利按照全文聚类分析，主要是微型的柔性 LED 面阵；微型柔性 LED 阵列器件；微型 LED 集成阵列；柔性连接的 LED 器件；透明电极柔性 LED 微显示阵列。其主要专利的专利号 CN103400924A（微型柔性 LED 阵列器件及制备方法）、CN103400850A（用于微显示与照明的柔性 LED 阵列器件及制作方法）、CN103400918B（透明电极高密度柔性 LED 微显示阵列器件及制作方法）、CN103426875B（透明电极柔性 LED 微显示阵列器件及制备方法）、CN103474425B（高发光均匀性的微型柔性 LED 面阵器件及制备方法）、CN103390614B（高发光均匀性的微型柔性 LED 面阵器件）、CN103474445B（微型 LED 集成阵列器件及制备方法）。

秦余欣：申请专利 16 件。将其专利按照全文聚类分析，主要是微型的柔性 LED 面阵；微型柔性 LED 阵列器件；微型 LED 集成阵列；柔性连接的 LED 器件；透明电极柔性 LED 微显示阵列芯片。其主要专利的专利号 CN103400924A（微型柔性 LED 阵列器件及制备方法）、CN103400850A（用于微显示与照明的柔性 LED 阵列器件及制作方法）、CN103400918B（透明电极高密度柔性 LED 微显示阵列器件及制作方法）、CN103426875B（透明电极柔性 LED 微显示阵列器件及制备方法）、CN103474425B（高发光均匀性的微型柔性 LED 面阵器件及制备方法）、CN103390614B（高发光均匀性的微型柔性 LED 面阵器件）、CN103474445B（微型 LED 集成阵列器件及制备方法）。

中国灯丝 LED 器件专利技术构成分析

灯丝 LED 各项技术快速发展，已在显示和照明两大领域取得应用，是全球很多科研机构和公司的重点工作。对该领域的专利进行技术构成分析，有利

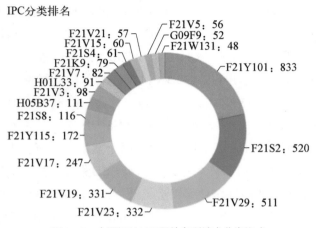

IPC分类排名

F21V21：57
F21V15：60
F21S4：61
F21K9：79
F21V7：82
H01L33：91
F21V3：98
H05B37：111
F21S8：116
F21Y115：172
F21V17：247
F21V19：331
F21V23：332

F21V5：56
G09F9：52
F21W131：48
F21Y101：833

F21S2：520

F21V29：511

图3-70　中国灯丝LED器件专利技术分类构成

于掌握该领域的专利动态。下面从技术构成和主分类号对灯丝LED器件专利进行分析，如图3-70所示。

主要分类号介绍与申报趋势分析

从图3-70可知，中国灯丝LED器件专利技术分类构成中，主分类号F21Y101有833件、F21S2有520件；其他主分类号的专利数是F21V29有511件、F21V23有332件、F21V19有331件、F21V17有247件、F21Y115有172件、F21S8有116件、H05B37有111件、F21V3有98件、H01L33有91件、F21V7有82件、F21K9有79件、F21S4有61件、F21V15有60件、F21V21有57件、F21V5有56件、G09F9有52件、F21W131有48件。以下是各主分类号的介绍和分析。

F21Y101：点状光源。F21S2：不包含在大组F21S4/00至F21S10/00或F21S19/00中的照明装置系统，例如模块化结构。F21V29：防止照明装置热损害；专门适用于照明装置或系统的冷却或加热装置（与空调系统的出口结合的照明灯具）。F21V23：照明装置内或上面电路元件的布置（防止照明装置热损害入F21V29/00）。F21V19：光源或灯架的固定（只用联接装置固定电光源入H01R33/00）。F21V17：照明装置组成部件，例如遮光装置、灯罩、折射器、反射器、滤光器、荧光屏或保护罩的固定（光源的或光支架的入F21V19/00）。F21Y115：半导体光源的发光元素。F21S8：准备固定安装的照明装置（F21S9/00，F21S10/00优先；使用光源串或带的入F21S4/00）。
H05B37：用于一般电光源的电路装置。F21V3：灯罩；反光罩；防护玻璃罩
（折射性质的入F21V5/00；反射性质的入F21V7/00；以冷却装置为特征的入
F21V29/506）。H01L33：至少有一个电位跃变势垒或表面势垒的专门适用于光
发射的半导体器件；专门适用于制造或处理这些半导体器件或其部件的方法
或设备；这些半导体器件的零部件（H01L51/00优先；由在一个公共衬底中或
其上形成有多个半导体组件并包括具有至少一个电位跃变势垒或表面势垒，专
门适用于光发射的器件入H01L27/15；半导体激光器入H01S5/00）。F21V7：
光源的反射器（以冷却装置为特征的入F21V29/505）。F21K9：采用半导体器
件作为发光元件的光源，例如采用发光二极管〔LED〕或激光器。F21S4：使
用光源串或带的照明装置或系统。F21V15：照明装置的防损措施（防止热损
害的入F21V29/00；气密或水密装置入F21V31/00）。F21V21：照明装置的支
撑、悬挂或连接装置（F21V17/00，F21V19/00优先）。F21V5：光源的折射器
（以冷却装置为特征的入F21V29/504）。G09F9：采用选择或组合单个部件在支
架上建立信息的可变信息的指示装置（其中可变信息永久性的连接在可动支架

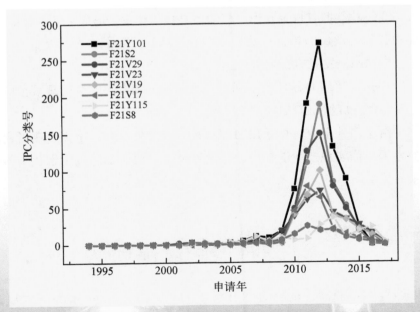

图3-71　中国灯丝LED器件专利技术分类年度申请趋势图

上的入 G09F11/00)。F21W131：不包含在 F21W101/00 至 F21W121/00 组中的照明装置或系统的用途或应用。

由图 3-71 中国灯丝 LED 器件专利技术分类年度申请趋势图中可以看出，技术分类为 F21Y101、F21S2、F21V29、F21V23、F21V19 相关专利的申请从 2000 年到 2012 年申请量逐渐增多，在 2012 年专利申请量达到顶峰，在 2013 年到 2017 年，专利申请量逐渐降低。技术分类为 F21V17 相关专利从 2000 年到 2011 年申请量逐渐增多，在 2011 年之后开始逐渐降低。技术分类为 F21Y115 相关专利的申请从 2001 年开始到 2013 年逐渐升高，在 2013 年之后开始逐渐降低。技术分类为 F21S8 相关专利总体上发展较稳定，在 2011 年专利申请量略有增加，之后逐渐降低。

灯丝 LED 器件中国组织机构专利发展建议

（1）实施自主灯丝 LED 器件发展战略，实现产业结构的调整和优化升级，以企业为主体，有效整合产学研各方面的创新资源，掌握拥有自主知识产权的核心技术体系。加大力度支持自主知识产权的灯丝 LED 器件关键技术、设备的研发和推广应用，把握技术升级带来的产业变革机遇，加快自主创新，掌握中国自主的灯丝 LED 器件生产、制备、应用。

（2）通过建立拥有自主知识产权的核心技术体系，形成一批产业链完善、创新能力强的灯丝 LED 器件产业。培育一批具有国际影响力的大企业，积极探索符合中国国情发展的服务模式。

（3）加强灯丝 LED 器件技术标准、服务标准和有关安全管理规范的研究制定，着力促进灯丝 LED 器件产业发展。

（4）由于国外企业对灯丝 LED 器件核心技术的垄断，国内企业可通过与国外技术提供商实现产业链合作，将世界级灯丝 LED 器件技术转化为符合本地需求的技术。

中国灯丝 LED 器件核心专利清单

中国灯丝 LED 器件的核心专利清单如表 3-3 所示。一般专利强度达到 80%，即认为是核心专利，下表仅提供部分核心专利。

表3-3　中国灯丝 LED 器件的部分核心专利

专利权人	专利号	公开（公告）日	专利名称
嘉兴山蒲照明电器有限公司	CN205579231U	2016-09-14	LED 直管灯 | LED (Light-emitting diode) straight lamp
中山市四维家居照明有限公司	CN106382489A	2017-02-08	一种照射效果好的灯泡 | Lamp bulb playing good illumination effect
贵州光浦森光电有限公司	CN102798005B	2014-08-20	通用型 LED 灯泡的构建方法及卡环结构方式的 LED 灯泡 | Construction method for universal-type LED (light-emitting diode) bulb and LED bulb of clamping ring structure
惠州元晖光电股份有限公司	CN202733594U	2013-02-13	整体形成的发光二极管光导束 | Integrally-formed LED (light-emitting diode) light carrier bundle
中山市四维家居照明有限公司	CN105276464A	2016-01-27	一种散热好的吊灯装置 | Ceiling lamp device with good heat dissipation
浙江锐迪生光电有限公司	CN102109115B	2012-08-15	一种 P-N 结 4π 出光的高压 LED 及 LED 灯泡 | P-N junction 4pi light emitting high-voltage light emitting diode (LED) and LED lamp bulb
葛世潮	CN1359137A	2002-07-17	超导热管灯 | Super heat-conductive pipe lamp
杨志强	CN204240103U	2015-04-01	一种螺旋形 LED 封装的灯泡 | Lamp bulb of spiral LED (Light Emitting Diode) packaging device
贵州光浦森光电有限公司	CN103206637A	2013-07-17	一种外延片式的 LED 灯泡光机模组 | Epitaxial wafer type LED (Light Emitting Diode) bulb light machine module
上海本星电子科技有限公司	CN206164938U	2017-05-10	遥控电灯及其遥控器

LED

LIGHT EMITTING DIODE

233

灯丝LED器件整体发展战略建议

灯丝LED器件全球专利现状

利用专利检索分析利器智慧芽，检索全球范围内的灯丝LED器件的专利。检索了70多个国家和地区，共得到2 971件专利。从年度申请总量分析，全球灯丝LED器件专利年申请量在600件以下，大部分都超过了100件，说明该领域的专利数量相对较多。从申请趋势上分析，全球灯丝LED器件专利申请量在2012年之前一直呈上升趋势，在2012年之后专利申请量呈下降趋势。从专利技术的来源国和地区上分析，可见全球灯丝LED器件的发明专利主要来自中国、美国、韩国、日本、中国台湾。将2 971件检索结果按照专利国别或地区统计分析，发现全球灯丝LED器件的专利申请主要集中于中国、美国、韩国、日本、欧洲；其他国家相对数量较少，说明这些地区是灯丝LED器件的主要应用地区。全球灯丝LED器件的专利主要集中在LED灯泡、LED光源、LED球泡灯、柔性LED、发光二极管等研究。将2 971件专利检索结果按照前20发明人统计分析，发现该领域不同发明人的专利拥有量差距悬殊，前三的发明人为张哲源、张继强、CATALANO ANTHONY，其申请量分别占总量的0.98%、0.98%、0.84%。将2 971件检索结果按照前10位技术领域分析，发现灯丝LED器件领域的全球专利技术主要分布在F21Y101/02、F21S2/00，分别占25.31%、16.5%。F21Y101/02占据第一位，是因为一件专利可以含有多个分类号，器件涉及微型光源的，都会归入F21Y101/02。

全球灯丝器件专利主要有两大领域，分别是器件工艺和器件结构，而且两个领域的专利总数占所有器件专利数的92.83%，远远超过其他领域。经过核心专利分析，核心专利有134件，占总数的4.5%。但是这些核心专利一般为国外的专利，说明国内在灯丝 LED 器件方面的研究仍有待加强。

灯丝 LED 器件中国专利现状

经上海市专利平台检索（截至2017年12月31日），涉及灯丝 LED 器件的专利共1 456件。

从年度专利申请总量分析，中国灯丝 LED 器件专利年申请量在400件以下，从申请趋势上，中国灯丝 LED 器件领域从2008年开始，在申请量上有了较大的提高，在2012年达到顶峰。中国本土申请人的专利申请所占比例最大，其次是中国台湾、中国香港、日本、美国。

将1 456件专利检索结果按照专利权人统计分析，发现该领域不同专利权人的专利拥有量差距悬殊，来自贵州光浦森光电有限公司占据第一位，说明该公司对于灯丝 LED 器件的研发比较重视，布局专利数量较多。

将1 456件专利检索结果按照前10发明人统计分析，发现该领域不同发明人的专利拥有量差距悬殊。中国灯丝 LED 器件发明人构成中主要有张哲源、张继强、田超、葛世潮、吕金光、文勇、梁中翥、梁静秋、王维彪和秦余欣，其中张哲源的专利申请数量最多。

将1 456件专利检索结果按照前10位技术领域分析，发现中国灯丝 LED 器件领域的专利技术主要分布在F21Y101、F21S2，分别占57.21%、35.71%。F21Y101占据第一位，是因为一件专利可以含有多个分类号，主要为点状光源，只要涉及点状光源的都会归入F21Y101。

灯丝 LED 器件专利技术发展方向及建议

我们先来回顾一下各国在灯丝 LED 器件专利方面的技术集中点：中国灯

丝LED器件的专利主要集中在LED灯泡、LED光源、LED球泡灯、柔性LED四大核心领域；美国灯丝LED器件专利研究主要集中在光源、光输出、照明系统三大核心领域；韩国灯丝LED器件专利研究主要集中在电源、覆盖、LED、模组四大核心领域；日本灯丝LED器件专利研究主要集中在光源装置、荧光灯、外形三大核心领域。

汇总全球及以上主要技术来源国技术点不难发现：LED灯泡、LED光源、照明系统是这三个灯丝LED器件专利的共性。

另外在技术发展方面，有以下两大趋势：

（1）各种新技术将层出不穷地与灯丝LED进行结合，低电压设计、免充气设计、玻璃工艺设计等，新的技术和工艺将不断地出现。

（2）为了提升灯丝LED器件的市场占用率，灯丝LED器件将朝着智能化、轻薄化、大尺寸、高集成方向发展。

我国灯丝LED器件制作的研究起步较晚，技术相对落后。在国家政策的大力支持下，灯丝LED器件国产化方面已取得了初步成效，国内厂商已实现产业化生产灯丝LED器件，但国产灯丝LED器件设备还存在以下问题：

（1）国产灯丝LED设备仍处于技术跟踪阶段，设备产业化水平与生产需要不相适应。目前，国内研究的灯丝LED大多是各高校实验室自制的器件，与国外大公司批量化成品差距较大；国外大公司在灯丝LED领域投入较早，且开发力度较大，灯丝LED生产制备设备智能化程度高，性价比高，这使得国产灯丝LED设备较难获得青睐。

（2）设备造价高，应用风险大，多数厂商更愿意采购技术成熟的进口设备，使得国产灯丝LED设备的推广处于尴尬的境地。

（3）自主创新有待加强。目前，我国灯丝LED设备的研发还处于通过对已有国外先进设备的测绘加模仿的"消化、吸收"阶段，虽在灯丝LED器件设计和制造方面也取得了某些专利，但缺少基本专利及核心专利，而国外主流商用机型已建立严密的专利保护，国产灯丝LED设备产业化面临专利壁垒的考验。

从全国灯丝LED发展态势来看，广东省的灯丝LED器件专利申请走在前列，以华南理工大学、鹤山丽得电子实业有限公司、中山市四维家居照明有限公司等为代表的高校和企业，显示了广东省对灯丝LED的高度重视以及广东省良好的技术基础。由于灯丝LED技术的成熟需要较长时间的积累，国外的公司也是经过十余年的发展才日趋成熟，因此，我国灯丝LED技术发展应把握好尺度，长期支持，慢慢培养，重视基础技术及装配加工水平，掌握关键制造及加工技术，生产关键设备材料、关键部件，这是我国发展灯丝LED装备的关键；另外，国内企业对国产灯丝LED生产制造设备的认可度不高，需要有个过程，在这个转化过程中，应在政策上持续给予支持，避免灯丝LED生产设备的企业资金链断裂；最后，要鼓励若干有优势的厂商或企业在灯丝LED设备制造及产业化方面争占主导地位。

237

第四章

灯丝 LED 产业
设备领域专利
分析

 全球灯丝LED设备专利现状

全球灯丝LED设备专利总量

截至2017年12月31日，通过智慧牙专利分析软件，检索专利范围包括中国、美国、世界知识产权组织、韩国、日本在内的70多个国家或地区（组织），共检索到全球的有关灯丝LED设备领域相关专利申请3 490件，见图4-1。

将3 490件检索结果进行专利失效分析，筛选出检索结果中的失效专利，最后得到失效专利1 834件，可见相当一部分灯丝LED设备相关专利已经失效，见图4-2。

图4-1　全球灯丝设备专利申请总量截图

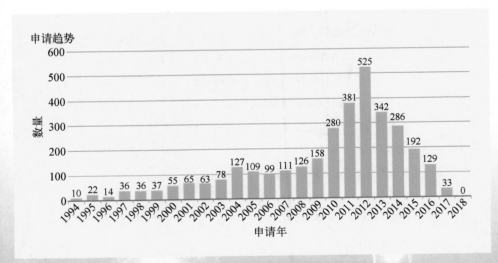

图4-2 灯丝LED设备失效专利截图

全球灯丝LED设备专利申请年度趋势

将3 490件检索专利按照专利优先权年份统计得到图4-3。

由图4-3可见，灯丝LED设备专利申请数量虽然在2004年之前相对较少，但申请数量一直呈平稳上升的趋势，从1994年的10件增加到2004年127件，2004年至2012年间先少量下降再大幅上升，2012年达到顶峰，申请数量为

图4-3 灯丝LED设备专利年度趋势柱状图

525件，2012年之后一直呈下降趋势。

从年度专利申请总量分析，灯丝LED设备技术专利申请量在2004年至2016年间一直在100件以上，除了2006年的99件；尤其2011年至2013年一直处在300件以上。

从申请趋势上分析，灯丝LED设备技术专利申请量在2012年后一直呈现下降的趋势，说明灯丝LED设备的研究在全世界已从热门领域变得理性化。

全球灯丝LED设备专利主要专利权人

对3 490件检索结果的主要专利权人进行分析，得到有关灯丝LED设备技术的前20位专利权人。如表4-1和图4-4所示。

表4-1　全球灯丝LED设备主要专利权人分布

序　号	申请（专利权）人	专利数
1	SWITCH BULB COMPANY, INC.	42
2	GE LIGHTING SOLUTIONS, LLC	22
3	中山市科顺分析测试技术有限公司	16
4	福建省万邦光电科技有限公司	16
5	OSRAM SYLVANIA INC.	15
6	中国科学院长春光学精密机械与物理研究所	15
7	3M INNOVATIVE PROPERTIES COMPANY	14
8	DIALOG SEMICONDUCTOR GMBH	13
9	三菱電機照明株式会社	13
10	上海无线电设备研究所	13
11	住友ベークライト株式会社	12
12	東芝ライテック株式会社	12
13	CIRRUS LOGIC, INC.	11
14	DSE CO., LTD.	11
15	INTEMATIX CORPORATION	11

（续表）

序 号	申请（专利权）人	专利数
16	TOSHIBA LIGHTING & TECHNOLOGY CORPORATION	11
17	주식회사 디에스이	11
18	S.C. JOHNSON & SON, INC.	10
19	TERRALUX, INC.	10
20	天目照明有限公司	10

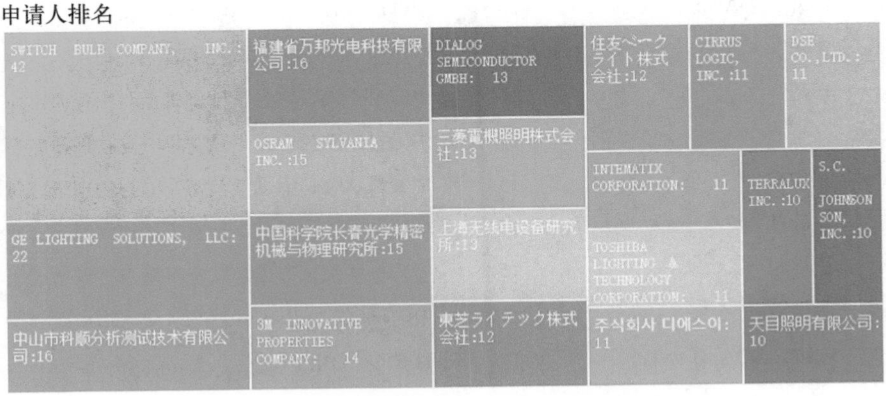

申请人排名

图4-4 全球灯丝LED设备主要专利权人分布

全球灯丝LED设备技术专利权人排名前三名的是SWITCH BULB COMPANY, INC、GE LIGHTING SOLUTIONS, LLC、中山市科顺分析测试技术有限公司和福建省万邦光电科技有限公司。SWITCH BULB COMPANY, INC以专利申请数42件排名第一，占全球灯丝LED设备专利申请数的1.2%，比排名第二的GE LIGHTING SOLUTIONS, LLC 22件专利数量多将近一倍的专利申请量，来自中国的中山市科顺分析测试技术有限公司和福建省万邦光电科技有限公司两家公司并列排名第三，专利申请数量都为16件，占全球灯丝LED设备专利申请数的0.46%。在排名前20位主要专利权人中，亚洲企业或研究所占有一半，充分显示出了在灯丝LED设备专利申请上，亚洲专利申请上占有很大的优势。

LED

LIGHT EMITTING DIODE

243

全球灯丝LED设备专利主要发明人

对3 490件检索结果的专利发明人进行分析，将排名前10名的人员构成如表4-2所示。

表4-2　全球灯丝LED设备专利前10位发明人信息表

序号	发 明 人	专利数	所 属 公 司
1	CATALANO, ANTHONY	25	TECHNOLOGY ASSESSMENT GROUP INC.
2	HORN, DAVID	20	SWITCH BULB COMPANY, INC.
3	文勇	16	中山市科顺分析测试技术有限公司
4	田超	16	中国科学院长春光学精密机械与物理研究所
5	吕金光	15	中国科学院长春光学精密机械与物理研究所
6	梁中翥	15	中国科学院长春光学精密机械与物理研究所
7	梁静秋	15	中国科学院长春光学精密机械与物理研究所
8	王维彪	15	中国科学院长春光学精密机械与物理研究所
9	秦余欣	15	中国科学院长春光学精密机械与物理研究所
10	HARRISON, DANIEL	14	TERRALUX, INC.

通过对排名前10位的发明人所申请的专利进行列表分析，我们得到主要发明人所属的公司或机构主要集中在TECHNOLOGY ASSESSMENT GROUP INC、SWITCH BULB COMPANY, INC、中山市科顺分析测试技术有限公司、中国科学院长春光学精密机械与物理研究所、TERRALUX, INC这五个专利权人。在前10位发明人中，有7位来自中国，其中6位来自中国科学院长春光学精密机械与物理研究所，可见中国科学院长春光学精密机械与物理研究所在灯丝LED设备上处于领先地位。

全球灯丝LED设备专利技术领域分析

对3 490件检索结果进行IPC分类号分析，具体分布如图4-5所示。

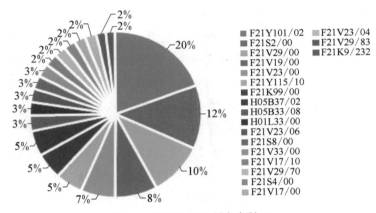

图4-5　全球灯丝LED设备专利IPC

其中1 126件属于F21Y101/02，即微型光源，例如发光二极管（LED）；715件属于F21S2/00，即不包含在大组F21S4/00至F21S10/00或F21S19/00中的照明装置系统，例如模块化结构；598件属于F21V29/00，即防止照明装置热损害；专门适用于照明装置或系统的冷却或加热装置（与空调系统的出口结合的照明灯具入F24F13/078）；457件属于F21V19/00，即光源或灯架的固定（只用联接装置固定电光源入H01R33/00）；378件属于F21V23/00，即照明装置内或上面电路元件的布置（防止照明装置热损害入F21V29/00）；296件属于F21Y115/10，即发光二极管〔LED〕；292件属于F21K99/00，即本小类其他各组中不包括的技术主题；282件属于H05B37/02，即控制；176件属于H05B33/08，即并非适用于一种特殊应用的电路装置；153件属于H01L33/00，即至少有一个电位跃变势垒或表面势垒的专门适用于光发射的半导体器件；专门适用于制造或处理这些半导体器件或其部件的方法或设备；这些半导体器件的零部件（H01L51/00优先；由在一个公共衬底中或其上形成有多个半导体组件并包括具有至少一个电位跃变势垒或表面势垒，专门适用于光发射的器件入H01L27/15；半导体激光器入H01S5/00）；152件属于F21V23/06，即连接装置的元件；150件属于F21S8/00，即准备固定安装的照明装置（F21S9/00，F21S10/00优先；使用光源串或带的入F21S4/00）；150件属于F21V33/00，即不包含在其他类目中的照明装置与其他物品在结构上的组合；140件属于F21V17/10，即以专门的紧固器材或紧固方法为特征（F21V17/02

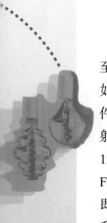

至 F21V17/08 优先）；127 件属于 F21V29/70，即以被动散热元件为特征的，例如散热器；126 件属于 F21S4/00，即使用光源串或带的照明装置或系统；123 件属于 F21V17/00，即照明装置组成部件，例如遮光装置、灯罩、折射器、反射器、滤光器、荧光屏或保护罩的固定（光源的或光支架的入 F21V19/00）；121 件属于 F21V23/04，即元件为开关（安全装置入 F21V25/00）；109 件属于 F21V29/83，即元件具有孔、管或通道，例如热辐射孔；97 件属于 F21K9/232，即专门适用于产生全方位光源分布的，例如玻璃灯泡。全球灯丝 LED 设备专利 IPC 排名主要集中在 F 部和 H 部。H 部主要包括有 H05B37/02、H05B33/08 和 H01L33/00 三个部分，专利数量在 611 件，占专利总数的 17.5%；F 部是主要的 IPC 部分。

小　　结

截至 2017 年 12 月 31 日，全球灯丝 LED 设备技术专利领域共申请专利件数 3 490 件，其中失效专利 1 834 件。从申请趋势上来看为先上升再下降的趋势，在 2012 年时达到顶峰，而后呈下降趋势。

检索到有关灯丝 LED 设备技术的前 20 位专利权人，排名前三名的是 SWITCH BULB COMPANY, INC、GE LIGHTING SOLUTIONS, LLC、中山市科顺分析测试技术有限公司和福建省万邦光电科技有限公司；前 10 位发明人中，有 7 位来自中国，其中 6 位来自中国科学院长春光学精密机械与物理研究所，可见中国科学院长春光学精密机械与物理研究所在灯丝 LED 设备上处于领先地位；全球灯丝 LED 设备专利 IPC 排名主要集中在 F 部和 H 部，其中 F 部占据绝大部分专利的申请量。

全球灯丝LED设备全球专利分析

全球灯丝LED设备专利申请热点国家及地区

图4-6为灯丝LED设备专利申请热点国家及地区（组织）分布。我们发现灯丝LED设备的专利申请主要集中在中国、美国、韩国、日本、世界知识产权组织。其他国家数量相对较少。其中中国是该领域内专利申请最多的国家，达到1 557件；其次是美国，申请件数为692件；韩国排名第三，专利申请件数为329件；排名第四的是日本，申请件数为204件。其他国家或地区（组织）专利数量较少，说明这些国家及地区（组织）是灯丝LED设备的主要应用国家。

近年全球灯丝LED设备主要专利技术点

对公开时间（2014-01-01至2017-12-31）进行筛选后得到1 046件专利，将这1 046件专利按照文本聚类分析，发现灯丝LED设备技术主要集中在LED灯泡、Light Source两大核心领域。表4-3为各技术核心领域的子分类。

LED

LIGHT EMITTING DIODE

247

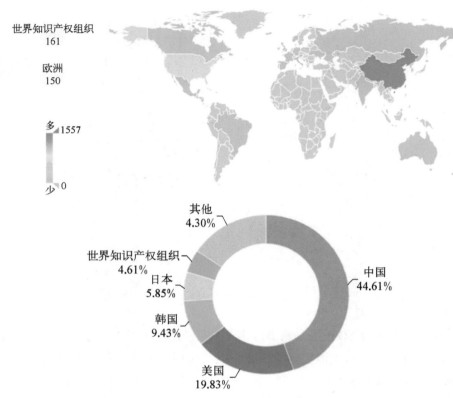

世界知识产权组织
161

欧洲
150

多 1557

少 0

其他
4.30%

世界知识产权组织
4.61%

日本
5.85%

韩国
9.43%

美国
19.83%

中国
44.61%

图4-6　全球灯丝LED设备专利申请热点国家及地区（组织）

表4-3　全球灯丝LED设备技术两大核心领域（摘录）

	子　分　类	专利数量
（1）LED灯泡	LED光源	55
	散热效果	31
	寿命长	23
	驱动电路	12
	发光组件	10
	控制电路板	10
	线路板	9
	发电机	8

（续表）

子　分　类	专利数量
Light-emitting Diode Module	29
Plurality of LEDs	21
Control Unit	18
Lighting Fixture	15
Heat Radiation	13
White Light	12
AC Power Source	9
Wireless Control	8

（2）Light Source

　　全球灯丝LED设备技术的专利主要集中在LED灯泡、Light Source、柔性LED、LED球泡灯、发光二极管、LED灯丝灯研究，见图4-7。

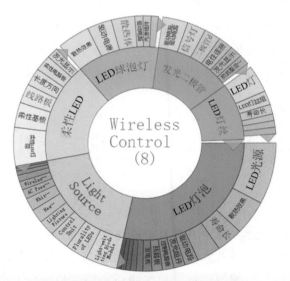

图4-7　近年全球灯丝LED设备专利主要技术点

全球灯丝LED设备专利主要技术来源国和地区分析

　　将检索结果按照专利权人国籍和地区统计分析结果如图4-8所示，发现一

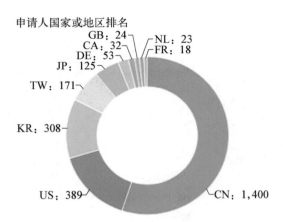

申请人国家或地区排名

图4-8　灯丝LED设备专利主要技术来源国或地区分析

共3 490件专利。我们发现灯丝LED设备专利申请主要集中在中国、美国、韩国、中国台湾、日本、荷兰、加拿大、德国等。其中中国是该领域内专利申请量最多的国家，达到1 400件，其他如美国、韩国、中国台湾为该领域专利申请量相对较多的国家及地区，日本、荷兰、加拿大、德国、法国等国家及地区专利数量相对较少，说明这些地区是灯丝LED设备的主要应用地区。

各主要技术来源国灯丝LED设备专利特点分析

中国

（1）灯丝LED设备技术专利年度申请趋势

对国家（中国）进行筛选后得到1 400件专利，按照专利优先权年份分析，得到图4-9趋势图。由图中可见，其灯丝LED设备技术的专利申请量从1994年开始的，在2001年至2012年间一直呈上升趋势，其中2009年到2012年间是快速上升期，2012年到达顶峰，申请专利数为331件，之后一直呈现下降趋势。地区侧重在中国本土。

（2）灯丝LED设备专利主要技术点

对公开时间（2014-01-01至2017-12-31）进行筛选后的506件专利，进行

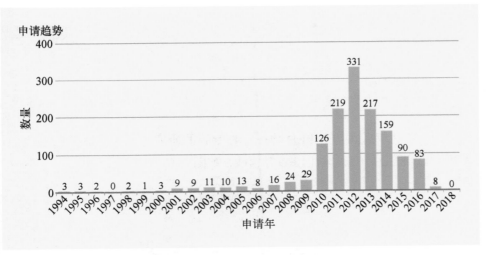

图4-9 专利权人为中国的灯丝LED设备专利年度申请趋势

文本聚类分析,发现中国灯丝LED设备专利研究主要集中在LED灯泡和LED光源两大核心领域,如表4-4所示。

表4-4 中国灯丝LED设备技术两大核心领域(摘录)

	子 分 类	专利数量
(1)LED灯泡	LED光源	46
	散热效果	30
	寿命长	22
	控制电路板	10
	线路板	9
	驱动电路	9
	发光组件	9
	球形灯泡	9
	发电机	8
(2)LED光源	LED灯具	27
	散热体	20
	柔性LED灯	15

251

（续表）

	子　分　类	专利数量
（2）LED光源	透光罩	15
	光源组件	13
	光源柱	13

中国专利权人对灯丝LED设备核心专利的研究主要集中在：LED光源、散热效果、LED灯泡、柔性LED等领域，如图4-10所示。

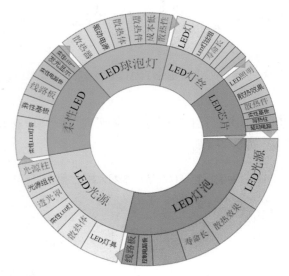

图4-10　技术来源国为中国的灯丝LED设备技术点

美国

（1）灯丝LED设备技术专利年度申请趋势

对国家（美国）进行筛选后得到389件专利，按照专利优先权年份分析，得到图4-11趋势图。由图可见，灯丝LED设备的专利数量从1994年到2014年一直是波动增长的趋势，在2012年达到顶峰，申请专利数量为53件，美国专利权人对灯丝LED设备领域专利的申请积极性不高，整体的申请数量每年都在60件以下，从2014年至今，专利申请数量一直呈下降趋势。地区侧重在美

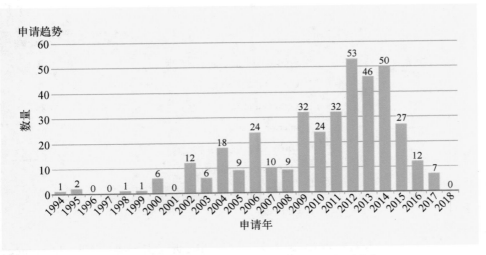

图4-11　专利权人为美国的灯丝LED设备专利年度申请趋势

国本土。

（2）灯丝LED设备专利主要技术点

对公开时间（2014-01-01至2017-12-31）进行筛选后的183件专利，进行文本聚类分析，发现灯丝LED设备专利研究主要集中在Light Source、Circuit两大核心领域。表4-5所示为两大领域的子分类。

表4-5　美国灯丝LED设备技术两大核心领域（摘录）

	子　分　类	专利数量
（1）Light Source	Current	14
	Light Output	12
	Incandescent Light Bulb	12
	Solid State, Lamp Base	11
	Illumination	11
	Module	7
	Visible Light	6
	Wireless Light Bulb	4
	Locomotive Headlamp	3
	BJT, Reverse Recovery Time Period	3

（续表）

子　分　类	专利数量
Printed Circuit Board	10
Current	10
Light Output	8
Interior Volume	6
Driver Circuit	5
Electrically Connecting	5
Second Conductive Features	3
Capacitor	3

（表中"（2）Circuit"为左侧合并单元格标题）

美国专利权人对灯丝LED设备核心专利的研究主要集中在Light Source、Circuit、Lighting System、Flexible LED Light等领域，如图4-12所示。

图4-12　技术来源国为美国的灯丝LED设备技术点

韩国

（1）灯丝LED设备技术专利年度申请趋势

对国家（韩国）进行筛选后得到308件专利，按照专利优先权年份分析，

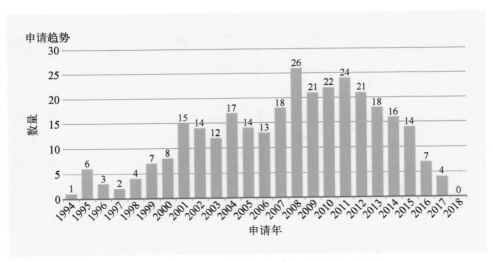

图4-13　专利权人为韩国的灯丝LED设备专利年度申请趋势

得到图4-13趋势图。由图可见，韩国在灯丝LED设备专利的申请年份上比较早，是最先研究灯丝LED的国家之一，其专利申请量从1994年到2008年一直呈现波动上升的趋势，2004年到达第一个顶峰（17件），2008年达到第二个顶峰（26件）；2009年到2011年也是一个上升阶段，2011年申请量为24件，之后一直呈现下降趋势。地区侧重在韩国。

（2）灯丝LED设备专利主要技术点

对公开时间（2014-01-01至2017-12-31）进行筛选后的67件专利，进行文本聚类分析，韩国专利权人对灯丝LED设备专利的研究主要集中在Light Source、Light Source两大核心领域。如表4-6所示两大核心领域的子分类。

表4-6　韩国灯丝LED设备技术两大核心领域（摘录）

	子　分　类	专利数量
（1）Light Source	Light Emitting Diode Module, Power Source	7
	Lower Part, Installation	7
	Heat Conduction Sheet	5
	Flexible LED Image Lighting Device	4
	Smart Phone	2
	Manufacturing Apparatus	2

（续表）

子　分　类		专利数量
（2）Heat Radiation	Flexible LED Lighting	7
	Module	5
	Manufacturing	4
	Plurality of LEDs	4
	Terminal Pin	2
	Unit	2

中国台湾

（1）灯丝LED设备技术专利年度申请趋势

对中国台湾所申请的专利进行筛选后得到171件专利，按照专利优先权年份分析，得到图4-14趋势图。可见，中国台湾在灯丝LED设备技术专利的申请从1998年才开始，申请年份较晚；1998年到2012年间呈上升趋势，2004和2005年为第一个顶峰（8件），2012年达到第二个顶峰（32件）；之后呈一直下降趋势。地区侧重在中国台湾和中国大陆。

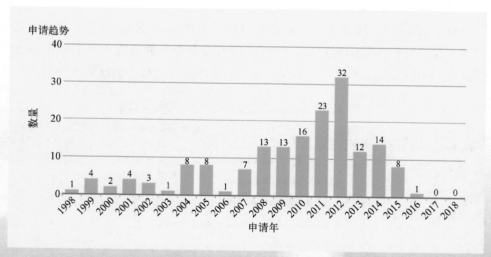

图4-14　专利权人为中国台湾的灯丝LED设备专利年度申请趋势

（2）灯丝LED设备专利主要技术点

对公开时间（2014-01-01至2017-12-31）进行筛选后的152件专利，进行文本聚类分析，发现灯丝LED设备的专利研究主要集中在两大核心领域，表4-7所示为其子分类。

表4-7　中国台湾灯丝LED设备技术两大核心领域（摘录）

	子　分　类	专利数量
（1）发光二极体	LED灯泡	18
	发光二极体灯具	13
	发光模组	12
	光反射	12
	系设置	11
	元件系	9
	散热件	7
	极体灯管	5
	导热层	4
	控制电路	4
	发光二极体晶片	4
（2）发光二极管	发光元件	10
	发光源	9
	电源连接	8
	连接部	6
	散热基板	5
	电路板	5
	发光二极管光源模块	4
	散热座	3
	输出端	3

中国台湾专利权人对灯丝LED核心专利的研究主要集中在发光二极体、发光二极管、发光元件、电性连接、LED灯等领域，图4-15所示。

257

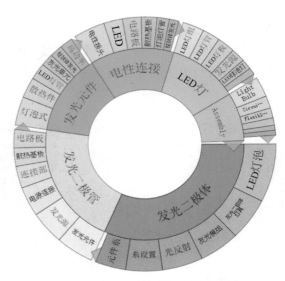

图4-15　技术来源为中国台湾的灯丝LED设备技术点

各主要技术来源国灯丝LED设备专利对比汇总分析

根据灯丝LED设备技术输出国或地区专利申请量的时间分布图分析可知，中国、美国和中国台湾在2012年达到申请高峰，韩国在2008年达到申请高峰。从数量上来讲，中国的专利数量以1 400件位居第一，占据了显著优势，而美国和韩国分别以389、308件位居第二、第三，说明中国和美国、韩国对灯丝LED设备关注度比较高，比较注重基础研究。汇总全球及主要技术来源国或地区的技术点（如表4-8所示）发现，LED灯泡、Light Source两部分是灯丝LED设备技术的共性。

表4-8　全球及各主要技术来源国或地区灯丝LED设备技术点对比

地　域	专 利 聚 类 技 术 点
全　球	LED灯泡、Light Source、柔性LED、LED球泡灯、发光二极管、LED灯丝灯
中　国	LED光源、散热效果、LED灯泡、柔性LED
美　国	Light Source、Circuit、Lighting System、Flexible LED Light
韩　国	Light Source、Light Source
中国台湾	发光二极体、发光二极管、发光元件、电性连接、LED灯

灯丝LED设备全球
专利竞争者态势分析

灯丝LED设备全球专利竞争者态势分析

　　对搜索得到的3 490件灯丝LED设备专利的专利权人机构进行统计分析，得到世界各大机构的3D专利地图。在世界范围内，Switch Bulb以42件排首位，GE Lighting Solutions以22件排第二，中山市科顺分析测试技术有限公司排第三。

　　通过3D地图4-16分析该领域各竞争者的技术差距情况。

　　Osram和3M这两家公司的专利数量相对来说较少，但存在高价值专利，说明这两家公司在灯丝LED设备领域有强大的综合实力，但关注比较少，在该领域缺乏专利数量。

　　Switch Bulb，GE Lighting Solutions和中山市科顺分析测试技术有限公司的专利数量排名前三，但没有高价值专利，说明这三大公司在灯丝LED设备领域有强大的综合实力，但缺乏先进的专利技术。

　　其他如福建省万邦光电科技有限公司、中科院长春光学精密机械与物理研究所和三菱电机照明株式会社，在灯丝LED设备领域缺乏强大的综合实力和先进的专利技术，在该领域内处于竞争劣势。

亚洲

　　亚洲发明专利机构总共有2 200件灯丝LED设备专利，其中中山市科顺分

259

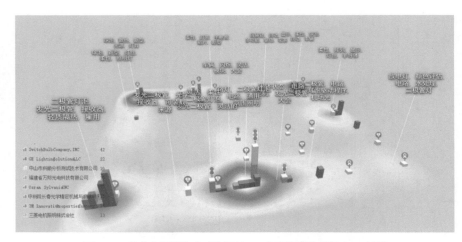

图4-16　技术来源国为全球的灯丝LED生产设备专利权人3D地图

析测试技术有限公司和福建省万邦光电科技有限公司均拥有16件专利，是所有专利权人申请专利数量最多的公司。而排名第二的中科院长春光学精密机械与物理研究所拥有专利数量15件。以上三家专利权人申请的专利总数占据亚洲机构申请量的2.13%，见图4-17所示。

　　科顺分析测试技术有限公司和万邦光电科技有限公司虽然拥有相对最多的专利数量，但是和总体专利数量相比还是很少的，这说明亚洲各国对于该领

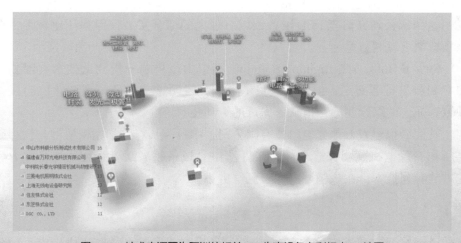

图4-17　技术来源国为亚洲的灯丝LED生产设备专利权人3D地图

域的重视程度不够，且专利比较散乱地分布在不同的专利权人手中，竞争力普遍较弱。

美洲

美洲专利发明机构一共有759件灯丝LED设备专利，其中绝大多数为美国专利权人所拥有。Switch Bulb Company, INC在该领域拥有专利34件，占美洲申请总数的4.5%。Terralux, INC拥有专利9件，占美洲申请总数的1.2%，排名第二。3M Innovative Properties Company、Advanced Optoelectronic technology, INC、Cirrus Logic, INC、GE Lighting Solutions, LLC并列排名为第三名，所拥有专利7件，占美洲申请总数的0.9%。如图4-18所示。

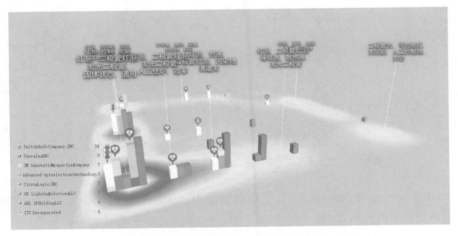

图4-18　技术来源国为美洲的灯丝LED生产设备专利权人3D地图

Switch Bulb Company, INC申请专利数量最多，但没有高价值专利，说明该公司对LED设备领域关注足够，但在该领域缺乏先进的专利技术。

Terralux, INC申请专利数量相比Switch Bulb少很多，但拥有高价值专利，说明该公司对LED设备领域关注不足，但在该领域拥有先进的专利技术。

而其他公司如Cirrus Logic，GE Lighting Solutions，ABL IP Holding和ITC Incorporated拥有专利数量少且无高价值专利，说明其竞争力普遍偏弱。

欧洲

欧洲专利发明机构一共有310件灯丝LED设备相关专利，其中GE Lighting Solutions, LLC和Osram Sylvania INC以专利数量7件并列第一，占据欧洲申请总数的2.3%。排名第二的是S. C. Johnson & Son, INC为5件，占欧洲申请总数的1.6%。而Intematix Corporation则以4件专利位居第三，占欧洲申请总数的1.3%。3D专利图如图4-19所示。

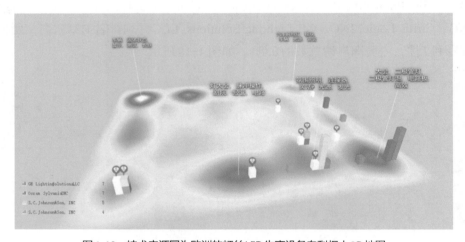

图4-19　技术来源国为欧洲的灯丝LED生产设备专利权人3D地图

GE Lighting Solutions, LLC申请数量最多，但均没有高价值专利，说明该公司对灯丝LED设备领域关注足够，但是在该领域缺乏先进的专利技术。

Osram Sylvania INC申请数量也是最多，且拥有高价值专利，说明该公司对LED设备领域关注不够，但在该领域拥有先进的专利技术。

其他公司如S. C. Johnson & Son、Intematix Corporation拥有专利数量少且无高价值专利，说明其竞争力普遍偏弱。

中国灯丝LED设备专利竞争者态势分析

我国专利发明机构一共有1 401件灯丝LED设备相关专利，其中中山市科顺分析测试技术有限公司和福建省万邦光电科技有限公司以16件并列排名第一，位列第二和第三的是中科院长春光学精密机械与物理研究所（15件）、上海无线电设备研究所（10件）。这三位专利权人申请专利数共占据中国专利权人申请总数的4.1%。3D专利图如图4-20所示。

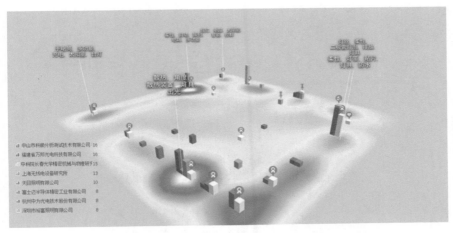

图4-20　技术来源国为中国的灯丝LED生产设备专利权人3D地图

　　中山市科顺分析测试技术有限公司和福建省万邦光电科技有限公司虽然拥有相对最多的专利数量，但是和总体专利数量相比还是很少的，这说明中国对于该领域的重视程度不够，且专利比较散乱地分布在不同的专利权人手中，竞争力普遍偏弱。

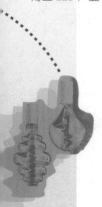

全球灯丝LED生产设备专利分析

全球灯丝LED生产设备专利现状

全球灯丝LED生产设备专利总量

截至2017年12月31日，通过智慧牙专利分析软件，检索专利范围包括中国、美国、世界知识产权组织、韩国、日本在内的70多个国家或地区，共检索到全球的有关灯丝LED设备领域相关专利申请1 096件，见图4-21。

#	公开(公告)号	申请号	标题	申请(专利权)人	法律状态/事件
1	US4882565	US07/163387	后视镜的信息显示	DONNELLY CORPORATION	期限届满
2	US6965205	US10/245786	发光二极管的基础产品	COLOR KINETICS INCORPORATED	期限届满
3	US4675575	US06/630422	发光二极管组件和系统因此	E & G ENTERPRISES	未缴年费
4	US6150771	US08/873030	常规的交通信号冲突显示器和发光二极管取代传统的白炽灯泡，在信号之间的接口电路	PRECISION SOLAR CONTROLS INC.	未缴年费
5	US7161313	US11/106381	发光二极管的基础产品	COLOR KINETICS INCORPORATED	期限届满
6	US7086756	US10/915278	以电子方式使用的照明元素激活发光的轻元素和制造方法	LIGHTING SCIENCE GROUP CORPORATION	授权
7	US20030137258A1	US10/245786	发光二极管的基础产品	PIEPGRAS COLIN MUELLER GEORGE G. LYS IHOR A. +2	期限届满
8	US7396142	US11/343450	LED 灯泡	FIVE STAR IMPORT GROUP, L.L.C.	未缴年费
9	US6742907	US10/431541	照明装置及使用它的显示装置	SEIKO EPSON CORPORATION	授权
10	US7021797	US10/461557	重新定位和重新分配的 LED 灯的光学装置	LIGHT PRESCRIPTIONS INNOVATORS, LLC	授权
11	US20020043943A1	US09/849027	LED 阵列主显示器光源采用动态切换旁路电路	MENZER RANDY L.	放弃

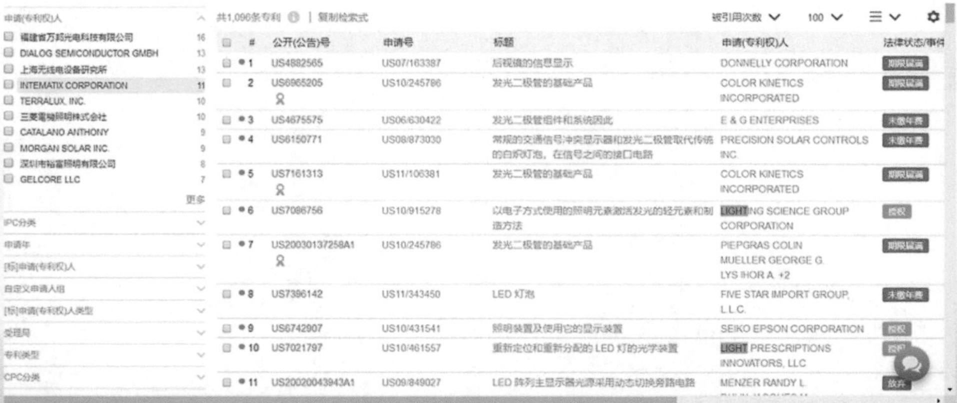

图4-21　全球灯丝LED生产设备专利总量

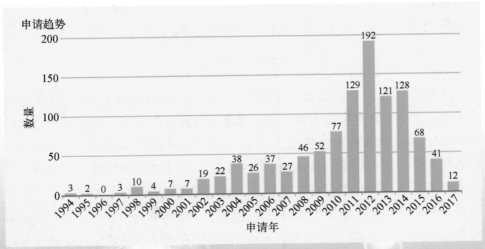

图4-22 全球灯丝LED生产设备失效专利总量

将1 096件检索结果进行专利失效分析，筛选出检索结果中的失效专利，可见相当一部分灯丝LED设备相关专利已经失效，见图4-22。

全球灯丝LED生产设备专利申请年度趋势

将1 096件检索专利按照专利优先权年份统计得到图4-23和图4-24。

由图4-23可见，灯丝LED生产设备专利申请从1994年开始，从1994年到2012年一直呈上升趋势，其中2004年达到一个小顶峰，申请数量为38件，2012

图4-23 全球灯丝LED生产设备专利申请年度趋势柱状图

265

LED

LIGHT EMITTING DIODE

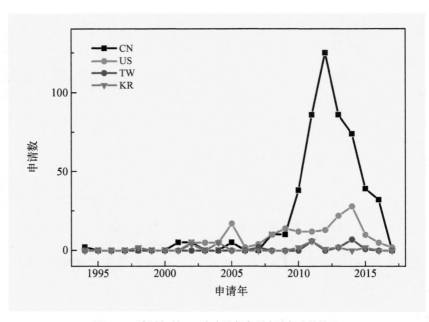

图4-24　全球灯丝LED生产设备专利申请年度趋势图

年达到顶峰，申请数量为192件，在2004年至2012年间属于波动上升期；2012年后整体呈下降趋势，其中2014年比2013年多7件专利申请数。2017年的专利申请因为有部分还处于审查过程中尚未公开，因此2017年的数据不纳入分析范围内。

　　而从图4-24也可以看出，中国在灯丝LED生产设备领域在2009年后一直处于领先水平，美国位居其后，韩国和中国台湾排在第三、第四。

全球灯丝LED生产设备专利主要专利权人

　　主要专利权人分布图如图4-25所示，在灯丝LED生产设备1 096件专利申请中，其中前四名分别为福建省万邦光电科技有限公司（16件）、DIALOG SEMICONDUCTOR GMBH和上海无线电设备研究所（13件）、INTEMATIX CORPORATION（11件）、TERRALUX INC.和三菱电机照明株式会社（10件），一共拥有灯丝LED生产设备专利73件，占世界专利申请总数的6.7%。其中来自中国的福建省万邦光电科技有限公司拥有专利申请数16件，占世界专利申请总数的1.5%；DIALOG SEMICONDUCTOR GMBH和上海无线电设备研究所并列第二，各拥有专利申请数13件，占世界专利申请总数的1.2%；INTEMATIX

申请人排名

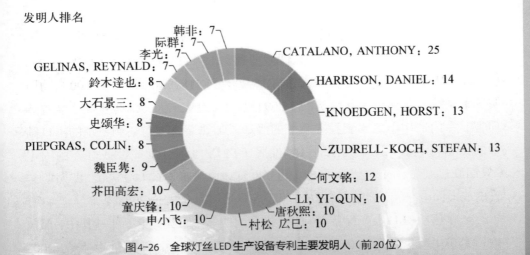

图4-25 灯丝LED生产设备主要专利权人

CORPORATION拥有专利申请数11件，占世界专利申请总数的1%；TERRALUX INC.和三菱电机照明株式会社并列第四，各拥有专利申请数10件，占世界专利申请总数的0.9%。排名前10位的还有：CATALANO ANTHONY、MORGAN SOLAR INC.、深圳市裕富照明有限公司、GELCORE LLC。

全球灯丝LED生产设备专利主要发明人

对1 096件检索结果进行分析，排名前20位的人员构成如图4-26所示。

发明人排名

图4-26 全球灯丝LED生产设备专利主要发明人（前20位）

通过对排名前10位的发明人的1 096件专利进行列表分析，我们得到主要发明人所属的公司主要集中在 TERRALUX, INC、DIALOG SEMICONDUCTOR GMBH、福建省万邦光电科技有限公司这三个专利权人。从表4-9我们可以看出前10位发明人中前两名来自 TERRALUX, INC，说明其在灯丝 LED 生产设备领域占了绝对的领先地位。

表4-9　全球灯丝 LED 生产设备专利前十名发明人信息表

序号	发 明 人	专利数	所 属 公 司
1	CATALANO, ANTHONY	25	TERRALUX, INC.
2	HARRISON, DANIEL	14	TERRALUX, INC.
3	KNOEDGEN, HORST	13	DIALOG SEMICONDUCTOR GMBH
4	ZUDRELL-KOCH, STEFAN	13	DIALOG SEMICONDUCTOR GMBH
5	何文铭	12	福建省万邦光电科技有限公司
6	LI, YI-QUN	10	INTEMATIX CORPORATION
7	唐秋熙	10	福建省万邦光电科技有限公司
8	村松 广已	10	三菱電機照明株式会社
9	申小飞	10	福建省万邦光电科技有限公司
10	童庆锋	10	福建省万邦光电科技有限公司

全球灯丝 LED 生产设备专利技术领域分布

对1 096件检索结果进行IPC分类号分析，具体分布如图4-27所示。

其中377件属于F21Y101/02，即微型光源，例如发光二极管（LED）；253件属于F21S2/00，即不包含在大组 F21S4/00 至 F21S10/00 或 F21S19/00 中的照明装置系统，例如模块化结构的；209件属于F21V29/00，即防止照明装置热损害；专门适用于照明装置或系统的冷却或加热装置（与空调系统的出口结合的照明灯具入 F24F13/078）；164件属于F21V19/00，即光源或灯架的固定（只用联接装置固定电光源入 H01R33/00）；129件属于F21V23/00，即照明装置内或上面电路元件的布置（防止照明装置热损害入F21V29/00）。

全球灯丝 LED 生产设备专利IPC排名前四名主要集中在F部。其中F部包括F21Y101/02、F21S2/00、F21V29/00和F21V19/00，专利数量总和为1 003

IPC分类排名

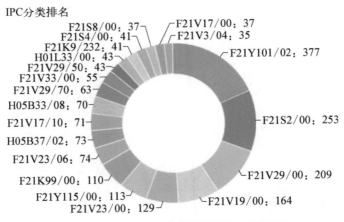

图4-27　全球灯丝LED生产设备专利IPC分类号图

件，占全球生产设备专利总数的91.5%。

中国灯丝LED生产设备专利总量

　　如图4-28所示，截至2017年12月31日，各国在中国灯丝LED生产设备的专利申请总量为555件。

图4-28　中国灯丝LED生产设备专利总量

中国灯丝LED生产设备专利申请年度趋势

　　将555件检索结果按照专利优先权年度统计，得到趋势图如图4-29所示。

LED　LIGHT EMITTING DIODE

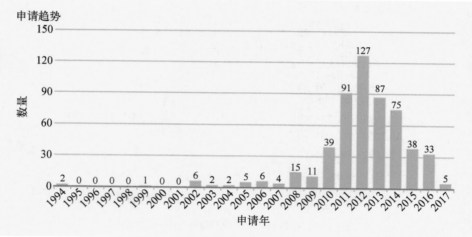

图4-29　灯丝LED生产设备专利年度申请趋势柱状图

从灯丝LED生产设备整体技术领域中国专利的逐年分布情况来看，1994年开始有相关专利申请，但是数量极少；到2002年至2012年期间，一直呈波动上升的趋势，其中2009到2012年为快速增长期；2012年达到顶峰，专利申请数量为127件，之后一直呈现下降趋势。

中国灯丝LED生产设备专利主要专利权人

对555件在中国申请的灯丝LED生产设备专利进行分析，其中前10名的专利权人如表4-10所示。

表4-10　在中国申请专利权人前10名信息表

申请(专利权)人	专 利 数	所 属 国 家
福建省万邦光电科技有限公司	16	中国
上海无线电设备研究所	13	中国
深圳市裕富照明有限公司	8	中国
木林森股份有限公司	6	中国
杭州中为光电技术股份有限公司	6	中国
上海本星电子科技有限公司	5	中国

（续表）

申请（专利权）人	专 利 数	所 属 国 家
中山市科顺分析测试技术有限公司	5	中国
宁波海奈特照明科技有限公司	5	中国
浙江英特来光电科技有限公司	5	中国
中安重工自动化装备有限公司	4	中国

从表4-10可知，在中国申请灯丝LED生产设备方面，专利申请数量前3名的专利权人分别是福建省万邦光电科技有限公司、上海无线电设备研究所和深圳市裕富照明有限公司，分别为16、13、8件。说明这三个公司或研究所非常重视灯丝LED生产设备在中国未来的应用市场。而排名第四的为木林森股份有限公司和杭州中为光电技术股份有限公司，它们在中国的专利申请量为6件。从前10名的专利权人分布来看，全部是中国公司或研究所，充分显示了中国在灯丝LED生产设备领域的重视程度。

中国灯丝LED生产设备专利主要发明人

对555件中国灯丝LED生产设备专利进行发明人分析，前20位的人员构成如图4-30所示。

从图4-30可以看出在灯丝LED生产设备领域，在中国申请灯丝LED生产

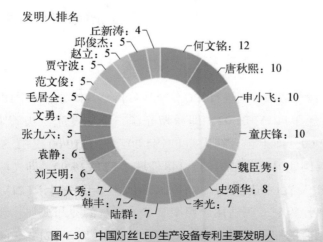

图4-30 中国灯丝LED生产设备专利主要发明人

271

设备专利数量最多的发明人为何文铭，他以专利申请数12件位居第一名，其专利发明量在前20名专利申请总量的百分比为8.9%；而靠后的则为唐秋熙、申小飞、童庆锋，这三人的专利申请量都为10件，占前20名专利申请总量的百分比为7.24%。在前十名发明人中全为中国人。

从表4-11中也可以看出在中国申请专利的发明人中有四位属于福建省万邦光电科技有限公司，有三位属于上海无线电设备研究所，两位属于深圳市裕富照明有限公司，最后一位属于德清新明辉电光源有限公司。

表4-11　中国灯丝LED生产设备专利前10名发明人信息表

发　明　人	专　利　数	所　属　公　司
何文铭	12	福建省万邦光电科技有限公司
唐秋熙	10	福建省万邦光电科技有限公司
申小飞	10	福建省万邦光电科技有限公司
童庆锋	10	福建省万邦光电科技有限公司
魏臣隽	9	上海无线电设备研究所
史颂华	8	上海无线电设备研究所
李　光	7	深圳市裕富照明有限公司
陆　群	7	深圳市裕富照明有限公司
韩　非	7	上海无线电设备研究所
马人秀	7	德清新明辉电光源有限公司

中国灯丝LED生产设备专利技术领域分布

对555件检索结果专利进行IPC分类号分析，具体分布如下图4-31所示。

其中323属于F21Y101/02，即微型光源，例如发光二极管（LED）；213件属于F21S2/00，即不包含在大组F21S4/00至F21S10/00或F21S19/00中的照明装置系统，例如模块化结构的；148件属于F21V19/00，即光源或灯架的固定（只用联接装置固定电光源入H01R33/00）；143件属于F21V29/00，即防止照明装置热损害；专门适用于照明装置或系统的冷却或加热装置（与空调系统的出口结合的照明灯具入F24F13/078）；96件属于F21V23/00，即照明装

IPC分类排名

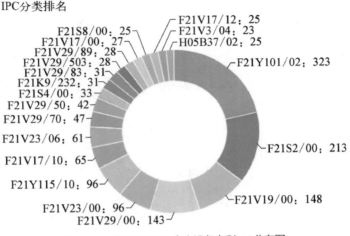

F21V17/12：25
F21V3/04：23
F21S8/00：25
H05B37/02：25
F21V17/00：27
F21V29/89：28
F21V29/503：28
F21V29/83：31
F21K9/232：31
F21S4/00：33
F21V29/50：42
F21V29/70：47
F21V23/06：61
F21V17/10：65
F21Y115/10：96
F21V23/00：96
F21V29/00：143
F21Y101/02：323
F21S2/00：213
F21V19/00：148

图4-31　中国灯丝LED生产设备专利IPC分布图

置内或上面电路元件的布置（防止照明装置热损害入F21V29/00）；96件属于
F21Y115/10，即发光二极管（LED）。

　　中国灯丝LED生产设备专利IPC分类号前四名的主要集中在F部，其
中F部包括F21Y101/02、F21S2/00、F21V19/00、F21V29/00，专利数量超过
827件。

全球灯丝LED生产设备专利全球专利分析

全球灯丝LED生产设备专利申请热点国家及地区（组织）

　　图4-32为灯丝LED生产设备专利申请热点国家及地区（组织）分布。我
们发现灯丝LED生产设备的专利主要集中在中国、美国、世界知识产权组织、
欧洲、韩国。其他国家如日本、加拿大等也有专利申请，但是数量相对较少。
图4-32中，中国是该领域内专利申请最多的国家，达到555件，其他国家或地
区如美国、韩国、欧洲在该领域的专利申请量相对较多，日本、加拿大、中国
台湾、英国、澳大利亚等国家或地区专利数量相对较少，说明这些地区是灯丝
LED生产设备的主要应用国家。

LED

LIGHT EMITTING DIODE

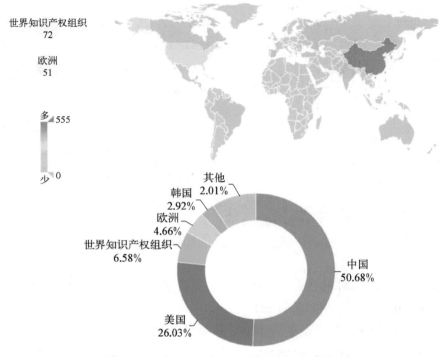

图 4-32　全球灯丝 LED 生产设备专利申请热点国家

近年全球灯丝 LED 生产设备主要专利技术点

　　对公开时间（2014-01-01 至 2017-12-31）进行筛选后的 1 095 件专利，去重后得到 409 件专利，然后将这 409 件专利按照文本聚类分析，发现灯丝 LED 生产设备技术的专利研究主要集中在 LED 灯泡和 LED 球泡灯两大核心领域。表 4-12 位各技术核心领域的子分类。

表 4-12　全球灯丝 LED 生产设备两大核心领域（摘录）

	子　　分　　类	专利数量
（1）LED 灯泡	LED 光源	19
	散热器	11
	LED 灯具	6
	发光组件	6

（续表）

子 分 类		专利数量
（1）LED 灯泡	电连接	6
	LED 球灯泡	4
	手电筒	4
	连接件	4
（2）LED 球泡灯	驱动电源	12
	光源板	11
	LED 照明	11
	LED 组件	10
	成本低	10
	效率高	8

全球灯丝 LED 生产设备核心专利主要集中在 LED 灯泡、LED 球泡灯、柔性 LED、Light Source、LED 芯片、LED 灯丝等研究领域，如图 4-33 所示。

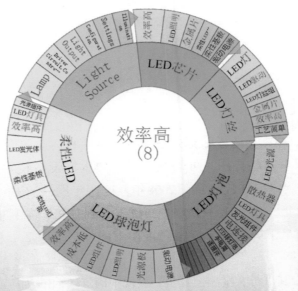

图4-33　全球灯丝LED生产设备专利主要技术点

LED

LIGHT EMITTING DIODE

275

灯丝LED生产设备专利主要技术来源国或地区分析

对检索结果按照专利权人国籍或地区统计分析，如图4-34所示，灯丝LED生产设备的发明专利主要来自中国、美国、韩国、中国台湾等，说明来自这几个国家或地区的专利权人（发明人所在企业或研究机构）主导了该领域的专利申请量。

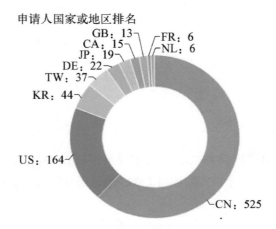

申请人国家或地区排名

GB：13　　FR：6
CA：15　　NL：6
JP：19
DE：22
TW：37
KR：44
US：164
CN：525

图4-34　灯丝LED生产设备专利主要技术来源国或地区分析

各主要技术来源国灯丝LED生产设备专利特点分析

（1）中国

对国家（中国）进行筛选后得到525件专利，按照专利优先权年份统计，得到图4-35趋势图。可见其灯丝LED生产设备技术的专利申请数量在1994年开始有2件，一直到2008年，这些年间一直是波动变化趋势，2008年到2012年一直呈上升趋势，2012年达到顶峰，专利申请数量为125件；之后一直呈下降趋势，地区侧重在中国本土，少量专利申请在美国、欧洲。

对525件专利进行文本聚类分析，发现中国灯丝LED生产设备专利研究主要集中在LED灯泡和LED光源两大核心领域。

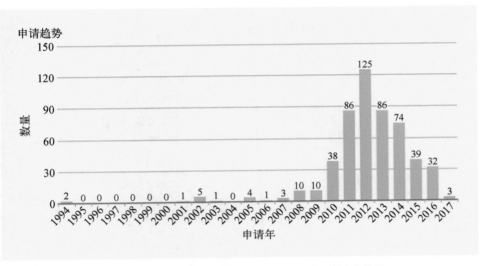

图4-35　专利权人为中国的灯丝LED生产设备专利年度趋势图

表4-13　中国灯丝LED生产设备专利技术两大核心领域（摘录）

	子　分　类	专利数量
（1）LED灯泡	LED光源	46
	发光体	27
	LED芯片	22
	散热片	13
	线路板	12
	控制电路板	7
（2）LED光源	LED照明	44
	LED芯片	32
	LED灯具	28
	连接件	21
	驱动电源	20
	柔性LED灯	19

　　中国专利权人对灯丝LED生产设备核心专利的研究主要集中在LED灯泡、LED
光源、LED球泡灯、柔性LED、LED灯珠、发光二极管等领域，如图4-36所示。

277

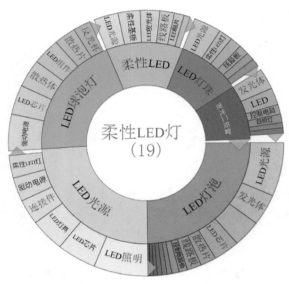

图4-36　技术来源国为中国的灯丝LED生产设备技术点

（2）美国

　　对国家（美国）进行筛选后得到164件专利，按照专利优先权年份统计，得到图4-37趋势图。可见其灯丝LED生产设备技术的专利申请数量在2001

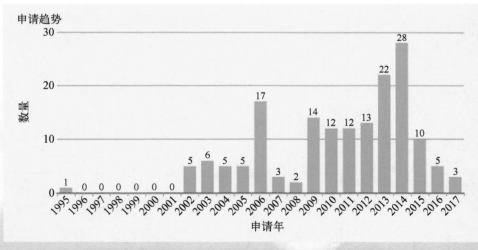

图4-37　专利权人为美国的灯丝LED生产设备专利年度趋势图

年前比较少，只有1995年开始申请的1件，从2002年开始一直呈波动上升趋势，其中2006年达到第一个顶峰，专利申请数量为17件，2014年达到第二个顶峰，专利申请数量为28件，之后一直呈现下降趋势。地区侧重在美国本土、世界知识产权组织，少量的专利申请在欧洲等地。

对164件专利进行文本聚类分析，发现灯丝LED生产设备专利研究主要集中在LED Source、Light Output两大核心领域。

表4-14　美国灯丝LED生产设备专利技术两大核心领域（摘录）

	子　分　类	专利数量
（1）LED Source	White LEDs, Emission, Visible Light	20
	Present	13
	Illuminating Systems	11
	Wavelength	11
	Blue Phosphors, Blue LEDs	7
	Plurality of LEDs	7
（2）Light Output	Incandescent Lights	14
	White LEDs, Visible Light	13
	Blue Phosphors, Blue LEDs	7
	Light Bulb Assembly	5
	Plurality of LEDs	5
	Transfer Section	3

美国专利权人对灯丝LED生产设备核心专利的研究主要集中在LED Source、Light Output、Lighting System、Flexible LED Light、Illumination Device等方面，如图4-38所示。

（3）韩国

对国家（韩国）进行筛选后得到44件专利，按照专利优先权年份统计，得到图4-39趋势图。可见其灯丝LED生产设备技术的专利申请数量是从1998年开始的，韩国整体在灯丝LED生产设备技术专利申请数量不高，最多的年份为2014年，仅仅6件，之后呈下降趋势，到2016年只有1件专利申请，地区侧重在韩国本土。

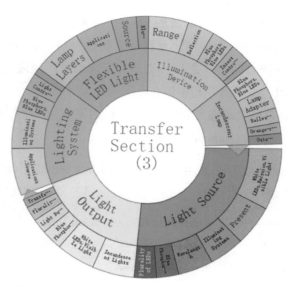

图4-38　技术来源国为美国的灯丝LED生产设备技术点

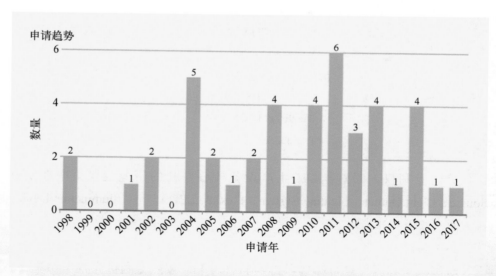

图4-39　专利权人为韩国的灯丝LED生产设备专利年度趋势图

对44件专利进行文本聚类分析，发现灯丝LED生产设备专利研究主要集中在Lighting Apparatus、Electric Lamp两大核心领域。

表4-15 韩国灯丝LED生产设备专利技术两大核心领域（摘录）

	子 分 类	专利数量
（1）Lighting Apparatus	Bulb Sockets	6
	Particular Direction	5
	Module	5
	Irradiation Angle	4
	Inclinedly, Reflector	3
	Cluster Beam Deposition Apparatus	2
	Light Emitting Diode Lamp Device	2
	Heat	2
（2）Electric Lamp	Particular Direction, Switch	6
	Effect	5
	Incandescent Lamp	4
	Light Source	4
	Lamp Jig for Testing	2
	Chip	2

韩国专利权人对灯丝LED生产设备核心专利的研究主要集中在Lighting Apparatus、Electric Lamp、Heat Radiation、Plurality of Light、Power Source、Housing等方面，如图4-40所示。

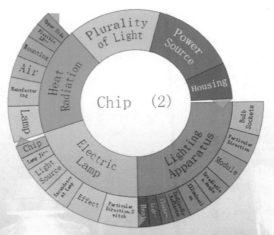

图4-40 技术来源国为韩国的灯丝LED生产设备技术点

LED

LIGHT EMITTING DIODE

（3）中国台湾

对中国台湾进行筛选后得到37件专利，按照专利优先权年份统计，得到图4-41趋势图。可见其灯丝LED生产设备技术的专利申请数量从1999年开始，说明中国台湾对灯丝LED生产设备技术专利重视度不够；中国台湾整体在灯丝LED生产设备技术专利申请数量不多，最多的年份为2011年、2012年和2014年，只有7件，之后呈下降趋势，到2016年没有专利申请，地区侧重在中国大陆和台湾，少量专利申请在美国和欧洲。

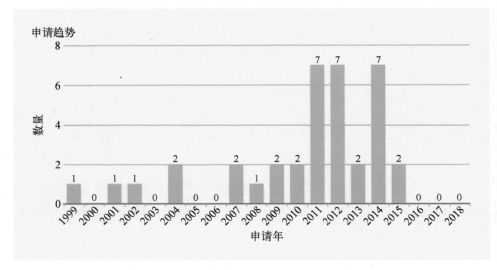

图4-41　专利权人为中国台湾的灯丝LED生产设备专利年度趋势图

对37件专利进行文本聚类分析，发现灯丝LED生产设备专利研究主要侧重在LED灯泡、发光二极体核心领域。

表4-16　中国台湾灯丝LED生产设备专利技术核心领域（摘录）

子　分　类	专　利　数　量
LED灯泡	10
发光二极体	10
Light Source	6
发光二极管	6

（续表）

子 分 类	专 利 数 量
灯罩体	5
Circuit Board	4

中国台湾专利权人对灯丝 LED 生产设备核心专利的研究主要集中在 LED 灯泡、发光二极体、Light Source、发光二极管、灯罩体、Circuit Board 等领域，如图 4-42 所示。

图 4-42　技术来源为中国台湾的灯丝 LED 生产设备专利技术点

灯丝 LED 生产设备全球专利竞争者态势分析

将检索所得的 1 095 件灯丝 LED 专利文献的专利权人机构统计分析，得到世界各大机构的 3D 专利地图。在世界范围内，Terralux INC 以 19 件排首位，占全球专利申请总数的 1.7%，而福建省万邦光电科技有限公司拥有 16 件排在第二位。

通过 3D 专利地图图 4-43 分析该领域的各竞争者差距情况。

Terralux 公司拥有最多的专利数量，同时具有高价值专利，说明该公司在灯丝 LED 设备领域关注较多，有强大的综合实力，具有较大的竞争优势。

万邦光电科技有限公司，Dialog Semiconductor，上海无线电设备研究所

LED

LIGHT EMITTING DIODE

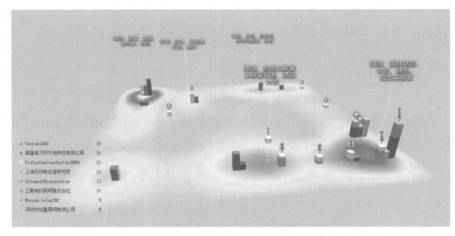

TerraluINC	19
福建省万邦光电科技有限公司	16
DialogSemiconductor GMBH	13
上海无线电设备研究所	13
IntematiCorporation	11
三菱电机照明株式会社	10
Morgan SolarINC	9
深圳市裕富照明有限公司	8

图4-43　技术来源国为全球的灯丝LED生产设备专利权人3D地图

虽然在该领域拥有较多的专利，但均无高价值专利，说明这三个公司在该领域内缺乏先进的专利技术。

　　Intematix和Morgan Solar在该领域内专利数量相对较少，但拥有高价值专利，说明这两个公司拥有较高的专利技术，但对灯丝LED生产设备领域关注较少。

　　其他的公司如上海无线电设备研究所，三菱电机照明株式会社和深圳市裕富照明有限公司在该领域内缺乏强大的综合实力和先进的专利技术，说明在该领域处于竞争劣势。

亚洲

　　亚洲专利发明机构总共有638件灯丝LED生产设备专利，其中福建省万邦光电科技有限公司拥有16件，是所有专利权人申请专利数量最多的公司。排名第二的是上海无线电设备研究所，其申请量为12件。排名第三的是三菱电机照明株式会社拥有10件。以上三家专利权人申请的专利总数占据亚洲专利机构申请总量的6%。

　　万邦光电科技有限公司和上海无线电设备研究所虽然在该领域拥有较多的专利，但均无高价值专利，大部分专利为结构些许改进对行业推动并无大的推动作用其在该领域内缺乏先进的专利技术。

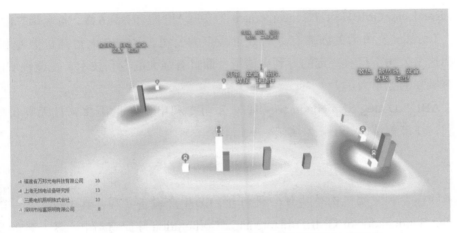

图4-44 技术来源国为亚洲的灯丝LED生产设备专利权人3D地图

三菱电机照明株式会社和深圳市裕富照明有限公司在该领域内缺乏强大的综合实力和先进的专利技术，说明在该领域处于竞争劣势。

美洲

美洲专利发明机构总共有304件灯丝LED生产设备专利，其中绝大多数为美国专利权人所拥有，基本上美国的数量代表美洲的专利数量。Terralux INC在该领域拥有专利18件，占总数的5.9%；ABL IP Holding LLC、Dialog

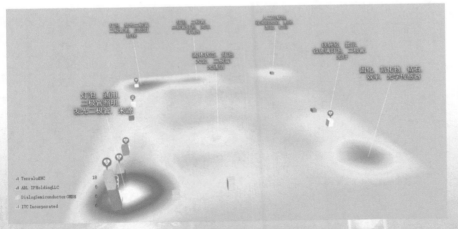

图4-45 技术来源国为美洲的灯丝LED生产设备专利权人3D地图

285

Semiconductor GMBH 和 ITC Incorporated 在该领域则拥有专利6件，排名第二位。

Terralux 公司是美洲拥有专利数量最多的公司，且拥有大量高价值专利，说明这个公司不仅有一定的专利申请量，而且有强大的专利技术，在该领域内具有极强的竞争力。

ABL，Dialog Semiconductor 和 ITC 公司专利申请数量不多，且无高价值专利，在该领域内处于竞争劣势。

欧洲

欧洲专利发明机构总共有67件灯丝 LED 生产设备专利，其中排名第一的 Dialog Semiconductor GMBH 和 Intematix Corporation 各拥有4件，第二名的是 Morgan Solar INC 和 National Institute for Materials Science 专利申请数各为3件，这四家公司占欧洲专利申请总数的21%。3D地图如图4-46所示。

Intematix Corporation 是欧洲拥有专利数量最多的公司，且拥有大量高价值专利，Morgan Solar INC 和 National Institute for Materials Science 拥有第二多的专利申请量，且为高价值专利；说明这三家公司有强大的专利技术，在该领域内具有极强的竞争力。

Dialog Semiconductor GMBH 虽然在该领域拥有较多的专利，但均无高价值专利，说明此公司在该领域内缺乏先进的专利技术。

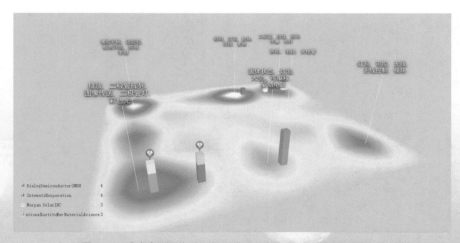

图4-46　技术来源国为欧洲的灯丝 LED 生产设备专利权人 3D 地图

全球灯丝LED检测设备专利分析

全球灯丝LED检测设备专利现状

全球灯丝LED检测设备专利总量

截至2017年12月31日，通过智慧芽专利分析软件，专利检索范围包括中国、美国、英国、日本、韩国、法国、德国、PCT、EPO在内的70多个国家或地区，共检索到全球的灯丝LED有关的检测设备领域相关专利申请704件，如图4-47。

图4-47 全球灯丝LED检测设备专利申请总量截图

将704件检索结果进行专利失效分析，筛选出检索结果中的失效专利，最后得到失效专利311件，可见相当一部分灯丝LED检测设备相关专利已经失效，见图4-48。

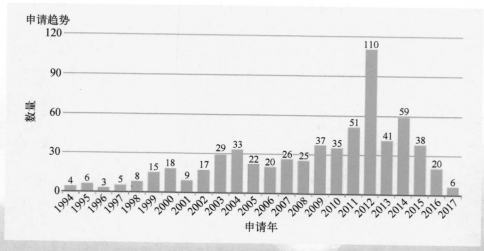

图4-48 灯丝LED检测设备失效专利截图

全球灯丝LED检测设备专利申请年度趋势

将704件检索专利按照专利优先权年份统计得到图4-49和图4-50。

图4-49 灯丝LED检测设备全球专利年度申请趋势柱状图

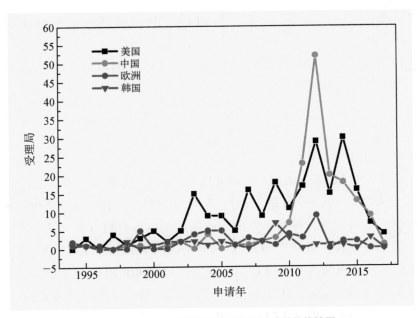

图4-50 灯丝LED检测设备专利年度申请趋势线性图

由图4-49可见，灯丝LED检测设备相关专利在1994年开始申请，从1994年到2004年，专利申请量逐渐递增，在2004年的时候达到一个小高峰，在2004年至2006年之间，专利申请量又有略微的下降，在2007年到2012年之间，灯丝LED检测设备相关专利又开始逐渐增加，在2012年专利申请量达到顶峰，在2013年到2017年，灯丝LED检测设备相关专利又开始逐渐降低。由图中可以看出，灯丝LED检测设备相关专利分别在2004年和2012年达到一个小高峰，说明灯丝LED检测设备在这两年发展较快，申请专利量与临近年份相比较突出。

从年度专利申请总量分析，灯丝LED检测设备技术专利的申请量来看，美国排名第一，其次为中国，再其次为欧洲和韩国。美国呈现波动递增的趋势，在2014年之后，专利申请量逐渐降低；中国灯丝LED检测设备相关专利申请，从1994年到2009年，发展比较缓慢、平稳，在从2010年开始，专利申请量开始递增，在2012年达到顶峰，从2013年到2017年，专利申请量又逐渐降低；欧洲和韩国灯丝LED检测设备专利申请量总体上不是很多，波动起伏较小，整体上来说发展比较平稳。

从申请趋势上分析，灯丝LED检测设备技术专利申请量在2007年之后申

请量总体上比较多，说明在2009年到2014年之间灯丝LED检测设备的研究相对较热门。

从申请国别上分析，灯丝LED检测设备技术专利申请主要倾向于美国、中国、欧洲和韩国等地区。

全球灯丝LED检测设备专利主要专利权人

如图4-51所示，在灯丝LED检测设备704件专利申请中，排名第一的为美国的DIALOG SEMICONDUCTOR GMBH公司，其申请的灯丝LED检测设备专利总数为13件，排名第二的为美国的 SWITCH BULB COMPANY, INC公司，申请专利12件，排名第三的为中国的中山市科顺分析测试技术有限公司，申请专利12件，排名第四到第十的分别为CIRRUS LOGIC, INC（11件）、WIRELESS ENVIRONMENT, LLC（9件）、GELCORE LLC（7件）、QUNANO AB（7件）、VERIVIDE LTD（7件）、上海无线电设备研究所（7件）、3M INNOVATIVE PROPERTIES COMPANY（6件）。从全球灯丝LED检测设备主要专利权人来看，美国的公司为多数，也说明了美国掌握了许多灯丝LED检测设备技术，注重研发和专利的布局。

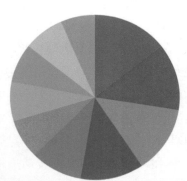

- DIALOG SEMICONDUCTOR GMBH
- SWITCH BULB COMPANY, INC.
- 中山市科顺分析测试技术有限公司
- CIRRUS LOGIC, INC.
- WIRELESS ENVIRONMENT, LLC
- GELCORE LLC
- QUNANO AB
- VERIVIDE LTD
- 上海无线电设备研究所
- 3M INNOVATIVE PROPERTIES COMPANY

图4-51　全球灯丝LED检测设备主要专利权人分布

全球灯丝LED检测设备专利主要发明人

对704件专利检索结果的专利发明人进行分析，其中发明人中排名前10位的人员构成如表4-17表示。

表4-17　全球灯丝LED检测设备专利前10位发明人信息表

序号	发 明 人	专利数	所 属 公 司
1	KNOEDGEN, HORST	13	DIALOG SEMICONDUCTOR GMBH
2	ZUDRELL-KOCH, STEFAN	13	DIALOG SEMICONDUCTOR GMBH
3	文勇	12	中山市科顺分析测试技术有限公司
4	ZANBAGHI, RAMIN	10	CIRRUS LOGIC, INC.
5	HORN, DAVID	8	SWITCH BULB COMPANY, INC.
6	MELANSON, JOHN, L.	8	PHILIPS LIGHTING HOLDING B.V.
7	PIEPGRAS, COLIN	8	COLOR KINETICS INCORPORATED
8	GELINAS, REYNALD	7	GELCORE LLC
9	LEVINE, DAVID B.	7	WIRELESS ENVIRONMENT, LLC
10	MARU, SIDDHARTH	7	CIRRUS LOGIC, INC.

通过对排名前10位的发明人所申请专利进行列表分析，可见主要发明人所属的公司主要集中在DIALOG SEMICONDUCTOR GMBH、中山市科顺分析测试技术有限公司、CIRRUS LOGIC, INC、SWITCH BULB COMPANY, INC、PHILIPS LIGHTING HOLDING B.V这五家公司。在前10位发明人中，其中有两位来自DIALOG SEMICONDUCTOR GMBH公司，另外还有两人来自CIRRUS LOGIC, INC公司，可见这两个公司在灯丝LED检测设备领域处于领先地位。

全球灯丝LED检测设备专利技术领域分布

对704件检索结果进行IPC分类号分析，具体分布如图4-52所示。

其中有117件属于H05B37/02，即属于控制方面；有97件属于H05B33/08，即并非适用于一种特殊应用的电路装置；有86件属于F21Y101/02，即微型光源，例如发光二极管（LED）；有60件属于F21K99/00，即本小类其他各组中不包括的技术主题；有5件属于F21V23/00，即照明装置内或上面电路元件的布置（防止照明装置热损害入F21V29/00）；有41件属于F21V29/00，即防止照明装置热损害；专门适用于照明装置或系统的冷却或加热装置（与空调系统的出口结合的照明灯具入F24F13/078）。

LED

LIGHT EMITTING DIODE

IPC分类排名

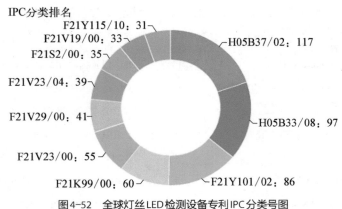

图4-52 全球灯丝LED检测设备专利IPC分类号图

全球灯丝LED检测设备专利IPC排名前4的主要集中在H部、F部。属于F部的IPC专利数量最多，几乎占该领域专利数量的60%；H部IPC专利数量也比较可观，占该领域专利数量的30%以上；剩余的为G部占该领域专利数量的10%左右。

中国灯丝LED检测设备专利总量

如图4-53，截至2017年12月31日，各国在中国灯丝LED检测设备专利申请总量为166件。

图4-53 中国灯丝LED检测设备专利总量

中国灯丝 LED 检测设备专利申请年度趋势

将166件检索结果按照专利优先权年份统计，得到图4-54趋势图。从灯丝 LED 检测设备整体技术领域中国专利的逐年分布情况来看，1994年开始有相关专利申请；在2010年之前，灯丝 LED 检测设备相关专利申请量都小于10件；从1994年到2010年之间，灯丝 LED 检测设备发展较缓慢，专利申请量不多；2011年到2012年这两年专利申请数量相对较多，在2012年专利申请量达到顶峰，说明这两年关于灯丝 LED 检测设备的研究相对较深入，灯丝 LED 检测设备的研发和专利的布局相对较重视；从2013年开始到2017年，专利申请数量开始逐渐降低。

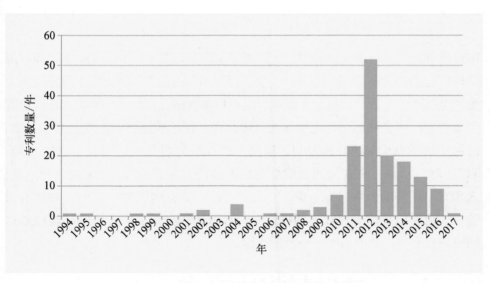

图4-54 中国灯丝 LED 检测设备专利年度申请趋势柱状图

中国灯丝 LED 检测设备专利主要专利权人

对166件在中国申请的灯丝 LED 设备专利的专利权人进行分析，其中排名前10位的专利权人如表4-18所示。

在中国申请灯丝 LED 检测设备方面的专利数前三名专利权人分别是中山

LED

LIGHT EMITTING DIODE

表4-18　在中国申请专利权人信息表

序　号	申请(专利权)人	专利数	所属国家
1	中山市科顺分析测试技术有限公司	12	中国
2	上海无线电设备研究所	7	中国
3	DIALOG半导体有限公司	6	英国
4	杭州中为光电技术股份有限公司	5	中国
5	上海本星电子科技有限公司	4	中国
6	四川新力光源股份有限公司	3	中国
7	江西合利恒陶瓷光电科技有限公司	3	中国
8	深圳职业技术学院	3	中国
9	北京大学	2	中国
10	南通华达微电子集团有限公司	2	中国

市科顺分析测试技术有限公司、上海无线电设备研究所、DIALOG半导体有限公司，它们的专利分别是12件、7件、6件。排名第四到第十的分别为杭州中为光电技术股份有限公司、上海本星电子科技有限公司、四川新力光源股份有限公司、江西合利恒陶瓷光电科技有限公司、深圳职业技术学院、北京大学、南通华达微电子集团有限公司，申请专利数量分别为5件、4件、3件、3件、3件、2件、2件。从在中国申请灯丝LED检测设备相关专利的前10位专利权人来看，国外的公司只有一位，排名第三的来自英国的 DIALOG 半导体有限公司，说明国外的公司在中国申请专利数量还较少，中国市场的灯丝LED检测设备专利仍是被中国本土企业所占据。

中国灯丝LED检测设备专利主要发明人

对166件中国灯丝LED检测设备专利进行发明人分析，发明人排名前20位的人员构成如图4-55所示。可以看出在灯丝LED检测设备领域，在中国申请灯丝LED检测设备专利最多的发明人为文勇，其专利发明量在前20名专利申请总量中占比为22.64%；而靠后的则为李春生和来新泉，这两人的专利发明量在前20名专利申请总量中所占比分别为7.55%和7.55%。而从表4-19中也可以看出，在中国申请专利的发明人有2位属于上海无线电设备研究所，有

发明人排名

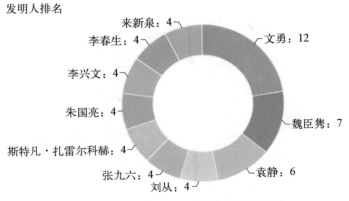

图4-55 中国灯丝LED检测设备专利主要发明人

表4-19 中国灯丝LED检测设备专利前10位发明人信息表

序 号	发 明 人	专利数	所 属 公 司
1	文勇	12	中山市科顺分析测试技术有限公司
2	魏臣隽	7	上海无线电设备研究所
3	袁静	6	上海无线电设备研究所
4	刘从	4	西安吉成光电有限公司
5	张九六	4	杭州中为光电技术股份有限公司
6	斯特凡·扎雷尔科赫	4	DIALOG半导体有限公司
7	朱国亮	4	杭州中为光电技术股份有限公司
8	李兴文	4	上海本星电子科技有限公司
9	李春生	4	杭州中为光电技术股份有限公司
10	来新泉	4	西安吉成光电有限公司

3位属于杭州中为光电技术股份有限公司，还有一位来自英国的DIALOG半导体有限公司公司。

中国灯丝LED检测设备专利技术领域分布

对166件检索结果专利进行IPC分类号分析，具体分布如图4-56所示。

其中51件属于F21Y101/02，即微型光源，例如发光二极管（LED）；29件

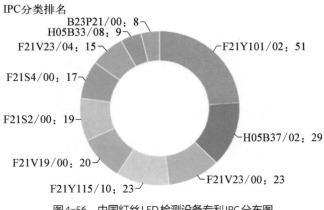

图4-56　中国灯丝LED检测设备专利IPC分布图

属于H05B37/02，即为控制领域；23件属于F21V23/00，即照明装置内或上面电路元件的布置（防止照明装置热损害入F21V29/00）；23件属于F21Y115/10，即发光二极管〔LED〕；20件属于F21V19/00，即光源或灯架的固定（只用联接装置固定电光源入H01R33/00）；19件属于F21S2/00，即不包含在大组F21S4/00至F21S10/00或F21S19/00中的照明装置系统。中国灯丝LED检测设备专利IPC排名前4位的主要集中在F部与H部。属于F部的专利最多，占据主要部分，属于H部和G部的专利数量相对较少。

全球灯丝LED检测设备专利情况分析

全球灯丝LED检测设备专利申请热点国家及地区

图4-57为灯丝LED检测设备专利申请热点国家及地区分布。我们发现灯丝LED检测设备的专利申请主要集中于美国、中国、日本、韩国、英国等。如图4-57所示，美国是该领域内专利申请最多的国家，其他国家如中国、日本、韩国、俄罗斯、英国等专利数量较多，印度、瑞典、智利等国家专利数量相对较少，说明这些地区是灯丝LED检测设备的主要应用国家。

世界知识产权组织
67

欧洲
53

多 249

少 0

图4-57 全球灯丝LED检测设备专利申请热点国家

近年全球灯丝LED检测设备主要专利技术点

对公开时间（204-01-01至2017-12-31）进行筛选后的214件专利，将这214件专利按照文本聚类分析，发现灯丝LED检测设备技术的专利研究主要集中在光源和电路两大核心领域。表4-20所示为两大核心领域的子分类。

表4-20 全球灯丝LED检测设备专利技术两大核心领域（摘录）

	子 分 类	专利数量
	Driver Circuit, Control Unit	13
	Light Output	13
	Power Converter	12
	Module	7
	Heat	6
（1）Light Source	Management	6
	Wireless Light Bulb	5
	Illumination	5
	Switchable Load	4
	Plurality of Light Emitting Diodes	4
	Locomotive Headlamp	3

297

（续表）

	子　分　类	专利数量
（2）Circuit	Configuration of LEDs	12
	Driver Circuit, Control Signal	11
	Power Converter	11
	Capacitor	9
	Lighting Device	8
	Power Stage	7
	Flexible Printed Circuit Board	7
	Ripple	5
	Flexible LED Light Arrays	4

如图4-58可见，全球灯丝LED检测设备技术的专利主要集中于驱动电路、控制部件、光输出、LED装置、电源转换器等研究。

图4-58　近年全球灯丝LED检测设备专利主要技术点

灯丝LED检测设备专利主要技术来源国分析

将检索结果按照专利权人国籍统计分析发现，如图4-59可见灯丝LED检测设备的发明专利主要来自美国、中国、韩国、德国、日本等地，说明来自这

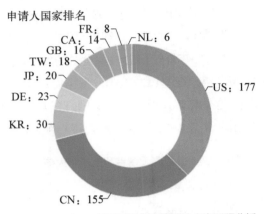

图4-59　灯丝LED检测设备专利主要技术来源国分析

几个国家的专利权人（发明人所在企业或研究机构）占据了该领域专利申请量的主导。美国以117件专利而高居第一位。

各主要技术来源国灯丝LED检测设备专利特点分析

（1）美国

对国家（美国）进行筛选后得到177件专利，按照专利优先权年份统计，得到图4-60趋势图。由图可见：其灯丝LED检测设备技术的专利申请数量在1994

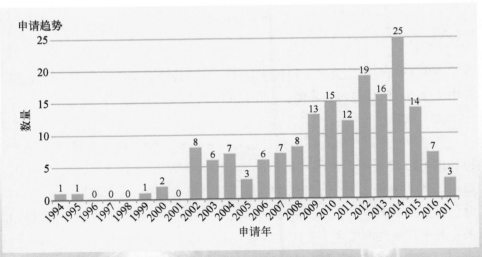

图4-60　专利权人为美国的灯丝LED检测设备专利年度申请趋势图

LED

LIGHT EMITTING DIODE

299

年到2001年之间发展比较缓慢，1996年到1998年之间专利申请数量为0，专利申请数量很少。从2002年到2014年之间，专利申请数量开始逐渐递增，并在2014年达到一个小高峰，说明这几年灯丝LED检测设备的发展比较快，申请专利比较多。从2015年开始到2017年，灯丝LED检测设备相关专利申请量开始逐渐降低。

对177件专利进行文本聚类分析，发现美国灯丝LED检测设备专利研究主要集中在电源和光输出上。表4-21所示为两大核心领域的子分类。

表4-21 美国灯丝LED检测设备专利技术两大核心领域（摘录）

	子 分 类	专利数量
（1）Power Source	Illumination	11
	Wireless Light Bulb	8
	Embodiments of the Present	8
	Visible Light, Applications	7
	Blue Phosphors, White LEDs	4
	Light Engine	2
（2）Light Output	Intensity	13
	White LEDs, Visible Light	12
	Blue Phosphors	8
	Input Voltage	6
	Transfer Section	3
	AC Power	2

由图4-61可见，美国专利权人对灯丝LED检测设备核心专利的研究主要集中于照明、无线电灯、亮度、白光LED、可见光等方向。

（2）中国

对国家（中国）进行筛选后得到155件专利，按照专利优先权年份统计，得到图4-62趋势图。由图可见：灯丝LED检测设备的专利数量从1994年开始申请到2008年之间，专利申请数量基本上都为1件，这个时期灯丝LED检测设备发展比较缓慢。从2009年到2012年，这个时期灯丝LED检测设备相关专利申请量逐渐增多，并在2012年专利申请量达到最多，说明这个时期灯丝LED检测设备快速发展，中国本土企业或科研院所申请专利相对较多。在

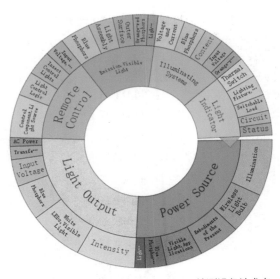

图 4-61　技术来源国为美国的灯丝 LED 检测设备技术点

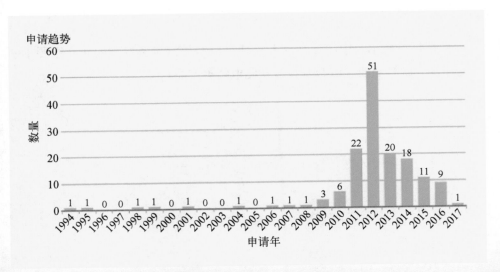

图 4-62　专利权人为中国的灯丝 LED 检测设备专利年度申请趋势图

2013 年到 2017 年之间，灯丝 LED 检测设备专利申请数量又开始下降。

　　对 155 件专利进行文本聚类分析，发现灯丝 LED 检测设备专利研究主要集中在 LED 灯泡与发光二极管两大核心领域。表 4-22 所示为两大核心领域的子分类。

表4-22 中国灯丝LED检测设备专利技术两大核心领域（摘录）

	子　分　类	专利数量
（1）LED灯泡	电连接	11
	LED照明	10
	LED基板	7
	检测电路	5
	固定连接	5
	感应控制	4
（2）发光二极管	检测电路	6
	工作状态	4
	成本低	4
	遥控灯泡	3
	二极管	3
	直流电源	3
	固定安装	3

　　如图4-63所示，中国专利权人对灯丝LED检测设备专利的研究主要集中于电连接、LED照明、LED基板、检测电路等方面。

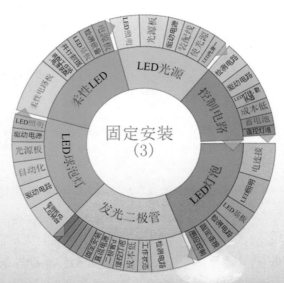

图4-63　技术来源国为中国的灯丝LED检测设备技术点

（3）韩国

对国家（韩国）进行筛选后得到30件专利，按照专利优先权年份统计，得到图4-64趋势图。由图可见：韩国在灯丝LED检测设备专利申请上数量不是很多，专利最早从1994年开始申请，在1994年到2018年之间，专利申请量除去2009年申请较多一些，其余年份基本上3件以下，整体上分析，专利申请量上不多，且整体发展较平稳，每个年份申请的数量基本上相差不多。

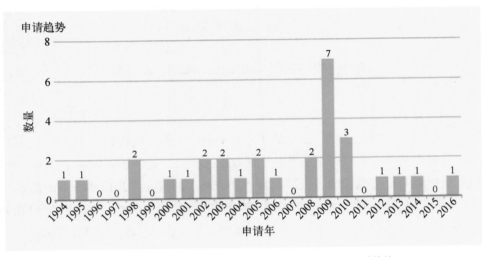

图4-64　专利权人为韩国的灯丝LED检测设备专利年度申请趋势

将30件专利进行文本聚类分析，如图4-65所示，发现韩国在灯丝LED检测设备方面的专利研究主要集中在光源、装置、独立灯泡监控装置、散热、传感器、光接收部分等。表4-23所示为专利核心领域。

表4-23　韩国灯丝LED检测设备技术核心领域（摘录）

分　　　类	专　利　数　量
Light Source	9
Installation	7
Discrete Bulb Supervisory Control Unit	6
Heat	6
Sensor	5
Light Receiving Part	3

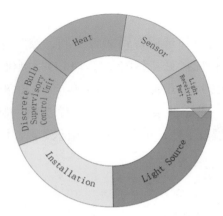

图4-65　技术来源国为韩国的灯丝LED检测设备技术点

（4）英国

对国家（英国）进行筛选后得到23件专利，按照专利优先权年份统计，得到图4-66趋势图。可见英国的专利申请数量比较少，最早是从1999年开始，专利开始申请的年份也较晚，在2004年、2007年、2012年、2014年分别申请了1件、1件、14件、6件专利，其他年份申请专利数量均为0件。英国在灯丝LED检测设备方面的研究相对较少，申请专利也较少，整体来看，发展较缓慢。

图4-66　专利权人为英国的灯丝LED检测设备专利年度申请趋势图

将23件专利进行文本聚类分析，发现灯丝LED检测设备方面的专利研究主要集中在State of the Sequence、目标状态，第二控制单元、结温、Diameter、数据项、测试场景这些核心领域。如下表4-24，图4-67所示。

表4-24 英国灯丝LED检测设备专利技术核心领域（摘录）

分　　类	专　利　数　量
State of the Sequence	5
Target State, Second Control Units	5
Chip Temperature	3
Diameter	2
数据项	2
测试场景	2

图4-67 技术来源国为英国的灯丝LED检测设备技术点

灯丝LED检测设备全球专利竞争者态势分析

将搜索所得的704件灯丝LED检测设备专利文献的专利权人机构进行统计分析，得到世界各大机构的3D地图。在世界范围内，Dialog Semiconductor GMBH排在第一位，申请专利13件，Switch Bulb Company INC排在第二位，申请专利12件，中山市科顺分析测试技术有限公司排在第三位，申请专利

12件，Cirrus Logic INC、Wireless Environment LLC、Gelcore LLC、LED Net LTD、Verivide LTD分别排在第四到八位，分别申请灯丝LED检测设备相关专利11件、9件、7件、7件、7件。

通过3D地图4-68分析该领域的各竞争者的技术差距情况如下：

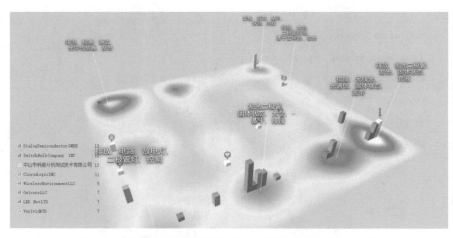

图4-68　技术来源国为全球的灯丝LED检测设备各专利权人分布

各专利权人在该领域内申请的专利数量差不多，没有数量上的明显差距，并且基本上都集中在发光二极管领域。

Dialog Semiconducto、Switch Bulb和中山市科顺分析测试技术有限公司这三家公司的专利数量相差不多，说明这三个公司就全球范围来说是在灯丝LED检测设备领域关注得较多，但无高价值专利，这三家公司在该领域缺乏先进的专利技术。

Wireless Environment、Gelcore、LED Net、Verivide这四家公司在该领域缺乏强大的综合实力和先进的专利技术，因此在该领域内处于竞争劣势。

美洲

美洲专利发明机构总共有274件灯丝LED检测设备专利，Switch Bulb Company INC排在第一位，申请专利9件，Cirrus Logic INC、ABL IP Holding LLC、Dialog Semiconductor GMBH分别排在第二、三、四位，分别申请灯丝

LED检测设备相关专利7件、6件、6件。

通过3D地图4-69分析该领域的各竞争者的技术差距情况如下：

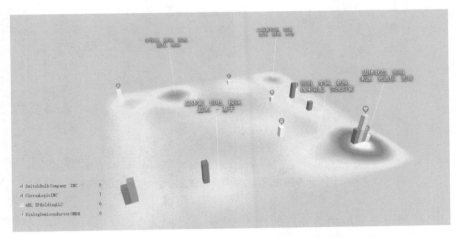

图4-69　技术来源国为美洲的灯丝 LED 检测设备专利权人分布

ABL IP Holding公司专利数量不多，但拥有高价值专利，说明这家公司在灯丝LED检测设备领域缺乏强大的综合实力，但拥有先进的专利技术。

Switch Bulb Company 公司虽然拥有专利数量较多，但无高价值专利，说明这家公司在灯丝LED检测设备领域缺乏先进的专利技术。

Cirrus Logic 和 Dialog Semiconductor 这两家公司在该领域内关注不够，高价值专利缺乏，说明他们在灯丝LED设备领域处于竞争劣势。

亚洲

亚洲专利发明机构一共252件灯丝LED检测设备专利，其中排名第一的为中山市科顺分析测试技术有限公司，申请专利12件，排名第二到第四分别为上海无线电设备研究所、Dialog半导体有限公司、Youyang Airport Light，分别申请灯丝LED检测设备相关专利7件、6件、6件。

通过3D地图4-70分析该领域的各竞争者的技术差距情况如下：

中山市科顺分析测试技术有限公司申请专利最多，申请相关专利主要集中在灯带、贴片、灯泡、汽车、散热器方面，申请专利价值不高，说明这家公司

307

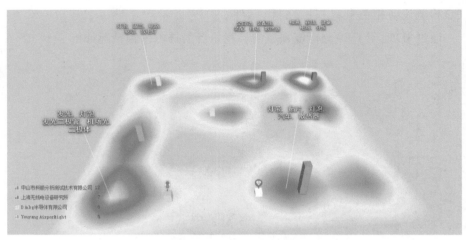

图4-70　技术来源国为亚洲灯丝LED检测设备专利权人3D气泡图

在LED检测设备领域缺乏先进的技术。

　　上海无线电设备研究所申请相关专利主要集中在全自动、装配线、自动、散热器等方面，Dialog半导体有限公司主要集中在灯泡、驱动、放电灯方面，Youyang Airport Light申请相关专利主要集中在发光二极管、二极体、机场光等方面。专利3D地图上显示的4家公司，均无高价值专利，说明缺乏先进的技术，在该领域的竞争中处于劣势，需要提高研发能力、提升专利价值。

欧洲

　　欧洲专利发明机构一共28件灯丝LED检测设备，其中Dialog Semiconductor GMBH排名第一，申请专利4件，排名第二到第四的分别为ITW Industrial Components S.R.L、Intematix Corporation、National Institute for materials Science，分别申请灯丝LED检测设备相关专利4件、3件、3件。

　　通过3D地图4-71分析该领域的各竞争者的技术差距情况如下：

　　Dialog Semiconductor GMBH与ITW Industrial Components S.R.L申请专利数量略多一些，但是其申请专利的价值不高，说明这两个公司缺乏核心技术，在灯丝LED检测设备领域处于竞争劣势。

　　Intematix Corporation与National Institute for materials Science这两个公司申请灯丝LED检测设备相关专利数量较少，但是申请的专利均为高价值专利，

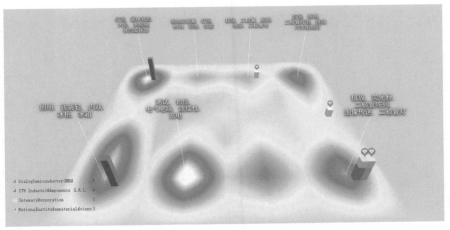

图4-71 技术来源国为欧洲灯丝LED检测设备专利权人3D气泡图

说明这两家公司比较重视灯丝LED检测设备的研发，专利价值较高，在灯丝
LED检测设备领域存在竞争优势。

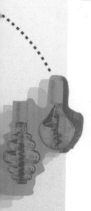

全球灯丝LED设备核心专利解读

全球灯丝LED设备核心专利量

将3 490件检索结果按照专利强度筛选，保留强度>80%的核心专利，再去掉重复的专利后，剩余60件，如图4-72所示。

↑ 收录时间从旧到新　分析　自定义字段

选择整页专利　全选　1 - 50 条专利, 共 60 条专利 (60 / 20,000)

#	公开(公告)号	标题	申请(专利权)人	发明人	收录时间	注释
1	US4211955	Solid state lamp	RAY STEPHEN W	RAY, STEPHEN W.	2018-01-28	
2	US5463280	Light emitting diode retrofit lamp	NATIONAL SERVICE INDUSTRIES, INC.	JOHNSON, JAMES C.	2018-01-28	
3	US4882565	Information display for rearview mirrors	DONNELLY CORPORATION	GALLMEYER, WILLIAM W.	2018-01-28	
4	US6965205	Light emitting diode based products	COLOR KINETICS INCORPORATED	PIEPGRAS, COLIN MUELLER, GEORGE G. LYS, IHOR A. +2	2018-01-28	
5	US5655830	Lighting device	GENERAL SIGNAL CORPORATION	RUSKOUSKI, CHARLES R.	2018-01-28	
6	US4675575	Light-emitting diode assemblies and systems therefore	E & G ENTERPRISES	SMITH, ELMER L. MCLARTY, GEROLD E. SMITH, GERALDINE L.	2018-01-28	
7	US6948829	Light emitting diode (LED) light bulbs	DIALIGHT CORPORATION	VERDES, ANTHONY CHEN, YUMING	2018-01-28	
8	US6150771	Circuit for interfacing between [illegible]	PRECISION SOLAR [illegible]	PERRY, BRADFORD J.	2018-01-28	

图4-72　灯丝LED设备核心专利量

全球灯丝LED设备核心专利年度申请趋势

　　将60件检索结果按照专利优先权年份统计，得到图4-73的趋势图。由图4-73可以看出，灯丝LED设备核心专利在1994年开始申请，但在2001年之前都是较少量专利的申请，大部分年份均为1件专利申请量；2001年之后在灯丝LED设备核心专利申请领域呈现波动发展趋势，在2004年达到第一个顶峰，专利申请数为7件，2013年达到第二个顶峰，专利申请数为6件。

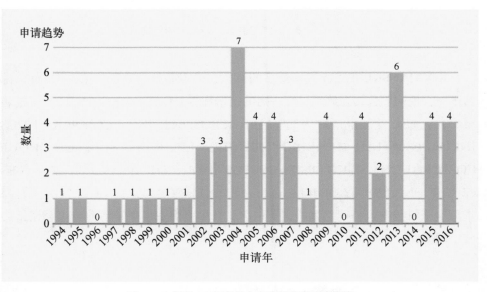

图4-73　灯丝LED设备核心专利年度申请趋势图

全球灯丝LED设备核心专利主要专利权人

　　如图4-74所示，通过专利权人分布图分析该领域的各竞争者的专利差距情况如下：

LED

LIGHT EMITTING DIODE

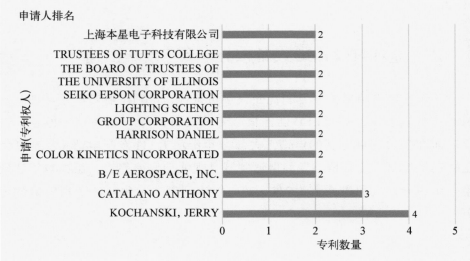

图4-74　灯丝LED设备核心专利主要专利权人

KOCHANSKI, JERRY 拥有最多的灯丝LED设备核心专利数量，为4件，排名第一，说明该公司在此领域有一定的技术优势；CATALANO ANTHONY排名第二位，核心专利申请数为3件；B/E AEROSPACE, INC.、COLOR KINETICS INCORPORATED、HARRISON DANIEL、LIGHTING SCIENCE GROUP CORPORATION、SEIKO EPSON CORPORATION、THE BOARD OF TRUSTEES OF THE UNIVERSITY OF ILLINOIS、TRUSTEES OF TUFTS COLLEGE、上海本星电子科技有限公司并列排名第三名，其中上海本星电子科技有限公司是一家中国公司。

全球灯丝LED设备核心专利技术来源国或地区（组织）分析

将60件核心专利按照专利权人国籍或地区（组织）统计分析发现，所有的灯丝LED设备领域的核心专利基本上来源于美国、世界知识产权组织和中国，其中美国为33件，世界知识产权组织为7件，而中国为6件；和灯丝

LED所有设备领域专利来源国对比后，我们发现中国、韩国、日本虽然在设备领域申请的专利比较多，但是其申请的核心专利少，掌握的技术优势相比于美国少。所以此三国应该更多地注重于设备领域核心技术的研发。如图4-75所示。

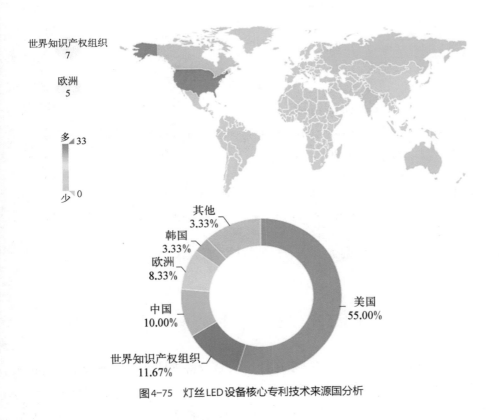

图4-75 灯丝LED设备核心专利技术来源国分析

全球灯丝LED设备核心专利技术点分布分析

将60件灯丝LED核心设备的检索结果去重后得到60件，然后按照文本聚类分析，发现灯丝LED设备核心专利技术研究主要集中在Circuit和Illumination Device两大核心领域。表4-25所示为其子分类。

313

LED

LIGHT EMITTING DIODE

表4-25　灯丝LED设备技术核心专利技术领域（摘录）

	子　分　类	专利数量
（1）Circuit	Replacement	6
	Printed Circuit Board	5
	Light Source	5
	Heat	5
	Illumination	5
	Light String	4
	Limit	3
	Power Factor	2
（2）Illumination Device	Flexible Lights, Light Ropes, Optical Processing Devices	4
	Lamp	4
	Function	3
	Blue Light, Yellow	2
	Embodiment	2
	Element	2
	Metal	2

全球灯丝LED设备核心专利清单

　　灯丝LED设备核心专利是指在灯丝LED设备领域处于关键地位、对技术发展具有突出贡献、对其他专利或技术具有重大影响且具有重要经济价值的专利。通过灯丝LED设备核心专利的发掘可以了解整个灯丝LED设备领域必须使用的技术所对应的专利，不能通过一些规避手段绕开。表4-26是全球灯丝LED设备核心专利清单。

表4-26　全球灯丝LED设备核心专利清单

专 利 权 人	专 利 号	公开(公告)日	专 利 名 称
RAY STEPHEN W	US4211955	1980-07-08	Solid state lamp
NATIONAL SERVICE INDUSTRIES, INC.	US5463280	1995-10-31	Light emitting diode retrofit lamp

（续表）

专 利 权 人	专 利 号	公开(公告)日	专 利 名 称
DONNELLY CORPORATION	US4882565	1989-11-21	Information display for rearview mirrors
COLOR KINETICS INCORPORATED	US6965205	2005-11-15	Light emitting diode based products
GENERAL SIGNAL CORPORATION	US5655830	1997-08-12	Lighting device
E & G ENTERPRISES	US4675575	1987-06-23	Light-emitting diode assemblies and systems therefore
DIALIGHT CORPORATION	US6948829	2005-09-27	Light emitting diode (LED) light bulbs
PRECISION SOLAR CONTROLS INC.	US6150771	2000-11-21	Circuit for interfacing between a conventional traffic signal conflict monitor and light emitting diodes replacing a conventional incandescent bulb in the signal
BEDROSIAN YERCHANIK | BEDROSIAN ARA	US6276822	2001-08-21	Method of replacing a conventional vehicle light bulb with a light-emitting diode array
COLOR KINETICS INCORPORATED	US7161313	2007-01-09	Light emitting diode based products
LIGHTING SCIENCE GROUP CORPORATION	US7086756	2006-08-08	Lighting element using electronically activated light emitting elements and method of making same
KAYLU INDUSTRIAL CORPORATION	US6864513	2005-03-08	Light emitting diode bulb having high heat dissipating efficiency
TAIWAN OASIS TECHNOLOGY CO., LTD.	US7226189	2007-06-05	Light emitting diode illumination apparatus
PIEPGRAS COLIN | MUELLER GEORGE G. | LYS IHOR A. | DOWLING KEVIN J. | MORGAN FREDERICK M.	US20030137258A1	2003-07-24	Light emitting diode based products
LEE; TZIUM-SHOU	US5092344	1992-03-03	Remote indicator for stimulator
FIVE STAR IMPORT GROUP, L.L.C.	US7396142	2008-07-08	LED light bulb

LED
LIGHT EMITTING DIODE

315

（续表）

专 利 权 人	专 利 号	公开(公告)日	专 利 名 称
ALTAIR ENGINEERING, INC.	US7049761	2006-05-23	Light tube and power supply circuit
GE SHICHAO	US20050068776A1	2005-03-31	Led and led lamp
AVIONIC INSTRUMENTS INC.	US6388393	2002-05-14	Ballasts for operating light emitting diodes in AC circuits
SEIKO EPSON CORPORATION	US6742907	2004-06-01	Illumination device and display device using it
フィリップス ソリッド - ステート ライティング ソリューションズ インコーポレイテッド	JP4518793B2	2010-08-04	発光ダイオードに基づく製品
CHIEN, TSENG-LU	US9625134	2017-04-18	Light emitting diode device with track means
嘉兴山蒲照明电器有限公司	CN205579231U	2016-09-14	LED直管灯 | LED (Light-emitting diode) straight lamp
中山市四维家居照明有限公司	CN106382497A	2017-02-08	LED装置用的灯泡机构 | Lamp bulb mechanism for LED (Light-Emitting Diode) device
CREE, INC. | TONG, TAO | LETOQUIN, RONAN | KELLER, BERND | TARSA, ERIC | YOUMANS, MARK | LOWES, THEODORE | MEDENDORP, NICHOLAS | VAN DE VEN | NEGLEY, GERALD | MEDENDORP, NICHOLAS, W., JR. | VAN DE VEN, ANTONY	WO2011109100A3	2011-09-09	LED LAMP OR BULB WITH REMOTE PHOSPHOR AND DIFFUSER CONFIGURATION WITH ENHANCED SCATTERING PROPERTIES | LAMPE OU AMPOULE DEL À PROPRIÉTÉS DE DIFFUSION ACCRUES PRÉSENTANT UNE CONFIGURATION ÉLOIGNÉE DE DIFFUSEUR ET DE LUMINOPHORE
GUJCHZHOU GZGPS KO., LTD	RU2632471C2	2017-10-05	METHOD OF PERFORMING UNIVERSAL LED BULB, LED LAMP, HAVING TYPE OF INTERNAL STOPPING RING, WITH FLANGE AND LAMP

（续表）

专利权人	专利号	公开(公告)日	专利名称
INTEMATIX CORPORATION | WANG, NING | DONG, YI | CHENG, SHIFAN | LI, YI-QUN	WO2006108013A3	2006-10-12	NOVEL SILICATE-BASED YELLOW-GREEN PHOSPHORS | NOUVEAUX PHOSPHORES JAUNE-VERT A BASE DE SILICATE
S.C. JOHNSON & SON, INC.	EP1876385A3	2008-01-23	Lampe und Kolben zur Beleuchtung und Umgebungserhellung | Lamp and bulb for illumination and ambiance lighting | Boîtier de lame fendue pour couteau rotatif à fonctionnement électrique
QUNANO AB	US8227817	2012-07-24	Elevated LED
WIRELESS ENVIRONMENT, LLC	US20090059603A1	2009-03-05	WIRELESS LIGHT BULB
中山市四维家居照明有限公司	CN105276464A	2016-01-27	一种散热好的吊灯装置 | Ceiling lamp device with good heat dissipation
MORGAN SOLAR INC.	EP2174058A1	2010-04-14	BELEUCHTUNGSVORRICH-TUNG | ILLUMINATION DEVICE | DISPOSITIF D'ÉCLAIRAGE
JIJ, INC.	US20050174065A1	2005-08-11	LED light strings
CATALANO ANTHONY	US7318661	2008-01-15	Universal light emitting illumination device and method
LIGHT PRESCRIPTIONS INNOVATORS, LLC	US7021797	2006-04-04	Optical device for repositioning and redistributing an LED's light
OSRAM SYLVANIA INC. | 오스람 실바니아 인코포레이티드	KR1020060093028A	2006-08-23	LED BULB | 발광다이오드 전구
ABL IP HOLDING LLC	US20130270999A1	2013-10-17	LAMP USING SOLID STATE SOURCE
B/E AEROSPACE, INC.	WO2016176266A1	2016-11-03	FLEXIBLE LED LIGHTING ELEMENT | ÉLÉMENT D'ÉCLAIRAGE FLEXIBLE À DEL
B/E AEROSPACE, INC.	US20160053977A1	2016-02-25	FLEXIBLE LED LIGHTING ELEMENT

LED

LIGHT EMITTING DIODE

317

（续表）

专 利 权 人	专 利 号	公开(公告)日	专 利 名 称
KOCHANSKI, JERRY | HAMILTON, LAUREN	WO2014064671A2	2014−05−01	A LIGHT BULB, A LIGHT BULB HOLDER, AND A COMBINATION OF A LIGHT BULB AND A LIGHT BULB HOLDER | AMPOULE ÉLECTRIQUE, SUPPORT D'AMPOULE ÉLECTRIQUE, ET COMBINAISON D'UNE AMPOULE ÉLECTRIQUE ET D'UN SUPPORT D'AMPOULE ÉLECTRIQUE
KOCHANSKI, JERRY	EP2912372A2	2015−09−02	GLÜHLAMPE, GLÜHLAMPENFASSUNG SOWIE KOMBINATION AUS EINER GLÜHLAMPE UND EINER GLÜHLAMPENFASSUNG | A LIGHT BULB, A LIGHT BULB HOLDER, AND A COMBINATION OF A LIGHT BULB AND A LIGHT BULB HOLDER | AMPOULE ÉLECTRIQUE, SUPPORT D'AMPOULE ÉLECTRIQUE, ET COMBINAISON D'UNE AMPOULE ÉLECTRIQUE ET D'UN SUPPORT D'AMPOULE ÉLECTRIQUE
KOCHANSKI, JERRY	IN1308KOLNP2015A	2016−01−01	A LIGHT BULB, A LIGHT BULB HOLDER, AND A COMBINATION OF A LIGHT BULB AND A LIGHT BULB HOLDER
KOCHANSKI JERRY	CA2888923A1	2014−05−01	A LIGHT BULB, A LIGHT BULB HOLDER, AND A COMBINATION OF A LIGHT BULB AND A LIGHT BULB HOLDER | AMPOULE ELECTRIQUE, SUPPORT D'AMPOULE ELECTRIQUE, ET COMBINAISON D'UNE AMPOULE ELECTRIQUE ET D'UN SUPPORT D'AMPOULE ELECTRIQUE

（续表）

专 利 权 人	专 利 号	公开(公告)日	专 利 名 称
JERRY, KOCHANSKI | KOCHANSKI, JERRY	AU2013336222A1	2015-05-14	A light bulb, a light bulb holder, and a combination of a light bulb and a light bulb holder
THE BOARD OF TRUSTEES OF THE UNIVERSITY OF ILLINOIS | TRUSTEES OF TUFTS COLLEGE | ROGERS, JOHN, A. | KIM, RAK-HWAN | KIM, DAE-HYEONG | KAPLAN, DAVID, L. | OMENETTO, FIORENZO, G.	WO2011112931A1	2011-09-15	WATERPROOF STRETCHABLE OPTOELECTRONICS | ENSEMBLE OPTOÉLECTRONIQUE EXTENSIBLE ÉTANCHE À L'EAU
THE BOARD OF TRUSTEES OF THE UNIVERSITY OF ILLINOIS | TRUSTEES OF TUFTS COLLEGE	EP2544598A1	2013-01-16	WASSERFESTE DEHNBARE OPTOELEKTRONISCHE ELEMENTE | WATERPROOF STRETCHABLE OPTOELECTRONICS | ENSEMBLE OPTOÉLECTRONIQUE EXTENSIBLE ÉTANCHE À L'EAU
上海本星电子科技有限公司	CN205079067U	2016-03-09	遥控灯泡及其光束遥控器
CATALANO ANTHONY | HARRISON DANIEL	US20080024070A1	2008-01-31	Light Emitting Diode Replacement Lamp
CATALANO ANTHONY | HARRISON DANIEL	US20060012997A1	2006-01-19	Light emitting diode replacement lamp
SEIKO EPSON CORPORATION | 세이코 엡슨 가부시키가이샤	KR1019990071627A	1999-09-27	조명장치및그장치를사용하는표시기기
上海本星电子科技有限公司	CN206164938U	2017-05-10	遥控电灯及其遥控器
—	US20050093718A1	2005-05-05	Light source assembly for vehicle external lighting
SHOTT AG	RU2600117C2	2016-10-20	DISPLAY DEVICE, IN PARTICULAR FOR COOK TOPS

LED

LIGHT EMITTING DIODE

319

（续表）

专 利 权 人	专 利 号	公开(公告)日	专 利 名 称
BRIDGELUX INC. | SCOTT, KEITH	WO2010087926A1	2010-08-05	PHOSPHOR HOUSING FOR LIGHT EMITTING DIODE LAMP | ENVELOPPE EN SUBSTANCE FLUORESCENTE POUR LAMPE À DIODES ÉLECTROLUMINESCENTES
BRIDGELUX, INC.	EP2391848A1	2011-12-07	PHOSPHORGEHÄUSE FÜR LEUCHTDIODENLAMPE | PHOSPHOR HOUSING FOR LIGHT EMITTING DIODE LAMP | ENVELOPPE EN SUBSTANCE FLUORESCENTE POUR LAMPE À DIODES ÉLECTROLUMINESCENTES
普瑞光電股份有限公司 | BRIDGELUX INC.	HK1166518A	2012-11-02	用於發光二極管燈的熒光體殼體 | PHOSPHOR HOUSING FOR LIGHT EMITTING DIODE LAMP
SCOTT KEITH	US20100187961A1	2010-07-29	PHOSPHOR HOUSING FOR LIGHT EMITTING DIODE LAMP
普瑞光电股份有限公司	CN102356271A	2012-02-15	用于发光二极管灯的荧光体壳体 | Phosphor housing for light emitting diode lamp
MOTORCAR PARTS OF AMERICA, INC.	US20060226720A1	2006-10-12	Illuminated alternator and method of operation
LIGHTING SCIENCE GROUP CORPORATION	WO2005108853A1	2005-11-17	LIGHT BULB HAVING SURFACES FOR REFLECTING LIGHT PRODUCED BY ELECTRONIC LIGHT GENERATING SOURCES | AMPOULE COMPORTANT DES SURFACES DESTINEES A REFLECHIR UNE LUMIERE PRODUITE PAR DES SOURCES DE GENERATION DE LUMIERE ELECTRONIQUES

中国灯丝LED设备技术专利分析

中国灯丝LED设备专利申请量总体发展趋势

本部分数据主要来源于上海市专利平台检索，截至2017年12月31日，涉及灯丝LED设备的申请专利共1 368件，公开专利共1 319件。

根据图4-76信息，我们可以将灯丝LED设备的中国专利申请量分为三个

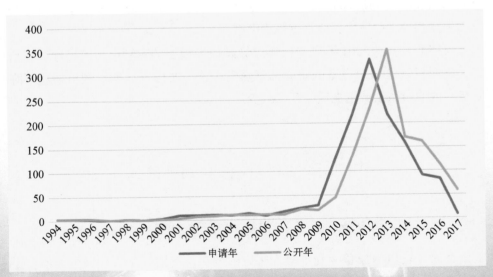

图4-76 申请量与公开量年度趋势分析图

阶段。

（1）第一阶段：1994～2000年

第一阶段涉及灯丝LED设备的中国专利申请14件，平均每年只有2件专利申请，这一阶段的专利极少，这是由于灯丝LED设备发展还不成熟，对灯丝LED的研究才刚开始起步。申请的14件专利中大多已处于失效状态，1999年授权的李洲企业股份有限公司申请的LED圣诞灯灯泡和贺福成申请的汽车电路电压和电器检测器，均已处于未缴年费状态。2000年授权的专利为王占明申请的一种交直流两用充电照明装置和一种直流两用充电照明装置，也处于失效状态。

（2）第二阶段：2001～2012年

第二阶段的专利申请量呈逐年上升趋势。从2001年到2009年，这一阶段专利申请量基本上没有变化，每年灯丝LED设备申请的专利不多于30件，有关灯丝LED方面的研究还不是很多。2009年到2012年，这一阶段对灯丝LED设备的关注和投入增大，对灯丝LED开始重视。主要申请者有中国、美国的专利权人。

（3）第三阶段：2012～2017年

这一阶段灯丝LED设备的专利申请量开始一直下降，在2012年关于灯丝LED设备专利达到顶峰后，之后专利申请数快速下滑；说明对灯丝LED的研究的关注和投入已成熟，对其重视程度减少。

总体而言，从2001年到2012年对灯丝LED设备的专利申请量呈现增长趋势，说明对灯丝LED设备的研究属于热门领域；2012年之后专利申请量下降趋势，说明对该领域重视程度开始减少。

中国灯丝LED设备专利申请人

中国灯丝LED设备专利国省综合状况分析

有关灯丝LED设备专利申请人区域的分布，有助于了解专利申请中各个申请人所在的国家和地区在该领域的专利申请情况，能够为企业发展规划提供一定的参考价值。

　　在灯丝LED设备专利申请中中国申请量最多，为1 557件，遥遥领先于其他国家或地区，处于国家申请量第一。美国仅次于中国，有692件。韩国发明专利申请量位列第三，有329件专利。中国、美国和韩国专利申请量都超过300件，领先于其他国家。日本发明专利申请量排在第四位，为204件。中国台湾发明专利申请量为97件，已低于100件。除了中国、美国、韩国、日本外，其他国家或地区的专利申请量都低于100件。中国的专利申请量占前九名国家或地区申请量的51%，占据着专利的一半，可见中国在灯丝LED设备这一领域占着绝对的领先地位，表现出较强的实力，与其市场占有状态相符。美国和韩国分别占前九名国家或地区申请量的22.7%、10.8%，比第四位的日本高出一大截。

表4-27　世界各个国家及地区（组织）和中国各省（市）申请数

国　家	专　利　数	省/直辖市	专　利　数
中　国	1 557	广东	345
美　国	692	浙江	239
韩　国	329	江苏	169
日　本	204	福建	106
世界知识产权组织	161	上海	101
欧　洲	150	山东	53
中国台湾	97	四川	49
英　国	78	北京	42
加拿大	62	安徽	33
澳大利亚	36	吉林	25

　　中国各省（市）灯丝LED设备专利申请量分布极不均衡，广东、浙江、江苏、福建、上海等地区的灯丝LED设备申请量排名靠前。按照申请专利量排名，广东、浙江、江苏、福建、上海分别以345件、239件、169件、106件、101件居国内灯丝LED设备领域专利前五名，并明显高于第六名的山东省（53件），除上述六省（市）在灯丝LED设备申请量都超出50件外，其余省（市）都低于50件。

LED

LIGHT EMITTING DIODE

中国灯丝LED设备专利全球和中国主要申请人

通过对图4-77中国灯丝LED设备的专利数据的分析，申请量占据前十名的申请人包括中山市科顺分析测试技术有限公司、福建省万邦光电科技有限公司、中国科学院长春光学精密机械与物理研究所、上海无线电设备研究所、天目照明有限公司、富士迈半导体精密工业（上海）有限公司、杭州中为光电技术股份有限公司、深圳市裕富照明有限公司、四川新力光源股份有限公司、木林森股份有限公司。前10名申请人中有8家都是企业，占有一大半。位列第一的中山市科顺分析测试技术有限公司和福建省万邦光电科技有限公司，专利申请数都为16件，占申请总量的比例为14.8%；位列第二位的中国科学院长春光学精密机械与物理研究所其申请专利件数15件，占申请总量的比例为13.9%；位列第三位的上海无线电设备研究所其申请专利件数13件，占申请总量的比例为12%；天目照明有限公司专利数为10件，占据第四位；富士迈半导体精密工业(上海)有限公司、杭州中为光电技术股份有限公司和深圳市裕富照明有限公司专利数均为8件，占据第五位；它们都表现出相对的实力。排在第六位的是四川新力光源股份有限公司和木林森股份有限

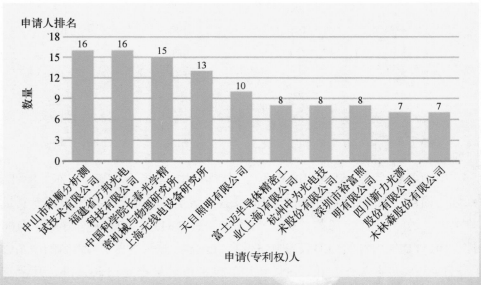

图4-77　区域申请主要竞争者分析（前10申请人）

公司。

　　从申请数量而言，在中国申请的灯丝 LED 专利中，企业申请专利数量明显高于中国研究所。说明高等院校和研究所具备一定的科研实力，但是企业对专利申请的意识明显高于科研机构和高校，这一点值得我们重视。

中国灯丝 LED 设备专利中国主要申请人

　　通过对中国灯丝 LED 设备的专利数据的分析，在中国的主要申请人申请量占据前 10 名的包括中山市科顺分析测试技术有限公司、福建省万邦光电科技有限公司、中国科学院长春光学精密机械与物理研究所、上海无线电设备研究所、天目照明有限公司、富士迈半导体精密工业（上海）有限公司、杭州中为光电技术股份有限公司、深圳市裕富照明有限公司、四川新力光源股份有限公司、木林森股份有限公司。从表 4-28 可以看出，在中国灯丝 LED 设备专利申请中，企业的申请量明显高于高校研究所的申请量。从事灯丝 LED 设备研究主要是中国科学院长春光学精密机械与物理研究所和上海无线电设备研究所，其申请量分别为 15 件、13 件。企业主要有中山市科顺分析测试技术有限公司、福建省万邦光电科技有限公司、天目照明有限公司、富士迈半导体精密工业（上海）有限公司、杭州中为光电技术股份有限公司、深圳市裕富照明有限公司、四川新力光源股份有限公司、木林森股份有限公司，其中以中山市科顺分析测试技术有限公司和福建省万邦光电科技有限公司的 16 件申请为首。

表 4-28　中国灯丝 LED 设备主要申请人表

申请（专利权）人	专 利 数
中山市科顺分析测试技术有限公司	16
福建省万邦光电科技有限公司	16
中国科学院长春光学精密机械与物理研究所	15
上海无线电设备研究所	13
天目照明有限公司	10
富士迈半导体精密工业（上海）有限公司	8
杭州中为光电技术股份有限公司	8

（续表）

申请（专利权）人	专 利 数
深圳市裕富照明有限公司	8
四川新力光源股份有限公司	7
木林森股份有限公司	7

中国灯丝LED设备专利主要技术领域分析

从图4-78可以看出，主要IPC技术申报量从2007年开始呈现大幅度增长，这说明对灯丝LED的研究和相关技术从该年开始变得成熟，对灯丝LED的研究热潮只增不减。可以看出F21Y101、F21S2和F21V29的灯丝LED专利申请上升速度远远快于其他分类号的专利申请速度，从这也可以看出灯丝LED的研究方向。随着研究的继续，我们对灯丝LED的了解也越来越深入，灯丝

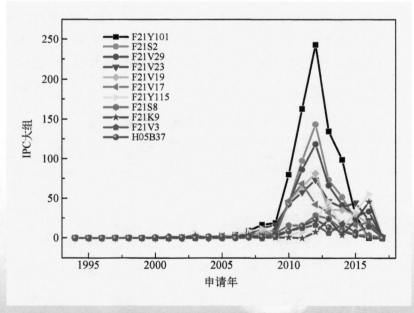

图4-78　主要IPC技术申报趋势分析图

LED应用更加广泛。

如图4-79所示，关于灯丝LED设备的专利申请中属于F21Y101/02的专利最多有801件［微型光源，例如发光二极管（LED）］，459件属于F21S2/00，即不包含在大组F21S4/00至F21S10/00或F21S19/00中的照明装置系统，例如模块化结构的；331件属于F21V29/00，即防止照明装置热损害；专门适用于照明装置或系统的冷却或加热装置（与空调系统的出口结合的照明灯具入F24F13/078），322件属于F21V19/00，即光源或灯架的固定（只用联接装置固定电光源入H01R33/00），229件属于F21Y115/10，即发光二极管（LED），210件属于F21V23/00，即照明装置内或上面电路元件的布置（防止照明装置热损害入F21V29/00），115件属于F21V17/10，即以专门的紧固器材或紧固方法为特征（F21V17/02至F21V17/08优先），106件属于F21V23/06，即连接装置的元件，96件属于F21V29/83，即元件具有孔、管或通道，例如热辐射孔，89件属于F21V29/70，即以被动散热元件为特征的，例如散热器。

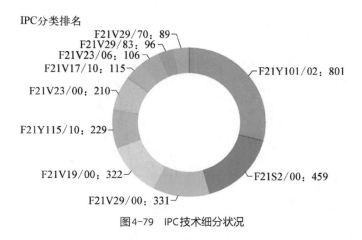

图4-79　IPC技术细分状况

中国灯丝LED设备专利主要竞争者分析

从图4-80和图4-81主要竞争者专利份额和竞争者申报趋势中可以看出，2009年之前前十名主要竞争者都没有一件专利申请，说明在中国灯丝LED设备专利申请起步很晚。从2009年到2016年间专利申请量呈波动增长趋势，其

申请人排名

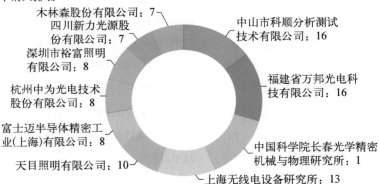

图4-80　主要竞争者专利份额

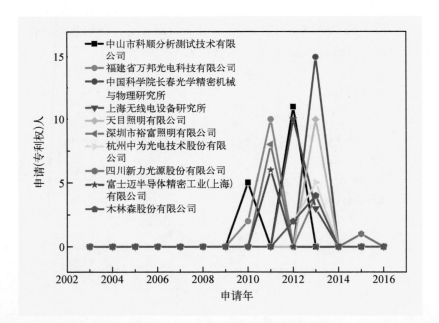

图4-81　主要竞争者专利申报趋势分析

中中山市科顺分析测试技术有限公司和福建省万邦光电科技有限公司申请专利数最多。

对主要竞争者IPC分类可知，中山市科顺分析测试技术有限公司专利主要发明人为文勇，其专利技术分类主要集中在F21Y101—点状光源（15）、

F21S4—使用光源串或带的照明装置或系统（16）、F21V19—光源或灯架的固定（14）、F21Y115（14）、F21V23—照明装置内或上面电路元件的布置（5）、F21V15—照明装置的防损措施（3）、F21V17—照明装置组成部件，例如遮光装置、灯罩、折射器、反射器、滤光器、荧光屏或保护罩的固定（3）、F21V31—防气或防水装置（3）、F21Y103—长型光源，例如荧光灯管（3）等。福建省万邦光电科技有限公司专利主要发明人为何文铭、唐秋熙、申小飞、童庆锋等人，其专利技术分类主要集中在F21S2（12）、F21Y101（12）、F21V19（10）、F21V7（10）、F21V29（7）、F21V15（3）、F21V23（3）等。中国科学院长春光学精密机械与物理研究所专利主要发明人为田超、吕金光、梁中翥、梁静秋、王维彪、秦余欣、高丹等人，其专利技术分类主要集中在H01L33（15）、H01L25（9）、H01L27（4）、H01L21（2）等。

中国灯丝LED设备专利主要发明人分析

中国灯丝LED设备专利主要发明人份额分析

从图4-82中可以看出在灯丝LED设备领域，在中国申请灯丝LED设备专利最多的发明人为文勇和田超，专利申请数都为16件，其专利发明量在前十名的百分比为11.5%。而靠后的是吕金光、梁中翥、梁静秋、王维彪、秦余欣，

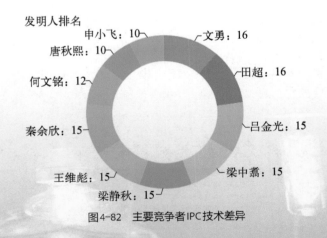

图4-82　主要竞争者IPC技术差异

其专利申请数均为15件，其专利发明量在前十名的百分比为10.8%。排名第三位的灯丝LED设备专利发明人为何文铭，其专利申请数均为12件，其专利发明量在前十名的百分比为8.6%。唐秋熙和申小飞排名为第四位，专利申请数都为10件，在前十名的百分比为7.2%。前十名的主要发明人都是来自中国。

中国灯丝LED设备专利主要发明人技术差异分析

对主要发明人专利申报进行统计分析如图4-83所示，文勇：中山市科顺分析测试技术有限公司，16件专利申请。从2010年开始申请专利，2010年到2013年申请数量不断上升，至2013年达到顶峰5件，总申请专利数16件，排名和福建省万邦光电科技有限公司并列第一。其专利技术分类主要集中在F21Y101（15）、F21S4（16）、F21V19（14）、F21Y115（14）、F21V23（5）、F21V15（3）、F21V17（3）、F21V31（3）、F21Y103（3）等。

田超：中国科学院长春光学精密机械与物理研究所，16件专利申请。从2006年开始申请专利，但到2012年前也只有2007年有1件专利申请，至2013年达到顶峰8件，总申请专利数16件，排名和中山市科顺分析测试技术有限公司并列第一。其合作发明人有吕金光（15）、梁中翥（15）、梁静秋（15）、王

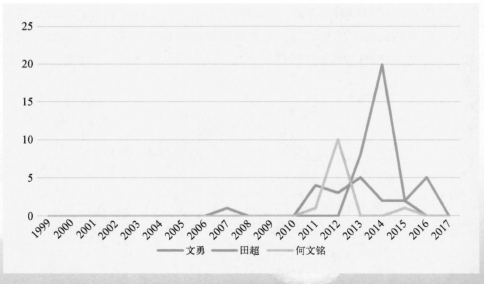

图4-83　主要发明人专利申报趋势分析

维彪（15）、秦余欣（15）、高丹（2）等。其专利技术分类主要集中在H01L33（15）、H01L25（9）、H01L27（4）、H01L21（2）等。

何文铭：福建省万邦光电科技有限公司，12件专利申请。从2011年开始申请专利，2011年到2012年申请数量不断上升，至2012年达到顶峰10件，总申请专利数12件，排名第三。其合作发明人有唐秋熙（10）、申小飞（10）、童庆锋（10）等人。其专利技术分类主要集中在F21S2（12）、F21Y101（12）、F21V19（10）、F21V7（10）、F21V29（7）、F21V15（3）、F21V23（3）等。

中国灯丝LED设备专利类型分析

根据上海市专利检索平台检索到的数据显示，在1 468件与灯丝LED设备相关的专利申请中，发明专利536件，占全部专利的36.5%，其余931件为实用新型专利。发明专利的所占比例表明，灯丝LED设备领域的专利技术其技术含量不高。如图4-84所示。

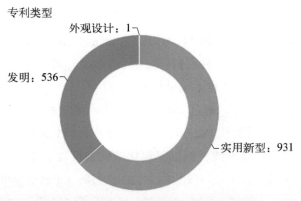

图4-84 专利类型分析

 ## 灯丝LED设备产业发展战略建议

全球灯丝LED设备专利现状

从全球专利申请趋势而言，专利申请总量呈快速增长趋势，美国、中国、日本和韩国专利申请较多，其中美国最多，其次是中国，这四个国家就占了全球专利数量的80%。

从全球专利权人而言，SWITCH BULB COMPANY, INC、GE LIGHTING SOLUTIONS, LLC、中山市科顺分析测试技术有限公司，这三家公司在专利申请数量上多于其他公司，在技术上处于领先地位。

从全球IPC技术而言，超过30%的专利技术属于F21Y101/02，即微型光源；20%的专利技术属于F21S2/00，即不包含在大组F21S4/00至F21S10/00或F21S19/00中的照明装置系统，例如模块化结构。可以看出灯丝LED设备技术IPC主要集中在F部。此外还有超过17%的专利属于F21V29/00；13%以上属于F21V19/00；10%属于F21V23/00；剩余的10%属于其他IPC专利技术。

从全球发明人而言，主要发明人所属的公司主要集中在TECHNOLOGY ASSESSMENT GROUP INC、SWITCH BULB COMPANY, INC、中山市科顺分析测试技术有限公司、中国科学院长春光学精密机械与物理研究所这四位专利权人。在前十位发明人中，有6位来自中国科学院长春光学精密机械与物理研究所，还有一位来自中山市科顺分析测试技术有限公司，另外三位来自美国的公司。从前十位发明人所申请专利所属公司来看，主要是来自中国和美国。

从全球主要专利技术点而言，全球灯丝LED设备技术的专利主要集中于LED灯泡/光源、柔性LED、LED球泡灯、发光二极管、LED灯丝等研究。

中国灯丝LED设备专利现状

从中国专利申请趋势而言，中国灯丝LED设备专利申请在2009～2014年为申请高峰期，近几年申请量有所下降。从全球专利申请数量来看，中国排名第一位，而核心专利只有6件，虽然申请总量排名第一，但是核心专利数量很少，因此还需加强研发、掌握核心技术。从申请总量来看，中国共计申请发明专利1 400件，比例较高，说明灯丝LED设备领域技术含量很高，是一个高技术领域。

从中国主要专利权人而言，中国申请灯丝LED设备方面的专利数前三名专利权人分别是中山市科顺分析测试技术有限公司、福建省万邦光电科技有限公司、中国科学院长春光学精密机械与物理研究所，这说明这三家公司及研究所非常重视灯丝LED设备在中国未来应用市场。从前十名的专利权人分布来看，企业申请专利数量明显高于中国研究所，说明高等院校和研究所具备一定的科研实力，但是企业对专利申请的意识明显高于科研机构和高校，这一点值得我们重视。

从中国IPC技术而言，近29%属于F21Y101/02，即微型光源，例如发光二极管（LED），16.6%属于F21S2/00，即不包含在大组F21S4/00至F21S10/00或F21S19/00中的照明装置系统，例如模块化结构的；12%属于F21V29/00，即防止照明装置热损害，专门适用于照明装置或系统的冷却或加热装置（与空调系统的出口结合的照明灯具入F24F13/078）；11.7%属于F21V19/00，即光源或灯架的固定（只用联接装置固定电光源入H01R33/00），剩下的30.6%属于其他的IPC专利技术。

从中国主要发明人而言，排名第一的专利发明人为文勇和田超，专利申请数均为16件，其专利发明量在前十名的百分比为11.5%。他们两位分别属于

中山市科顺分析测试技术有限公司和中国科学院长春光学精密机械与物理研究所。

灯丝LED设备领域专利竞争力提升建议

当前，世界灯丝LED产业还处于产业化发展阶段，我国拥有良好的灯丝LED产业发展基础，市场需求大，前景广阔。一方面，在技术不断创新的同时，必须加速成果的转化，加快产业化发展的步伐，把科技创新成果体现到实际应用中去。另一方面，灯丝LED产业化的不断发展会推动灯丝LED技术上的突破，带来科技的创新。

我国灯丝LED产业面对的机遇与挑战，将高校与企业结合，建立以高校为龙头，以企业为主体，实施产学研结合的管理体制和运行机制，提高企业对科技成果的认识，通过技术集成，迅速实现产业化外，还必须投入适当的人力、物力和财力来发展相关的后备技术，积极探索新材料、新器件结构和新工艺技术，形成相互带动机制。灯丝LED是技术资金密集型产业，也是信息产业前沿技术，同时需要国家有关部门站在战略的高度上进一步对灯丝LED产业进行整体规划。

从目前的灯丝LED设备专利部署格局来看，在国内市场上，我国灯丝LED尚没有能力用自身拥有的专利掌控产业的发展。因此必须树立和强化专利意识，在加强自主知识产权开发的同时采取一定的专利策略，如跟踪专利公报、防止竞争技术被授权、清楚专利障碍、禁止自由发表等。我国目前尚没有形成完整的灯丝LED产业链，极大地影响了灯丝LED设备技术的发展。把科技创新成果体现到实际应用中去，只是停留在实验室的开发和发表论文的层次上是远远不够的。同时为减少重复开发，必须加强研发机构间的横向联系合作。

在政府部门的协调下，建立一个国家级的产业化联盟，能形成较大的合力和影响力，对提高产业或行业竞争力、实现超常规发展能够起到积极的推动作用。中国灯丝LED设备技术领域的发展机会，技术与发展必须并行发展，两者密不可分。在促进产业进程和产业链建设的同时，必须加大投入，开发自主知识产权，才能够避免专利壁垒，增强自身竞争力。通过与上下游厂商结成策略联盟，实现某些设备、技术、人员等关键资源的共享互用，既提高成本的经济性与资源的利用率，又可加快产品从研发设计至生产销售的顺利转化。通过产业链配套与协作等策略联盟关系，共同提高联盟内部产品的市场竞争力，乃至国内灯丝 LED 产业的国际竞争力。

国内灯丝 LED 产业者应充分吸取数码家电类产品依赖国外技术，从事代加工而赚取微薄利润的发展教训，抓住灯丝 LED 尚处于产业发展阶段、技术创新空间仍较大的机遇，着眼长远，加大研发投入，重点培育自己的核心技术，并注重形成自主知识产权。通过技术创新与专利开发策略，尽快争取形成灯丝 LED 关键技术产权，切入产业链高端利润环节。我国的灯丝 LED 设备技术要在科研和产业化方面参与到国际竞争，我们的目光就必须既着眼于眼前的竞争需要，又要着眼于未来的发展要求。从高新技术产业发展的经历来看，要赶超先进国家，引进、吸收是一条捷径。对于发展中国家而言，引进、消化吸收再创新的方式可以节省探索时间、以较低的成本极大地缩短差距，这是发展中国家的"后发优势"所在。

LED

LIGHT EMITTING DIODE

第五章

灯丝 LED 驱动电路领域专利分析

全球灯丝LED驱动电路专利现状

全球灯丝LED驱动电路专利总量

全球灯丝LED驱动电路专利检索使用智慧牙检索系统，检索的范围包括中国、美国、中国台湾、韩国、德国等70多个国家及地区，得到检索结果1 014件。检索结果见图5-1。对于总量为8 413件的灯丝LED专利，驱动电路

#	公开(公告)号	申请号	标题	申请(专利权)人	法律状态/事件
1	AU2017251855A1	AU2017251855	用玻玻璃灯泡的LED灯	GE LIGHTING SOLUTIONS, LLC	实质审查
2	US20180010776A1	US15/624913	可调照射角度的LED照明组件	SHIM, YOUNG CHEL	公开
3	CN106969276A	CN201710332122.4	柔性LED灯丝及LED灯	四川遂新能源科技有限公司	实质审查
4	CN206771030U	CN201720523835.4	柔性LED灯丝及LED灯	四川遂新能源科技有限公司	
5	CN107013823A	CN201710311231.8	一种温控LED灯丝及使用读温控LED灯丝的LED球泡灯	浙江阳光美加照明有限公司	实质审查
6	CN206904629U	CN201720432045.5	一种LED灯丝灯	新和(绍兴)绿色照明有限公司	授权
7	CN106989296A	CN201710205903.7	一种气体散热LED灯丝灯及其加工工艺	浙江金陵光源电器有限公司	实质审查
8	US20170245347A1	US15/439682	传感器与无线装置的光源控制	MW MCWONG INTERNATIONAL, INC.	实质审查
9	CN206352760U	CN201720049036.8	LED柔性灯条	中山市晶鑫光电有限公司	授权
10	CN206352756U	CN201720049006.7	新型柔性灯条	中山市晶鑫光电有限公司	授权
11	CN206918682U	CN201720447689.1	LED灯丝组件及其灯丝塑形治具	嘉兴山蒲照明电器有限公司	授权
12	CN206280765U	CN201621342750.8	光投射组件及发光二极管灯泡	戴天科技股份有限公司	授权
13	CN206338612U	CN201621313174.4	一种大功率LED灯泡灯	安徽阳光照明电器有限公司	授权
14	CN206176082U	CN201621298426.0	一种LED灯泡	谭飞跃	授权
15	CN206145457U	CN201621153690.5	一种火焰灯	福建省宝能达光电科技有限公司	授权

图5-1 灯丝LED驱动电路专利总量检索结果

领域专利仅占其12%，远远不及材料、应用等领域。鉴于驱动电路对灯丝LED品质提升的重要性以及现有专利的匮乏，灯丝LED驱动电路领域专利还有很大的发展空间。

全球灯丝LED驱动电路专利申请年度趋势

将1 014件检索结果按照专利优先权年份统计，如图5-2所示。从灯丝LED驱动电路领域专利的逐年分布情况来看，最早于1994年开始就有相关专利的申请。从1994年至2008年，相关专利技术的发展一直比较缓慢，灯丝LED驱动技术处于基础理论研究阶段，专利申请量比较小。而从2008年开始随着灯丝LED应用的前景被广泛看好，灯丝LED驱动技术的研究突飞猛进，一大批驱动电路被提出，导致灯丝LED驱动电路专利申请数量开始逐年增加，在2012年达到顶峰，申请数量为237件。之后呈一直下降趋势，反映出灯丝LED市场需求趋于平稳，在灯丝LED驱动电路领域研究归于平淡。

将申请量按地域差别折线图分析，如图5-2所示，中国、美国和中国台

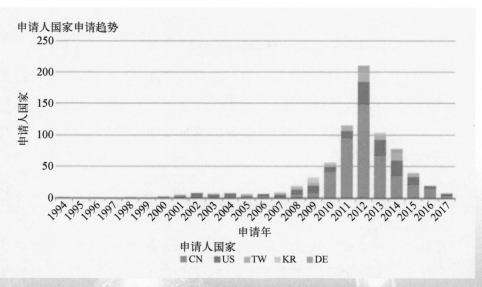

图5-2 灯丝LED驱动电路专利年度申请趋势

湾在灯丝LED驱动电路专利申请数量上遥遥领先，其中中国在灯丝LED方面占有大量技术优势，美国和中国台湾紧随其后。另外，各国的灯丝LED驱动电路的申请发展迅速，呈波动增长。从总体来看，中国、美国和中国台湾占据绝大部分，中国起步较早，申请量从2008年开始呈激增的趋势，与中国灯丝LED行业的快速增长期较为吻合，在2012年左右，其申请量达到顶峰，之后一直呈下降趋势，这说明大量中国企业已经把灯丝LED驱动专利研发得相对完善。主要三个国家及地区的专利年度申请趋势图如图5-3所示。

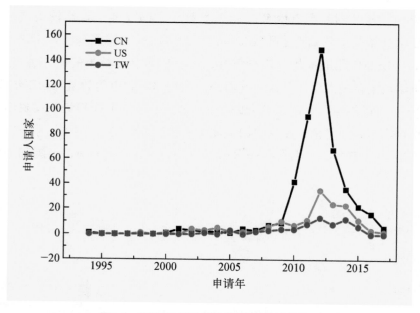

图5-3　灯丝LED驱动电路专利年度申请趋势图

全球灯丝LED驱动电路专利主要专利权人

将1 014件检索结果按照专利权人统计分析，如图5-4所示，该领域不同专利权人的专利拥有量差距悬殊，中国、美国两国的优势明显，专利拥有量前几位均来自这两国，中国和美国的大公司占有了大部分的专利，小公司

申请人排名

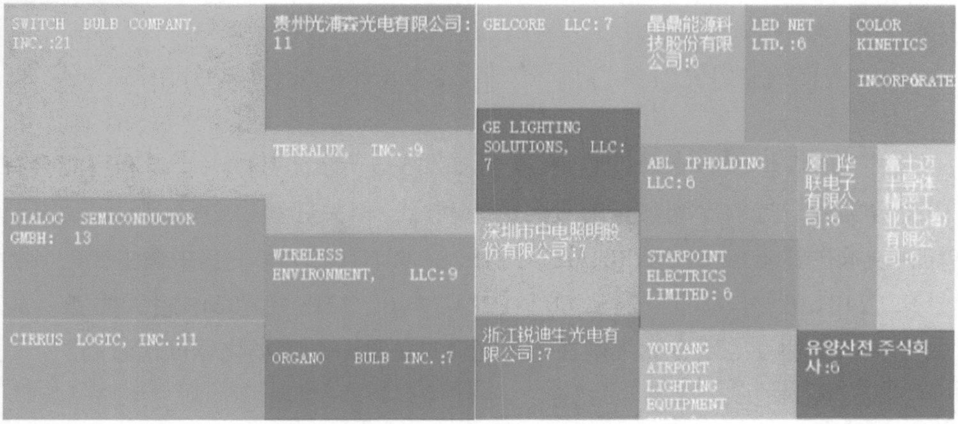

SWITCH BULB COMPANY, INC.:21	贵州光浦森光电有限公司:11	GELCORE LLC:7	晶鼎能源科技股份有限公司:6	LED NET LTD.:6	COLOR KINETICS INCORPORATE
	TERRALUX, INC.:9	GE LIGHTING SOLUTIONS, LLC:7	ABL IP HOLDING LLC:6	厦门华联电子有限公司:6	富士迈半导体精密工业(上海)有限公司:6
DIALOG SEMICONDUCTOR GMBH:13	WIRELESS ENVIRONMENT, LLC:9	深圳市中电照明股份有限公司:7	STARPOINT ELECTRICS LIMITED:6		
CIRRUS LOGIC, INC.:11	ORGANO BULB INC.:7	浙江锐迪生光电有限公司:7	YOUYANG AIRPORT LIGHTING EQUIPMENT	유양산전 주식회사:6	

图5-4　全球灯丝LED驱动电路主要专利权人分布

难以与其争锋。来自美国的SWITCH BULB COMPANY, INC专利数量遥遥领先。其他如DIALOG SEMICONDUCTOR GMBH、CIRRUS LOGIC, INC等都是该领域的主要竞争者，而国内的专利权人中贵州光浦森光电有限公司位居第一。由全球灯丝LED驱动电路主要专利权人分布情况可知灯丝LED驱动技术的研究需要大量资金、技术支持，研发门槛高，只有资金雄厚公司才有能力。对于我国在该领域尚未成长起来的灯丝LED企业来说，值得警惕。

全球灯丝LED驱动电路专利主要发明人

通过对检索得到的专利进行发明人分析，TERRALUX公司的Catalano Anthony居于第一位，浙江锐迪生公司的葛世潮排名第二。此外，DIALOG SEMICONDUCTOR公司的Knoed Gen Horst、ZUDRELL-KOCH, STEFAN等人排名靠前，贵州光埔森光电有限公司，SWITCH BULB，CIRRUS LOGIC也有研发人员入围前十名。从全球灯丝LED驱动电路专利的主要发明人来看，中国发明人的专利数量并不比国外发明人的数量少，由此可见中国企业在灯丝LED驱动电路领域具有优势。

全球灯丝 LED 驱动电路专利技术领域分布

对全球灯丝 LED 专利按照 IPC 分类如图 5-5 所示，其中一个专利可能会有多个分类号，选取专利数量前十名的专利号，相关灯丝 LED 领域的驱动电路专利技术主要分布在 F21Y101/02、F21S2/00 和 F21V29/00。其中最主要的分类号 F21Y101/02，其次是 F21S2/00 和 F21V29/00。F21Y101/02 占绝大多数，说明灯丝 LED 驱动电路专利集中在微型光源这一部分，市场化程度比较高。

IPC分类排名

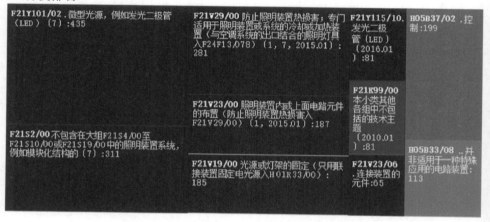

F21Y101/02 . 微型光源，例如发光二极管（LED）（7）:435

F21V29/00 防止照明装置热损害；专门适用于照明装置或系统的冷却或加热装置（与空调系统的出口结合的照明灯具入F24F13/078）（1, 7, 2015.01）:281

F21V23/00 照明装置内或上面电路元件的布置（防止照明装置热损害入F21V29/00）（1, 2015.01）:187

F21V19/00 光源或灯架的固定（只用联接装置固定电光源入H01R33/00）:185

F21S2/00 不包含在大组F21S4/00至F21S10/00或F21S19/00中的照明装置系统，例如模块化结构的（7）:311

F21Y115/10. 发光二极管（LED）（2016.01）:81

F21K99/00 本小类其他各组中不包括的技术主题（2010.01）:81

F21V23/06 . 连接装置的元件:65

H05B37/02 . 控制:199

H05B33/08 .. 并非适用于一种特殊应用的电路装置:113

图 5-5　全球灯丝 LED 驱动电路专利 IPC 构成（截图）

灯丝LED驱动电路全球专利分析

全球灯丝LED驱动电路专利
申请热点国家及地区（组织）

图5-6是全球灯丝LED驱动电路专利申请热点国家，其中申请专利最多的国家及地区（组织）是中国、美国，世界知识产权组织、中国台湾和欧洲申请量相对比较少，灯丝LED驱动电路专利申请主要发生在亚洲，其次是美洲、欧洲，中国是这一领域的佼佼者，申请量为538件，占全世界灯丝LED驱动电路专利53.06%。美国在灯丝LED驱动电路领域第二位，为234件，占全世界灯丝LED驱动电路专利23.08%。而我国灯丝LED行业近几年在国家的大力支持下异军突起，对灯丝LED驱动电路专利研究的推动作用明显，在专利数量上稳居世界第一。

近年全球灯丝LED驱动电路主要专利技术点

我们对2013～2017年灯丝LED驱动电路的专利检索结果327件按照文本聚类分析，得到图5-7。

对上图进行分析，我们可以得知灯丝LED驱动电路专利的6个核心领域：LED光源、Light Output、发光二极管、LED球泡灯、Lamp、驱动电路板。从

LED

LIGHT EMITTING DIODE

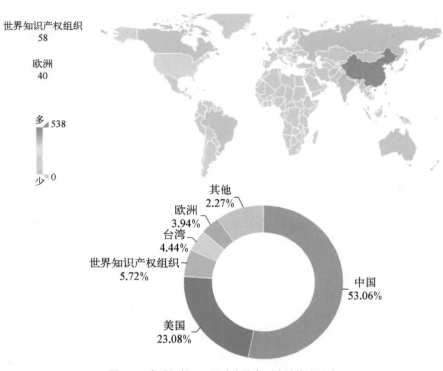

世界知识产权组织
58

欧洲
40

多 538

少 0

其他
2.27%

欧洲
3.94%

台湾
4.44%

世界知识产权组织
5.72%

中国
53.06%

美国
23.08%

图5-6　全球灯丝LED驱动电路专利申请热点国家

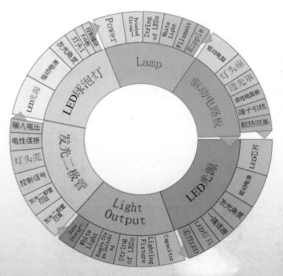

图5-7　近年全球灯丝LED驱动电路专利主要技术点

这6个核心领域可以得知灯丝LED驱动电路主要应用于灯丝LED器件上。

灯丝LED驱动电路专利主要技术来源国分析

　　将检索结果按照专利权人国籍统计分析，如图5-8可见灯丝LED驱动电路的发明专利主要来自中国、美国、中国台湾等地。说明来自这几个国家及地区的专利权人（发明人所在企业或研究机构）占据了该领域专利申请量的主导，而中国以472件专利高居第一位，美国以155件专利名列第二，中国台湾以64件名列第三，韩国、英国分别以24件、19件紧随其后。此外，专利未超过20件的还有荷兰、日本、德国等。

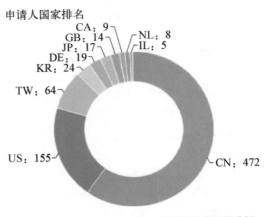

图5-8　灯丝LED驱动电路专利主要技术来源国分析

各主要技术来源国灯丝LED
驱动电路专利特点分析

（1）中国

　　图5-9为按照专利权人国籍为中国分析灯丝LED驱动电路年度申请趋势。中国灯丝LED驱动专利在2009年前都很少，在2009年之后迅速增长，2012年

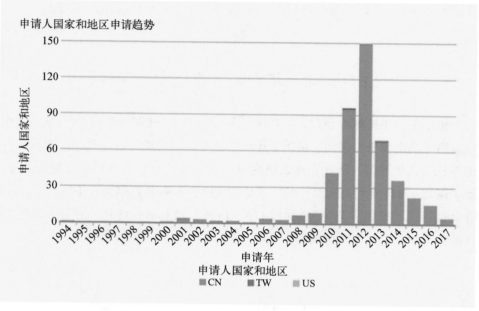

图5-9　专利权人为中国的灯丝LED驱动电路专利年度申请趋势图

达到顶峰，专利申请数为150件。2012年之后呈下降趋势，地区侧重在中国本土，少量在中国台湾申请。

图5-10是技术来源国为中国的各专利权人分布，其中数量排名第一的是

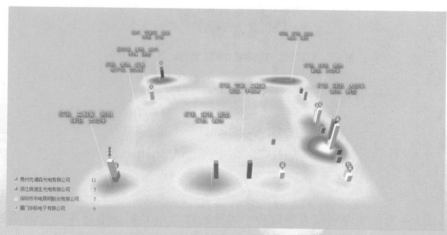

图5-10　技术来源国为中国的各专利权人分布

贵州光浦森光电有限公司，第二位的是浙江锐迪生光电有限公司，排名第三的是深圳市中电照明股份有限公司。从 3D 地图中我们可以看出，浙江锐迪生的专利技术性最高，厦门华联电子有限公司专利数量较少，并且相互之间的竞争不强，分散在不同的领域。

　　图 5-11 所示为中国专利权人在灯丝 LED 驱动电路的 5 大核心领域，其中最大的一块是 LED 光源，其次是 LED 球泡灯、LED 芯片、发光二极管和 LED 灯珠。

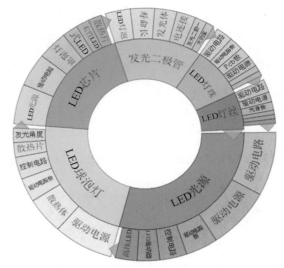

图 5-11　技术来源国为中国的灯丝 LED 驱动电路专利主要技术点

（2）美国

　　图 5-12 为按照专利权人国籍为美国的灯丝 LED 驱动电路专利年度申请趋势。美国灯丝 LED 驱动电路专利在 1998 年开始有相关方面专利申请，1998 年至 2012 年呈波动上升趋势，2012 年达到顶峰，专利申请数为 38 件，之后一直呈下降趋势。地区侧重在美国本土，少量申请在加拿大和德国。

　　如图 5-13 所示，美国的专利权人主要集中在 Switch Bulb、Cirrus Logic、GE Lighting Solutions、ABL IP Holding 这四家公司。其中高价值专利分布在 ABL IP Holding 公司，其专利数量相比其他公司来说最少，但却是高价值专利最多的公司，由此可见该公司拥有较强的专利实力，只是在该领域不够重视。

LED

LIGHT EMITTING DIODE

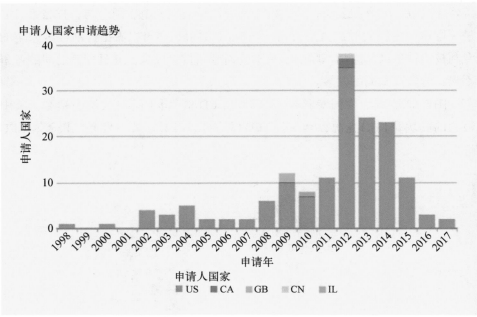

图5-12 专利权人为美国的灯丝LED驱动电路专利年度申请趋势图

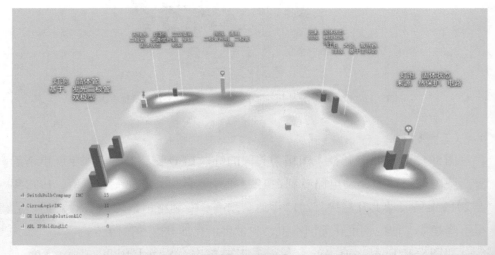

图5-13 技术来源国为美国的各专利权人分布

Switch Bulb虽然拥有最多的专利数量，但均无高价值专利，说明该公司需加强专利保护技术。Cirrus Logic 和 GE Lighting公司在该领域内相比较处于竞争劣势。

图5-14为美国专利权人在灯丝LED驱动电路的6大核心领域，其中最大一块为Light Output。

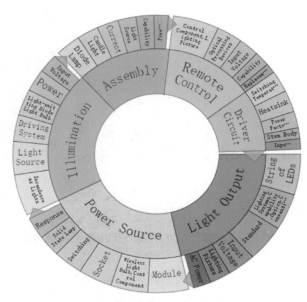

图5-14 技术来源国为美国的灯丝LED驱动电路专利主要技术点

（3）中国台湾

图5-15为按照专利权人为中国台湾分析中国台湾的灯丝LED驱动电路专利年度申请趋势。中国台湾灯丝LED驱动电路专利起步较晚，2003年开始在该领域有专利申请，2003年至2012年一直呈上升趋势，在2012年达到顶峰，专利申请数为13件，之后2014年达到第二个顶峰，专利申请数为12件。地区侧重在中国台湾，也有少量（2件）的专利申请地在中国大陆。

图5-16为技术来源为中国台湾的专利权人的3D专利地图，主要集中在丽光科技股份有限公司、Beautiful Light Technology Corp、Anteya technology Corporation、Everlight Electronics CO., LTD。其中丽光科技股份有限公司是排名第一位，灯丝LED驱动专利为5件。其余公司专利数量很少，专利权人竞争不强。

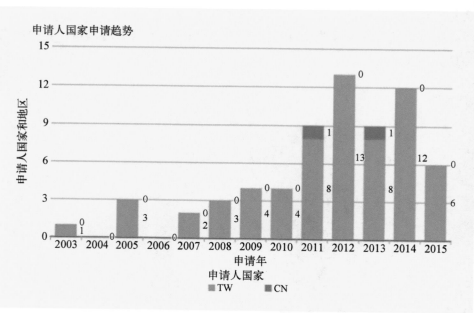

图5-15　专利权人为中国台湾的灯丝LED驱动电路专利年度申请趋势图

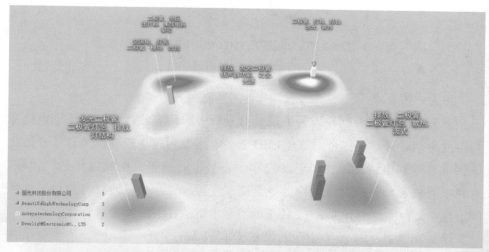

图5-16　技术来源国为中国台湾的各专利权人3D地图

灯丝LED驱动电路专利竞争者态势分析

灯丝LED驱动电路全球专利竞争者态势分析

　　将检索结果按照专利权人来源地区统计分析发现，亚洲专利权人的专利量占世界灯丝LED驱动电路专利量的绝大部分，其中中国、韩国的专利权人拥有最多的专利申请量。相比于亚洲来说，以美国为首的美洲和以英国、德国为代表的欧洲拥有的专利量较少，竞争处于劣势。

亚洲

　　图5-17是技术来源国为亚洲的各专利权人分布的3D专利地图。

　　由3D地图我们可以分析出以下几点：

　　（1）亚洲灯丝LED驱动电路专利主要由贵州光浦森光电有限公司、浙江锐迪生光电有限公司、深圳市中电照明股份有限公司和厦门华联电子有限公司所拥有。其中专利来源于贵州光浦森光电有限公司最多，排名第二的是浙江锐迪生光电有限公司和深圳市中电照明股份有限公司，紧随其后的为厦门华联电子有限公司。

　　（2）由于3D地图的山峰高度与专利数量有关，图中发生专利转让较多的公司是浙江锐迪生光电有限公司，该公司的专利技术性十分强，其专利拥有很

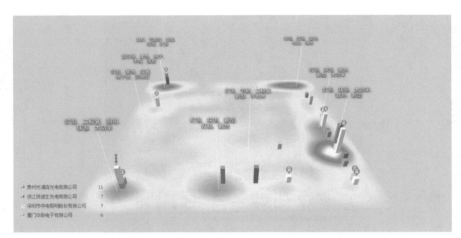

图 5-17　技术来源国为亚洲的各专利权人 3D 地图

强的竞争力，这是其他公司不能比拟的，而且在高价值专利方面，几乎没有公司可以与浙江锐迪生光电有限公司竞争。

其他公司如贵州光浦森光电有限公司拥有专利数量最多，但无高价值专利，说明其竞争力不如其他公司，应该加强。而深圳市中电照明股份有限公司和厦门华联电子有限公司在该领域竞争十分激烈，说明这些公司在该领域的竞争与浙江锐迪生光电有限公司相比处于劣势。

美洲

将检索结果按照专利权人来源地区统计分析发现，该领域在美洲的专利申请量远小于亚洲地区的申请量。图 5-18 是技术来源国为美洲的各专利权人分布的 3D 专利地图。在美洲地区灯丝 LED 驱动电路的主要专利权人有 Switch bulb company INC.、Terralux INC、Cirrus Logic INC、ABL IPHolding LLC。

欧洲

将检索结果按照专利权人来源地区统计分析发现，该领域在欧洲的专利申请量远小于亚洲地区的申请量。图 5-19 是技术来源国为欧洲的各专利权人分布的 3D 专利地图。在欧洲地区灯丝 LED 驱动电路的主要专利权人有 Dialog Semiconductor GMBH、BGT Materiallsimited 等。

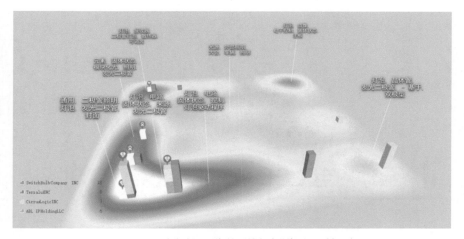

图5-18　技术来源国为美洲的各专利权人 3D 地图

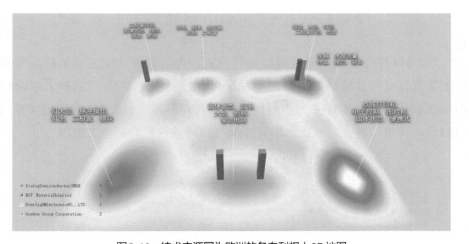

图5-19　技术来源国为欧洲的各专利权人 3D 地图

LED

LIGHT EMITTING DIODE

353

 全球灯丝 LED 驱动电路核心专利解读

全球灯丝 LED 驱动电路核心专利量

对 1 014 件专利按照专利强度进行筛选，保留强度大于 80% 的核心专利，在去掉重复之后，结果如图 5-20 所示，仅有 29 件核心专利。这说明该领域内引用次数较多、技术性强、实用性高的专利并不多，研发高技术含量的灯丝 LED 驱动技术专利，能够成为我国灯丝 LED 行业发展的一个突破口。

	选择整页专利　全选				1 - 29 条专利，共 29 条专利 (29 / 20,000)	
#	公开(公告)号	标题	申请(专利权)人	发明人	收录时间	注释
● 1	US6965205	Light emitting diode based products	COLOR KINETICS INCORPORATED	PIEPGRAS, COLIN MUELLER, GEORGE G. LYS, IHOR A. +2	2018-02-02	
● 2	US4675575	Light-emitting diode assemblies and systems therefore	E & G ENTERPRISES	SMITH, ELMER L. MCLARTY, GEROLD E. SMITH, GERALDINE L.	2018-02-02	
● 3	US5936599	AC powered light emitting diode array circuits for use in traffic signal displays	REYMOND; WELLES	REYMOND, WELLES	2018-02-02	
● 4	US6150771	Circuit for interfacing between a conventional traffic signal conflict monitor and light emitting diodes replacing a conventional incandescent bulb in the signal	PRECISION SOLAR CONTROLS INC.	PERRY, BRADFORD J.	2018-02-02	
● 5	US6659632	Light emitting diode lamp	SOLIDLITE CORPORATION	CHEN, HSING	2018-02-02	
● 6	US7161313	Light emitting diode based products	COLOR KINETICS INCORPORATED	PIEPGRAS, COLIN MUELLER, GEORGE G. LYS, IHOR A. +2	2018-02-02	
● 7	US6864513	Light emitting diode bulb	KAYLU	LIN, TING-HAO	2018-02-02	

图 5-20　灯丝 LED 驱动电路核心专利分析

全球灯丝LED驱动电路核心专利年度申请趋势

从年度申请总量趋势来看，按专利优先权年份统计，得到图5-21。我们可以看到灯丝LED驱动电路核心专利在2003年申请量最多，有4件。核心专利需要引用次数、涉及专利诉讼等长时间跨度的支持，灯丝LED驱动核心技术在一定程度上已经较为完善，突破原有的设计研发思路十分关键。

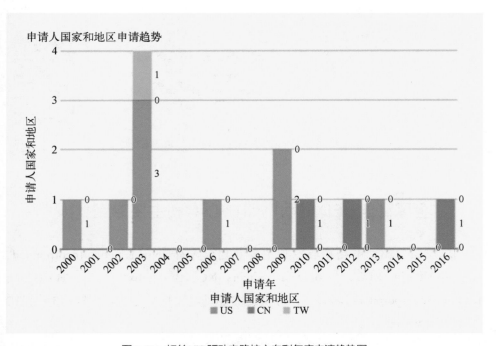

图5-21 灯丝LED驱动电路核心专利年度申请趋势图

将申请量按国别折线图分析，如图5-22，大多数的核心专利为美国申请，在2000年之前没有关于灯丝LED驱动电路核心专利申请，美国最先开始有核心专利申请的，但美国、中国、中国台湾在灯丝LED驱动电路核心专利申请上，都是波动变化的。最新的核心专利为中国申请，说明中国在提高灯丝LED驱动电路质量上不断研发的结果越来越多。

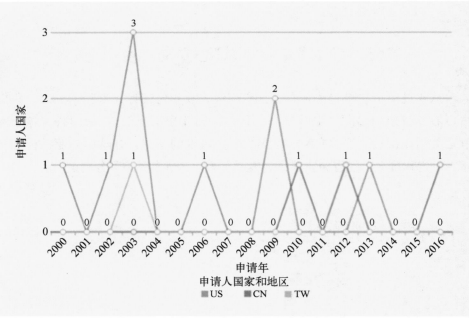

图 5-22　灯丝 LED 驱动电路核心专利国别折线图分析

全球灯丝 LED 驱动电路核心专利主要专利权人

灯丝 LED 驱动电路核心专利主要专利权人有 Color Kinetics Incorporated、ABL IP Holding LLC、Avionic Instruments INC、Bridgelux INC 等。其中 Color Kinetics Incorporated 排名第一，灯丝 LED 驱动电路核心专利申请量为 3 件。3D 地图如图 5-23 所示。

全球灯丝 LED 驱动电路核心专利技术点分布分析

将灯丝 LED 驱动电路核心专利进行统计分析得到技术点分布如图 5-24 所示。

相比于所有灯丝 LED 驱动电路专利，其核心专利同样主要分布在 H 部（电学）和 F 部（机械工程；照明；加热；武器；爆破），其中 H05B33/08（并非适用

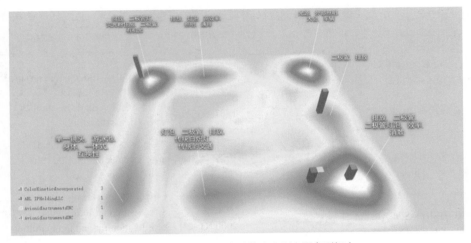

图5-23　灯丝LED驱动电路核心专利主要专利权人

IPC分类排名

H05B33/08 .. 并非适用于一种特殊应用的电路装置：8	H05B37/02 . 控制：6	F21K99/00 本小类其他各组中不包括的技术主题〔2010.01〕：7	F21V23/00 照明装置内或上面电路元件的布置（防止照明装置热损害入F21V29/00）（1，2015.01）：5	G05F1/00 从系统的输出端检测的一个电量对一个或多个预定值的偏差量并反馈到系统中的一个设备里以便使该检测量恢复到它的一个或多个预定值的自动调节系统，即有…
				B64D47/06 .. 用于指示飞机存在的：4
H05B37/00 用于一般电光源的电路装置：4	H05B33/02 . 零部件：4	F21S8/00 准备固定安装的的照明装置（F21S9/00，F21S10/00优先；使用光源串或带的入F21S4/00）〔7〕：4	F21V29/00 防止照明装置热损害；专门适用于照明装置或系统的冷却或加热装置（与空调系统的出口结合的照明灯具入F24F13…）	

图5-24　灯丝LED驱动电路核心专利技术点分布（截图）

于一种特殊应用的电路装置）和F21K99/00（本小类其他各组中不包括的技术主题）分列前两位。而核心专利出现在B部（作业、运输），G部（物理）的代表是G05F1/00（从系统的输出端检测的一个电量对一个或多个预定值的偏差量并反馈到系统中的一个设备里以便使该检测量恢复到它的一个或多个预定值的自动调节系统，即有回授作用的系统）。表5-1为全球灯丝LED驱动电路核心专利节选。

LED LIGHT EMITTING DIODE

357

表5-1　全球灯丝LED驱动电路核心专利节选

专 利 权 人	公 开 号	公 开 日	专 利 名 称
COLOR KINETICS INCORPORATED	US6965205	2005-11-15	Light emitting diode based products
E & G ENTERPRISES	US4675575	1987-06-23	Light-emitting diode assemblies and systems therefore
REYMOND; WELLES	US5936599	1999-08-10	AC powered light emitting diode array circuits for use in traffic signal displays
PRECISION SOLAR CONTROLS INC.	US6150771	2000-11-21	Circuit for interfacing between a conventional traffic signal conflict monitor and light emitting diodes replacing a conventional incandescent bulb in the signal
SOLIDLITE CORPORATION	US6659632	2003-12-09	Light emitting diode lamp
COLOR KINETICS INCORPORATED	US7161313	2007-01-09	Light emitting diode based products
KAYLU INDUSTRIAL CORPORATION	US6864513	2005-03-08	Light emitting diode bulb having high heat dissipating efficiency
TAIWAN OASIS TECHNOLOGY CO., LTD.	US7226189	2007-06-05	Light emitting diode illumination apparatus
PIEPGRAS COLIN | MUELLER GEORGE G. | LYS IHOR A. | DOWLING KEVIN J. | MORGAN FREDERICK M.	US20030137258A1	2003-07-24	Light emitting diode based products
AVIONIC INSTRUMENTS INC.	US6388393	2002-05-14	Ballasts for operating light emitting diodes in AC circuits
COLOR KINETICS INCORPORATED	EP1428415A1	2004-06-16	LED ANWENDUNG | LIGHT EMITTING DIODE BASED PRODUCTS | PRODUITS A DIODES ELECTROLUMINESCENTES
嘉兴山蒲照明电器有限公司	CN205579231U	2016-09-14	LED直管灯 | LED (Light-emitting diode) straight lamp

（续表）

专 利 权 人	公 开 号	公 开 日	专 利 名 称
贵州光浦森光电有限公司	CN102818148B	2014-11-26	互换性和通用性强的 LED 灯泡构成方法及一体式 LED 灯泡 | Constructive method of LED (light-emitting diode) bulb with strong interchangeability and generality, and integrated LED bulb
S. C. JOHNSON & SON, INC.	US7641364	2010-01-05	Adapter for light bulbs equipped with volatile active dispenser and light emitting diodes
WIRELESS ENVIRONMENT, LLC	US20090059603A1	2009-03-05	WIRELESS LIGHT BULB
TECHNOLOGY ASSESSMENT GROUP INC.	US20050057187A1	2005-03-17	Universal light emitting illumination device and method
ABL IP HOLDING LLC	US20130270999A1	2013-10-17	LAMP USING SOLID STATE SOURCE
葛世潮	CN101968181A	2011-02-09	一种高效率 LED 灯泡 | High-efficiency LED lamp bulb
GELCORE LLC	US6762563	2004-07-13	Module for powering and monitoring light-emitting diodes
PLEXTRONICS, INC.	US8215787	2012-07-10	Organic light emitting diode products
—	US20050093718A1	2005-05-05	Light source assembly for vehicle external lighting
BRIDGELUX INC. | SCOTT, KEITH	WO2010087926A1	2010-08-05	PHOSPHOR HOUSING FOR LIGHT EMITTING DIODE LAMP | ENVELOPPE EN SUBSTANCE FLUORESCENTE POUR LAMPE À DIODES ÉLECTROLUMINESCENTES
SCOTT KEITH	US20100187961A1	2010-07-29	PHOSPHOR HOUSING FOR LIGHT EMITTING DIODE LAMP
BRIDGELUX, INC.	EP2391848A1	2011-12-07	PHOSPHORGEHÄUSE FÜR LEUCHTDIODENLAMPE | PHOSPHOR HOUSING FOR LIGHT EMITTING DIODE LAMP | ENVELOPPE EN SUBSTANCE FLUORESCENTE POUR LAMPE À DIODES ÉLECTROLUMINESCENTES

LED

LIGHT EMITTING DIODE

（续表）

专 利 权 人	公 开 号	公 开 日	专 利 名 称
DOYLE, KEVIN	WO2006091538A2	2006-08-31	AN LED POOL OR SPA LIGHT HAVING A UNITARY LENS BODY | ECLAIRAGE DE PISCINE OU DE BASSIN THERMAL A LED, PRESENTANT UN CORPS DE LENTILLE UNITAIRE
DOYLE KEVIN	US20060187652A1	2006-08-24	LED pool or spa light having unitary lens body
L-3 COMMUNICATIONS CORPORATION	CA2476234A1	2003-08-21	LIGHT SOURCE ASSEMBLY FOR VEHICLE EXTERNAL LIGHTING | ENSEMBLE D'ECLAIRAGE DESTINE A L'ECLAIRAGE EXTERNE D'UN VEHICULE
L-3 COMMUNICATIONS CORPORATION	EP1480877A1	2004-12-01	LICHTQUELLENANORDNUNG FÜR FAHRZEUGAUSSENBE-LEUCHTUNG | LIGHT SOURCE ASSEMBLY FOR VEHICLE EXTERNAL LIGHTING | ENSEM-BLE D'ECLAIRAGE DESTINE A L'ECLAIRAGE EXTERNE D'UN VEHICULE
L-3 COMMUNICATIONS CORPORATION	WO2003068599A1	2003-08-21	LIGHT SOURCE ASSEMBLY FOR VEHICLE EXTERNAL LIGHTING | ENSEMBLE D'ECLAIRAGE DESTINE A L'ECLAIRAGE EXTERNE D'UN VEHICULE

中国灯丝LED驱动电路专利分析

中国灯丝LED驱动电路专利总体发展趋势

图5-25是中国灯丝LED驱动专利申请量年度趋势分析，中国灯丝LED驱动专利从1994年开始出现，1994年到2012年一直呈上升趋势，2012达到顶峰，专利申请量为161件，之后呈下降趋势。

2001年也只有4件专利，第一个专利是杭州富阳新颖电子有限公司的葛

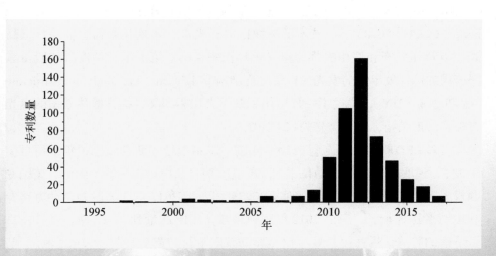

图5-25 中国灯丝LED驱动专利申请量年度趋势图

361

世潮申请的大功率发光二极管发光装置 | Light-emitting device of high-power light-emitting diode（CN1286175C），主分类号为H01L33/00、H01L25/13，它描述了一种大功率发光二极管发光装置。其余三件也都是葛世潮申请，但是分类号分别为H01J7/24、F21K99/00、F21V29/00、F21S2/00、H01L23/34、F21V29/51、H01J61/52、H01J61/30、H05K7/20、F21Y103/00，专利名称为超导热管灯 | Super heat-conductive pipe lamp。描述了一种超导热管灯，它包括一个发光装置。

2006年，灯丝LED驱动电路专利申请量为7件。第一个和第二个是皇家飞利浦电子股份有限公司的M.A.德萨姆伯、M.西肯斯、H.J.埃金克等人申请的柔性LED阵列 | Flexible LED array（CN101151741A、CN101151741B），描述了一种发光器件，包括：一个柔性基板，所说柔性基板具有一个单个构造的导电层，用于形成驱动LED的电极，分类号为H01L33/00、H01L33/64、H01L25/075。第三个是珠海市力丰光电实业有限公司的林建明和陈秀莲申请了一种LED光源灯珠装置 | LED light source lamp apparatus（CN2903663Y），描述了一种LED光源灯珠装置，可以很方便地与传统灯珠互换。散热好、节能环保，安全，发光效率高，使用寿命长。第四个是傅小丽申请了自带照明功能的轻触延时开关 | Touch time-delay switch with lighting function（CN200987150Y），第五个是孙小安申请的一种LED灯泡 | LED lamp bulb（CN101086325A），第六个是王国忠申请的一种LED日光灯 | A LED fluorescent lamp（CN200980183Y），描述了一种LED日光灯，实现长寿命、低功耗、高光效以及在生产和使用中都完全绿色环保的目标。第七个是品能科技股份有限公司的邱佳发申请的发光二极管灯泡结构 | Light emitting diode bulb structure（CN200986121Y），描述了一种适用于既可直接驱动又可提升散热效率的发光二极管灯泡结构，主分类号为F21K9/233。

灯丝LED驱动电路专利在2007年前，基本上处于萌芽状态，年申请量少于7件，说明灯丝LED驱动技术起步较晚，而且从申请人来看，中国、美国专利权人申请专利的意识较早，而从2007年开始到2012年灯丝LED驱动电路专利申请量迅速增长，并在2012年达到顶峰，年申请量到达161件。之后一直呈下降的趋势。近几年是灯丝LED驱动技术革新的黄金时期，大量专利涌现，有力支持了灯丝LED行业的快速发展。

中国灯丝LED驱动电路专利申请人分析

对中国灯丝LED驱动电路专利申请人构成，表5-3列出了排名前十名的申请人。中国灯丝LED驱动电路专利申请排名前三的分别是贵州光浦森光电有限公司、浙江锐迪生光电有限公司和深圳市中电照明股份有限公司，它们分别为11件、7件和7件。具体数量见表5-3。

表5-3 中国灯丝LED驱动电路专利申请人构成

申请(专利权)人	专 利 数
贵州光浦森光电有限公司	11
浙江锐迪生光电有限公司	7
深圳市中电照明股份有限公司	7
厦门华联电子有限公司	6
富士迈半导体精密工业(上海)有限公司	6
晶鼎能源科技股份有限公司	6
上海鼎晖科技股份有限公司	5
横店集团得邦照明股份有限公司	5
DIALOG半导体有限公司	4
四川新力光源股份有限公司	4

从申请人申请年度分析来看，浙江锐迪生光电有限公司申请得较早，在2010年就已经申请了2件灯丝LED驱动电路专利。2012年是众多公司申请量最多的时间点，在2012年有5家公司专利申请量达到顶峰，分别是贵州光浦森光电有限公司（8件）、浙江锐迪生光电有限公司（4件）、深圳市中电照明股份有限公司（6件）、厦门华联电子有限公司（5件）和DIALOG半导体有限公司（4件），2011年有两家公司专利申请量达到顶峰，分别是富士迈半导体精密工业（上海）有限公司（6件）和晶鼎能源科技股份有限公司（6件），2014年有2家公司专利申请量达到顶峰，分别是上海鼎晖科技股份有限公司（5件）和横店集团得邦照明股份有限公司（5件）。

LED

LIGHT EMITTING DIODE

表 5-4　中国灯丝 LED 驱动电路专利申请人年度申请趋势

申请人	2001	2002	2003	2004	2005	2006	2007	2008	2009	2010	2011	2012	2013	2014	2015	2016	2017
贵州光浦森光电有限公司	0	0	0	0	0	0	0	0	0	0	0	8	3	0	0	0	0
浙江锐迪生光电有限公司	0	0	0	0	0	0	0	0	0	2	1	4	0	0	0	0	0
深圳市中电照明股份有限公司	0	0	0	0	0	0	0	0	0	0	0	6	1	0	0	0	0
厦门华联电子有限公司	0	0	0	0	0	0	0	0	0	0	1	5	0	0	0	0	0
富士迈半导体精密工业（上海）有限公司	0	0	0	0	0	0	0	0	0	0	6	0	0	0	0	0	0
晶鼎能源科技股份有限公司	0	0	0	0	0	0	0	0	0	0	6	0	0	0	0	0	0
上海鼎晖科技股份有限公司	0	0	0	0	0	0	0	0	0	0	0	0	0	5	0	0	0
横店集团得邦照明股份有限公司	0	0	0	0	0	0	0	0	0	0	0	0	0	5	0	0	0
DIALOG半导体有限公司	0	0	0	0	0	0	0	0	0	0	0	4	0	0	0	0	0
四川新力光源股份有限公司	0	0	0	0	0	0	0	0	0	0	0	1	2	0	1	0	0

这10个主要申请人的一些代表性专利是贵州光浦森光电有限公司的张继强、张哲源在2012年申请的互换性和通用性强的LED灯泡构成方法及一体式LED灯泡（CN102818148B），主分类号为F21S2/00，它描述了实现了LED灯泡、灯具和照明控制产品在生产上和使用上各自独立，使LED照明产品大幅度地减少生产环节、提高生产批量化、有利于LED节能照明产品的产业化。

　　浙江锐迪生光电有限公司的葛世潮于2010年申请的一种高效率LED灯泡（CN101968181B），主分类号为F21S4/00，所述至少一条LED发光条连接成单向DC工作或双向AC工作；本发明的LED灯泡具有LED芯片4π出光、无需笨重的散热器、驱动器无需变压器、整灯效率高成本低、安全可靠等优点，用于照明。

　　深圳市中电照明股份有限公司的张凤敏在2012年申请的一种对流散热式LED灯泡（CN102798013B），主分类号为F21S2/00，描述了一种散热体较小、发光面积较大、散热效果好的对流散热式LED灯泡。

　　厦门华联电子有限公司的林祯祥在2012年申请了一种LED光源及采用此光源制造的灯泡（CN102913787B），主分类号为F21S2/00，描述了LED光源发光角度大、散热效果好、发光效率高。

　　DIALOG半导体有限公司的霍斯特诺根在2014年申请的用于固态灯泡组件的控制器（CN103843460A），主分类号为H05B33/08，主要涉及用于固态灯泡组件的控制器，特别是涉及用于包括发光二极管的灯泡组件的控制器。

　　富士迈半导体精密工业（上海）有限公司的谢冠宏在2011年申请的LED灯泡（CN103185280A），主分类号为F21S10/00，描述了一种LED灯泡，包括浅碟形状的灯体及与灯体可分离连接的灯头，该灯体包括罩体、盖体、LED灯板、LED颗粒、LED驱动器及固定装置，该固定装置用于将该罩体、LED驱动器及LED灯板紧凑地装配在一起。

　　上海鼎晖科技股份有限公司的李建胜在2014年申请的一种3D COB LED灯发光组件及LED灯（CN104006321B），主分类号为F21K9/232，主要描述了一种3D COB LED灯发光组件，其被用于一LED灯内发光，所述LED灯至少包括LED灯泡壳以及散热器，所述LED灯发光组件至少包括基板以及LED发光芯片组，所述LED发光芯片组贴附于所述基板上，所述基板与所述散热器相连接以使得所述LED发光芯片组的热量通过所述基板传递到所述散热器上。

　　横店集团得邦照明股份有限公司的药左红在2014年申请的一种具有新型

端子结构的蜡烛型LED灯（CN203771119U），主分类号为F21S2/00，描述了一种具有新型端子结构的蜡烛型LED灯，包括泡壳、若干光源LED、若干光源端子、LED盖板、驱动电路板、外壳及灯头；其中，光源端子包括方形塑料件、第一端子引线和第二端子引线。本实用新型克服了现有技术中蜡烛型LED灯发光角度较窄、光效较低及使用范围较窄等问题，该实用新型具有结构简单、造价便宜、发光角度大、光效高及使用范围广等特点。

中国灯丝LED驱动电路专利国省分布

图5-26表示中国灯丝LED驱动电路专利国省分布情况，只列出前10位。

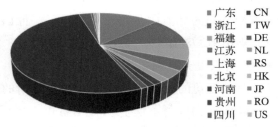

图5-26　中国灯丝LED驱动电路专利国省分布图

在专利国省分布图中，中国独占鳌头，大约占到总的灯丝LED驱动专利的1/2左右。同时，中国台湾专利紧随其后。在国内，以广东省的专利数量最多，而广东省和浙江省专利数量超过百件。此外，中国台湾、德国分别占据一定份额。从国省专利分析中我们可以看到，中国灯丝LED驱动方面的专利占据了一大半，几乎垄断了该领域的专利。目前国内广东、浙江、福建、江苏、上海、北京、河南、贵州和四川等省份均有关于灯丝LED驱动专利的申请，四川省由于灯丝LED驱动起步较早，有一定的基础。这说明灯丝LED行业需要较高的技术和专业知识作为基础，上海、北京、广东等地的高校为灯丝LED驱动技术的发展做出了不可磨灭的贡献。

在广东省，光宝光电常州的李柏纬在2010年申请的发光二极管灯具与使用其的照明装置（CN102384376B），主分类号为F21S2/00，描述了一种发光二极管灯具与使用其的照明装置，其发光二极管灯具具有发光二极管灯泡及相应于发光二极管灯泡的灯座。发光二极管灯泡具有灯泡本体与接头，灯泡本体中具有多组发光单元。接头上设置有多个弹片，弹片分别连接至发光单元以形成多组电传导路径。不需要在发光二极管灯泡中设置控制电路即可达到颜色切换与亮度控制的效果，并具有使用寿命较长以及制造成本较低的优点。

在浙江省，浙江锐迪生光电有限公司的葛世潮于2010年申请的一种高效率LED灯泡（CN101968181B），主分类号为F21S4/00，它公开了一种高效率LED灯泡，它包括一个透光泡壳，一个带有排气管、电引出线和支架的芯柱，至少一条LED发光条，一个驱动器，一个电连接器；LED发光条固定在芯柱上，其电极经芯柱的电引出线与驱动器、电连接器相连，以连接外电源；透光泡壳和芯柱真空密封，泡壳内充有高导热率气体；LED发光条包括一个透明基板条，其上有至少一串、串联的、相同或不同发光色的LED芯片，并密封在一个玻璃管内，LED的电极由玻璃管二端引出，引出线与玻璃管真空密封，玻璃管内充有高导热率高透光率材料；LED芯片4π出光；玻璃管的内或外壁上，或透光泡壳内壁上可有发光材料；所述至少一条LED发光条连接成单向DC工作或双向AC工作；本发明的LED灯泡具有LED芯片4π出光、无需笨重的散热器、驱动器无需变压器、整灯效率高成本低、安全可靠等优点，用于照明。

在福建省，胡枝清等人在2013年申请的一种带散热介质的大功率LED彩色水晶吊灯（CN202747188U），主分类号为F21S8/06，公开一种带散热介质的大功率LED彩色水晶吊灯，包括吊板、吊柱和灯具外壳，吊板下连接有吊柱，其结构特点为所述的吊柱连接灯具外壳，灯具外壳外罩有水晶灯罩，在灯具外壳内设置有灯座，灯座安装有灯泡，灯泡包括灯头和灯泡外壳，在灯泡外壳内设置有铝制灯具板，铝制灯具板上设置有复数个LED灯和PCB板，在PCB板上设有LED驱动芯片，LED灯与LED驱动芯片连接；在铝制灯具板外罩有玻璃外罩，在铝质灯具板上设置有内装冷媒介质的冷媒散热腔。具有散热佳、效率高及寿命长、节能等效果。

在江苏省，南通圣菲亚照明电器有限公司的姜洪江在2011年申请的一种可自动调节LED灯泡（CN102374435A），主分类号为F21S2/00，描述了一种可自动调节LED灯泡，包括灯头、驱动电路组件、光源支架、LED发光源、玻璃灯泡，所述玻璃灯泡的尾部与灯头相固定连接，所述驱动电路组件固定在

灯头内，所述光源支架固定在玻璃灯泡内，所述 LED 发光源固定在光源支架上，所述 LED 发光源通过导线与驱动电路组件相连，其特征在于：所述 LED 发光源由若干个 LED 灯组成，所述每个 LED 灯均固定在散热底板上，所述驱动电路组件上固定有控制线路板，所述每个 LED 灯各自通过导线与控制线路板连接。本发明的优点是：结构简单、节能环保、可调节亮度。

在上海市，富士迈半导体精密工业（上海）有限公司的谢冠宏、陈德胜、吕文翔、杨波勇、易亮、张宇等人在 2011 年申请的 LED 灯泡（CN103185282A），主分类号为 F21S10/02，描述了一种 LED 灯泡，包括浅碟形状的灯体及与灯体可分离连接的灯头，该灯体包括罩体、盖体、LED 灯板、LED 颗粒、LED 驱动器及固定装置，该固定装置用于将该罩体、LED 驱动器及 LED 灯板紧凑地装配在一起。

中国灯丝 LED 驱动电路专利主要发明人分析

主要发明人专利份额分析

表 5-5 所示为中国灯丝 LED 驱动电路专利主要发明人专利份额，只列出排名前 10 的发明人。

表 5-5　中国灯丝 LED 驱动专利主要发明人专利份额

发　明　人	专　利　数
葛世潮	16
张哲源	11
张继强	11
胡枝清	8
翁小翠	7
谢冠宏	7
许定国	6
吕文翔	5
李建胜	5
药左红	5

排名前10位的发明人中葛世潮、张哲源、张继强三人的专利数超过10件。

主要发明人技术差异分析

众多专利发明人申请专利的IPC主要集中在F21Y、F21V和F21S三个部分，三部分占了总专利份额的78.5%。

区域申请主要IPC技术构成分析

图5-27所示为中国灯丝LED驱动电路专利申请主要IPC技术构成，仅列出前10位的排名。

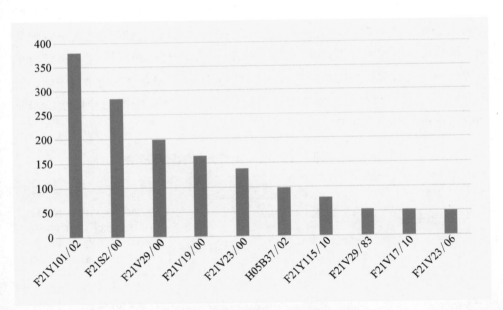

图5-27 中国灯丝LED驱动电路专利申请主要IPC技术构成

区域申请主要的IPC技术构成主要有F21Y101/02［微型光源，例如发光二极管（LED）］、F21S2/00（不包含在大组F21S4/00至F21S10/00或F21S19/00中的照明装置系统，例如模块化结构的）、F21V29/00（防止照明装置热损害；专门适用于照明装置或系统的冷却或加热装置）、F21V19/00［光源或灯架的

369

固定（只用联接装置固定电光源入 H01R33/00）〕、F21V23/00（照明装置内或上面电路元件的布置（防止照明装置热损害入 F21V29/00）。我们可以看出，灯丝 LED 驱动电路技术专利的 IPC 构成主要分布在照明部分。

中国灯丝 LED 驱动电路重点推荐专利和失效专利分析

重点推荐专利分析

中国重点推荐专利共列举 10 个，申请人分别是杭州富阳新颖电子有限公司、浙江恒曼光电科技有限公司、深圳市赛为实业有限公司、生迪光电科技股份有限公司、鸿富锦精密工业（深圳）有限公司、杭州杭科光电股份有限公司、深圳市中电照明股份有限公司、中山市明然光电有限公司、横店得邦电子有限公司、上海亚明照明有限公司。这些重点推荐专利申请人均来自中国，说明我国的灯丝 LED 驱动电路专利技术性较强。表5-6 为中国部分灯丝 LED 驱动电路重点专利推荐列表。

表5-6　中国灯丝 LED 驱动电路重点推荐专利列表

公开（公告）号	专 利 名 称	申请（专利权）人	IPC分类号
CN1608326A	发光二极管及其发光二极管灯 | LED and LED lamp thereof	杭州富阳新颖电子有限公司	F21V19/00；F21V29/00；H01L33/58；H01L33/00；F21V8/00；F21V15/01；H01L33/64；G08G1/095；H01L33/60；F21S8/04；F21S2/00；F21V7/20；F21Y101/02；F21K7/00
CN102932997A	LED 日光灯驱动电路及 LED 灯管 | LED (light-emitting diode) fluorescent lamp drive circuit and LED lamp tube	浙江恒曼光电科技有限公司	H05B37/02
CN2444117Y	发光二极管单色灯泡 | Light-emititng diode monocolour lamp bulb	深圳市赛为实业有限公司	F21K9/232 | F21K99/00 | F21Y115/10 | F21V3/02 | F21S10/02 | F21V3/04

（续表）

公开（公告）号	专 利 名 称	申请（专利权）人	IPC分类号
CN102384452A	一种方便散热的LED灯 | LED (light-emitting diode) lamp convenient to dissipate heat	生迪光电科技股份有限公司	F21V29/00 | F21Y101/02
CN101813865A	电子纸显示装置 | Electronic paper display device	鸿富锦精密工业（深圳）有限公司 | 鸿海精密工业股份有限公司	G06F3/044 | G02F1/167 | G09G3/34 | G06F3/045
CN203131514U	一种高效率发光LED光源及采用该光源的LED灯 | Efficient light-emitting light emitting diode (LED) light source and LED lamp using same	杭州杭科光电股份有限公司	H01L33/64 | F21V19/00 | H01L25/075 | F21V29/00 | F21S2/00 | F21Y101/02 | F21V29/51 | F21V29/503 | H01L33/48
CN102798013A	一种对流散热式LED灯泡 | Convection radiating type LED (light-emitting diode) bulb	深圳市中电照明股份有限公司	F21V29/00 | F21S2/00 | F21Y101/02 | F21V29/83 | F21V29/503
CN202419230U	可拆分式LED灯泡 | Detachable-type light emitting diode (LED) bulb	中山市明然光电有限公司	F21V17/12 | F21V19/00 | F21V29/89 | F21V29/00 | F21V29/77 | F21S2/00 | F21Y101/02
CN201884961U	一种LED球灯 | LED spheroid lamp	横店得邦电子有限公司	F21V15/02 | F21V29/00 | F21V29/508 | F21S2/00 | F21Y101/02 | F21V29/71
CN102811538A	LED模组的驱动电路 | Driving circuit for light emitting diode (LED) module	上海亚明照明有限公司	H05B37/02

失效专利分析

　　失效专利，仅仅是专利的失效，就是说这项发明未能获得专利法的保护，可以任人无偿地使用，但是这项发明并没有失效，依然是有用的发明、先进的技术，可以发挥出经济效益。专利失效的原因主要有以下几个：一是专利权人提前终止专利权而成为失效专利；二是专利超过了"专利法"的规定期限而成为失效专利；三是由于专利申请人已申请了专利，但放弃获得专利权而成为失效专利；四是被中国专利局宣告无效而成为失效专利。表5-7为中国部分灯丝LED驱动电路失效专利列表。

LED

LIGHT EMITTING DIODE

表 5-7 中国灯丝 LED 驱动电路失效专利

公开（公告）号	专利名称	发明人	申请（专利权）人	IPC 分类号
CN2078267U	机车用平面发光二极管信号灯 | Planar light emitting diode signal-lamp for locomotive	张国梁 | 崔雄彬 | 王可忠	中科院长春光学精密机械与物理研究所	B61L5/18
CN2131725Y	电子闪光变色小型装饰品 | ELECTRONIC FLASH VARIABLE COLOUR SMALL SIZE ORNAMENT	朱四维 | 周仁国	朱四维 | 周仁国	B44C5/08 | A44C25/00
CN2219421Y	多功能装饰彩灯 | Multifunctional decorative colour lamp	丁力	丁力	F21P1/02 | G09F13/04
CN1084080C	制动机构与动力致动器 | Brake mechanism and powered actuator	高野智宏 | 宫崎匠	株式会社山武	H02P3/10 | F16K31/04 | H02P3/04
CN1184218A	制动机构与动力致动器 | Brake mechanism and powered actuator	高野智宏 | 宫崎匠	山武·霍尼韦尔公司	H02P3/10 | F16K31/04 | F16D65/27 | H02P3/04
CN2369900Y	摩托车的车灯电压警示器 | Voltage warner for motorcycle lamp	许万力 | 侯信男	光阳工业股份有限公司	B60Q1/26
CN2444117Y	发光二极管单色灯泡 | Light-emititng diode monocolour lamp bulb	温庆祥 | 周勇	深圳市赛为实业有限公司	F21K9/232 | F21K99/00 | F21Y115/10 | F21V3/02 | F21S10/02 | F21V3/04

灯丝 LED 驱动电路产业发展战略建议

灯丝 LED 驱动电路全球专利现状

灯丝 LED 驱动电路技术起步于 20 世纪 90 年代，发展至今，已几近繁荣。从世界范围来看，亚洲中国在专利数量上占据绝对优势地位，欧美处于第二梯队，其他国家对于灯丝 LED 驱动电路技术的研发和产业化还处于萌芽阶段。世界上占有灯丝 LED 驱动电路专利较多的公司主要集中在为数不多的几家大企业，例如 SWITCH BULB、SEMICONDUCTOR GMBH、CIRRUS LOGIC，INC 等。这说明灯丝 LED 专利电路技术在一定程度上为这些大公司垄断，但同时也昭示了该灯丝 LED 驱动电路技术的研发和创新难度大，技术含量高，所需资金多。灯丝 LED 驱动电路专利的 IPC 分类号主要集中在 H 部（电学）和 F 部（机械工程、照明、加热、武器、爆破），分布的范围较广。从技术来源分析，美国在稳固本国专利优势地位的同时，极力抢占中国的市场。从专利申请人来看，基本上符合了专利申请量的特点，一些大公司、大企业的专利申请人较多，基本占据了前十名的位置。从灯丝 LED 驱动电路核心专利来看，金领冠中国在总数上占据领先，但是欧美公司在核心专利上占据优势。同时，在专利竞争者态势上看，欧美公司的竞争力往往很强，而亚洲公司的灯丝 LED 驱动电路专利的数量虽然很多，但专利技术性较低，同时一些低水平的专利竞争严重。

灯丝LED驱动电路中国专利现状

在中国大陆，在灯丝LED驱动电路技术的研发和产业化上，起步较早，并在专利数量上处于领先地位。目前发展较好的省市有广东、浙江、福建和江苏等相对发达的省市，它们依托自身企业，敢于投资和创新，为我国灯丝LED驱动电路专利做出了积极的贡献。在中国台湾地区，尽管起步比美、日、韩等国稍晚，但发展迅速。它们对技术转换为生产的效率很高，迅速完成了相关技术的积累，台湾地区相关灯丝LED企业较为重视知识产权的保护和作用，为其行业的良好发展起到了促进作用。

灯丝LED驱动电路领域专利竞争力提升建议

总体上来讲，灯丝LED技术已经日渐成熟，国际上，产业化的产品已经有很多。随着我国灯丝LED企业实力逐步壮大、国际化进程加速，需要积极加强国外专利布局，争取获得国际大公司的授权或签订交叉许可协议，来抵制跨国公司的专利竞争攻势，突破国际贸易中的知识产权的门槛和壁垒。

灯丝LED行业作为资金及技术密集型产业，要想发展好就必须得到政府、企业和科技部门的通力合作与大力支持。对于政府来说，要想在灯丝LED行业不再落后于人，就要有鲜明而富有远见的眼光对灯丝LED驱动电路技术进行支持，以此推动灯丝LED整个行业的发展。重视对研发灯丝LED驱动电路企业的扶持，牵头组建技术联盟，设立专项研发基金或科技配套研发资金等，促进企业及科研机构的研发积极性。同时大力倡导企业进行对知识产权的保护，定期开办培训及宣讲，不断渗透知识产权的重要性，为我国灯丝LED驱动电路技术的可持续发展奠定基础。对于企业来说，在做大做强产业化的道路上，研发和知识产权保护是两个必不可少的重要环节。企业需要通过研发来创新，扩大实体生产，增加收益，通过对知识产权保护为保护下一步研发奠定基础。所以企业在完成生产的同时，应该有意识地兼顾这两个重要环节，保障企业的立足和长远发展。在研发和知识产权保护的过程中，需要大量的人才和充沛的资金，企业应该有这种魄力去投入，才能成为行业的龙头。同时，由于国外专利多较精，在严防国外形成专利壁垒的同时，加强与国外大型企业的交流与合作，派遣技术人员参观学习，甚至可以购买一些使用专利提供自己突破瓶颈并开拓创新。对于科研院所和高等院校来说，人才的培养和技术的研发是主要任务。对于灯丝 LED 驱动电路技术，需要的是电学、光学和热学等方面的复合型人才，高等院校设立相关对口专利十分有必要，以填补我国在灯丝 LED 行业的人才匮乏。同时，相关科研院校依托强大的实验与研发平台，可以做许多基础性和理论性的研究，并加强与企业的合作，将最新技术转化为生产力，真正促进灯丝 LED 驱动电路的研究进展，促进灯丝 LED 行业的繁荣。

LED

LIGHT EMITTING DIODE

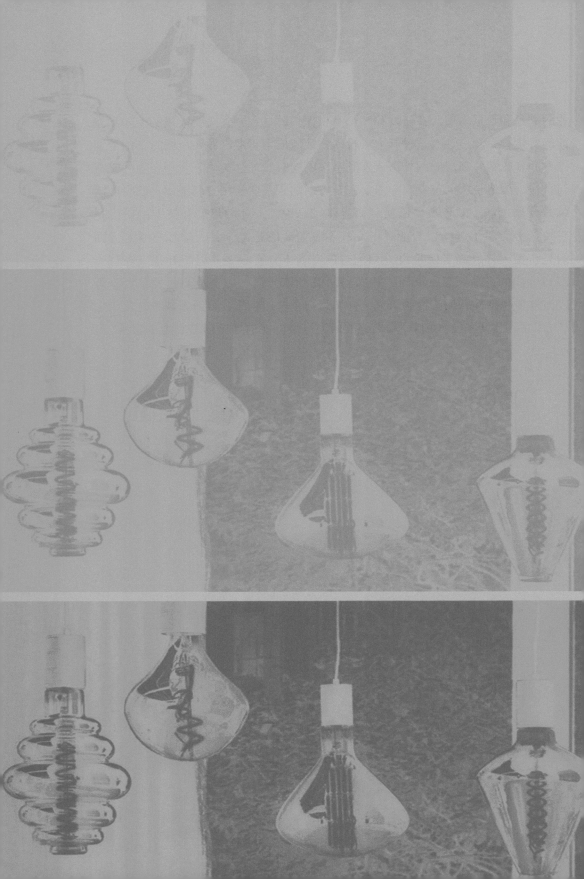

第六章

灯丝 LED 应用
领域专利分析

21世纪以来，以灯丝LED技术为基础的新一代显示和照明产业和产业链在中国、欧美、日本、韩国等国家快速发展。灯丝LED具有360°全发光、无频闪无蓝光泄出、低热、长寿命、缓衰减等特性的特点，与其他照明产品相比，灯丝LED表现出节能环保、高效、最契合白炽灯等潜在优势，使人们使用中找回了即将失去、已经习惯的白炽灯光照环境。

2013年6月光亚展时，只有亚浦耳和晶阳两家公司分别展示了正装LED灯丝灯和倒装LED灯丝灯；2014年6月光亚展时，有60多家公司展示了LED灯丝灯；2014年10香港灯具展时，有200多家公司展示形形色色的LED灯丝灯；2015年春有关媒体报道中国生产LED灯丝灯的相关企业已达600多家。LED灯丝灯的发展如雨后春笋高速萌发，市场快速波及全世界，并很快被世界各地接受。

LED灯丝灯具有360°全发光、无频闪无蓝光泄出等优点，随着全世界禁止白炽灯的使用，新的LED灯丝灯将取代传统的白炽灯。LED灯丝灯的发光亮度和效率、形状都和普通的白炽灯类似，因此受到全球怀旧群众的追捧。

灯丝LED灯主要的应用领域可以分为球泡灯和柔性灯。利用LED灯丝设计各种小功率LED球泡灯非常容易，可以起到很好的节能效果。柔性灯采用柔软而可塑造型的覆铜箔FPC薄膜为基底材料，因此随着柔性LED灯丝的诞生，仿古灯的灯丝造型设计难题将迎刃而解，柔性LED灯丝将有助商用氛围仿古灯的多品化的创新发展。

全球灯丝LED应用专利现状

全球灯丝LED应用专利总量

　　有关灯丝LED方面的专利近些年来并不少，并且基本专利都是关于其应用的，大部分领域包括在球泡灯和柔性灯范围内。专利检索范围包括美国、英国、中国、日本、韩国、法国、德国、法国、PCT、EPO在内的70多个国家或地区，共得到灯丝LED应用方面专利3 559件，如图6-1所示。

图6-1　灯丝LED应用专利搜索结果

LED

LIGHT EMITTING DIODE

全球灯丝 LED 应用专利年度申请趋势

在搜索到的 3 559 件专利中，首先对专利优先权年份进行分析，如图 6-2。

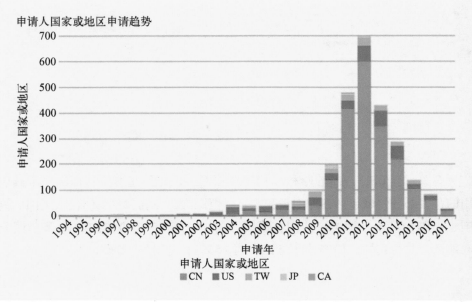

图 6-2　灯丝 LED 应用专利年度申请趋势

由图 6-2 可见，灯丝 LED 应用专利申请数量在 2001 年之前相对较少，之后专利申请量一直稳定增加，2012 年的申请量达到高峰，为 696 件。2016 年和 2017 年的专利申请因为有部分还处于审查过程中尚未公开，因此 2016 年和 2017 年的数据不纳入分析范围内。

以中国、美国、中国台湾、韩国等国家或地区的专利申请作为样本进行分析，其中中国在此方面的专利最多，申请量远远多于美国和韩国。每个国家的整体趋势与图 6-3 分析的结果一致，增长主要集中在 2007 年到 2012 年间。特别要说明的是世界知识产权组织，它是联合国组织系统中的一个专门的机构，

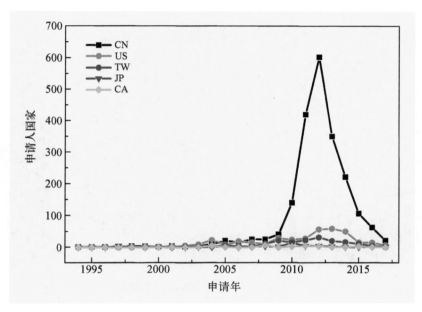

图6-3　灯丝LED专利年度申请趋势图

它管理着涉及知识产权保护各个方面的国际条约。

全球灯丝LED应用专利主要专利权人

对全球3 559件灯丝LED应用专利权人统计分析，如图6-4所示，不难发现，专利主要掌握在少数的几个如贵州光浦森、中山科顺分析、Switch Bulb、Osram等大公司中。中国在此方面的技术申请比较多，间接说明我国在此应用领域上的技术研发比较超前。

全球灯丝LED应用专利主要发明人

3 559件应用专利发明人申请前20名如图6-5所示。从图中可以看出在灯丝LED应用领域，申请专利最多的发明人为张哲源和张继强，其专利发明量

申请人排名

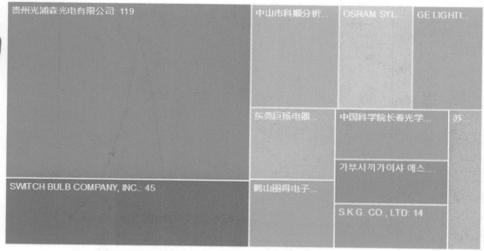

图6-4　全球灯丝LED应用领域主要专利权人分布

发明人排名

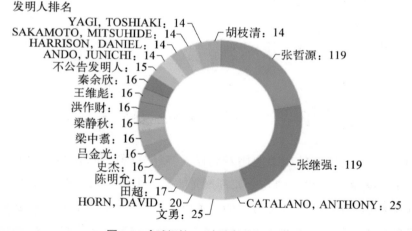

图6-5　全球灯丝LED应用专利主要发明人

占前20名发明量的22%；排名第二、第三的则分别为4.6%、3.7%。

　　通过对排名前10位的发明人进行列表分析，如表6-1所示，我们得出主要发明人所属的公司主要集中在贵州光浦森光电有限公司，其中前10位发明人中有2位来自光浦森，3位来自中国科学院长春光学精密机械与物理研究所。

表6-1　全球灯丝LED应用专利前10位发明人信息表

发 明 人	专 利 数	所 属 公 司
张哲源	119	贵州光浦森光电有限公司
张继强	119	贵州光浦森光电有限公司
CATALANO, ANTHONY	25	TERRALUX, INC.
文勇	25	中山市科顺分析测试技术有限公司
HORN, DAVID	20	SWITCH BULB COMPANY, INC.
田超	17	中国科学院长春光学精密机械与物理研究所
陈明允	17	东莞巨扬电器有限公司
史杰	16	个人
吕金光	16	中国科学院长春光学精密机械与物理研究所
梁中翥	16	中国科学院长春光学精密机械与物理研究所

全球灯丝LED应用专利技术领域分布

对3 559件检索结果进行IPC分类号分析，具体分布如图6-6所示。

IPC分类排名

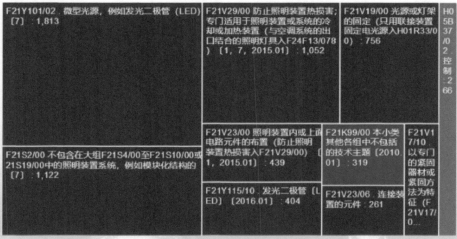

图6-6　全球灯丝LED应用专利IPC分类号图

表6-2为全球灯丝LED应用专利IPC分类表。由表可知，全球灯丝LED应用专利IPC排名前3的主要集中在F部。F部主要包括F21Y101/02，F21S2/00和F21V29/00。其专利申请功能分别集中在"微型光源，例如发光二极管（LED）；不包含在大组F21S4/00至F21S10/00或F21S19/00中的照明装置系统，例如模块化结构；防止照明装置热损害；专门适用于照明装置或系统的冷却或加热装置"。三者专利总数为3 987件，占灯丝LED应用专利总数的47.39%。

表6-2　全球灯丝LED应用专利IPC分类表

IPC分类号	功　　　　　能	专利数
F21Y101/02	微型光源，例如发光二极管（LED）	1 813
F21S2/00	不包含在大组 F21S4/00 至 F21S10/00 或 F21S19/00 中的照明装置系统，例如模块化结构的	1 122
F21V29/00	防止照明装置热损害；专门适用于照明装置或系统的冷却或加热装置（与空调系统的出口结合的照明灯具入 F24F13/078）	1 052

全球灯丝LED应用专利分析

全球灯丝LED应用专利申请热点国家地区

图6-7为灯丝LED应用专利申请热点国家地区分布。我们发现灯丝LED应用的专利申请主要集中在中国、美国、中国台湾。中国是该领域内专利申请最多的国家，达到2 321件，其余申请量相对较多的国家及地区分别为美国、中国台湾、世界知识产权组织、欧洲。专利申请量分别为626件、141件、138件和115件。

图6-7　灯丝LED应用专利申请热点国家和地区

LED

LIGHT EMITTING DIODE

385

近年全球灯丝LED应用主要专利技术点

对公开时间（2014-01-01至2017-12-31）进行筛选，得到1100件专利，然后将这1100件专利按照文本聚类分析，发现灯丝LED应用技术的专利研究主要集中在LED光源和柔性LED领域。表6-3为各技术领域的子分类。

全球灯丝LED应用技术的专利主要集中于散热体、透光照、灯泡壳等研究。

表6-3　全球灯丝LED应用技术两大核心领域

	子　分　类	专利数量
（1）LED光源	大角度	41
	散热体	39
	驱动电源	29
	LED芯片	28
	灯泡壳	26
	光源组件	23
	透光罩	18
	线路板	18
	柔性基板	14
	光源模组	14
（2）柔性LED	柔性LED灯带	48
	柔性基板	44
	线路板	43
	LED光源	40
	柔性电路板	35
	LED芯片	25
	透光层	22
	柔性LED灯丝	20

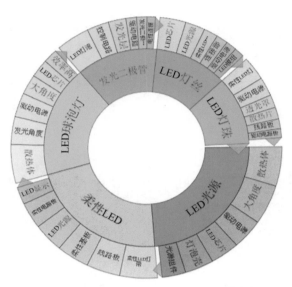

图6-8　近年全球灯丝 LED 应用专利主要技术点

灯丝 LED 应用专利主要技术来源地域分析

将检索结果按照专利权两年地域统计分析如图6-9所示。从图中可以看出，专利权人主要集中在中国、美国、中国台湾、日本等国家及地区。

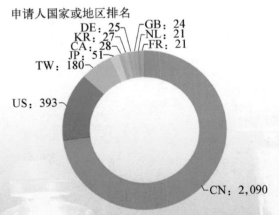

图6-9　灯丝 LED 应用专利主要技术来源国及地区分析

LED

LIGHT EMITTING DIODE

 灯丝LED应用专利竞争者态势分析

对检索得到的3 599件灯丝LED专利文献的专利权人机构进行分析，得到世界各大机构的3D地图。在世界范围内，贵州光浦森光电有限公司以119件排行榜首；Switch Bulb以54件排第二位，中山市科顺分析测试技术有限公司拥有25件排在第三位，Osram拥有22件排在第四位。

通过3D地图6-10分析该领域的各竞争者的技术差距情况。

GE公司虽然公司规模大具有强大的综合实力，但在灯丝LED应用领域关

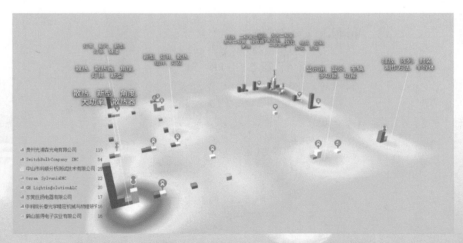

图6-10　技术来源国为全球的灯丝LED应用各专利权人3D地图

注较少且缺乏先进的专利技术。

贵州光浦森光电有限公司虽然规模不大，但申请专利数量最多，说明该公司对该领域关注得比较多，较早进入市场，但无高价值专利，说明该公司缺乏先进的专利技术。

Osram 公司虽然拥有专利数量不多，但均为高价值专利，说明该公司有强大的综合实力且在该领域拥有先进的专利技术。该公司不仅有强大的综合实力，而且高价值专利多，说明它们申请的应用专利价值很高并且在该领域具有较强的竞争力。

东莞巨扬电器有限公司、中科院长春光学精密机械与物理研究所和鹤山丽得电子实业有限公司虽然也拥有一定数量的专利，但均无高价值专利且范围比较窄，在该领域内处于竞争劣势。

LED

LIGHT EMITTING DIODE

 # 全球灯丝LED-球泡灯专利分析

全球灯丝LED-球泡灯专利总量

截至2017年12月31日，通过智慧芽专利分软件，搜索全球范围内的灯丝LED方面的专利。专利检索范围包括美国、英国、中国、日本、韩国、法国、德国、PCT、EPO在内的70多个国家或地区（组织），检索得到3 091件专利，检索结果如图6-11。

对3 091件检索结果进行失效分析，筛选出检索结果中的失效专利，最后得到失效后的1 584件，可见相当一部分灯丝LED专利已经失效，见图6-12。

图6-11　全球灯丝LED-球泡灯专利总量

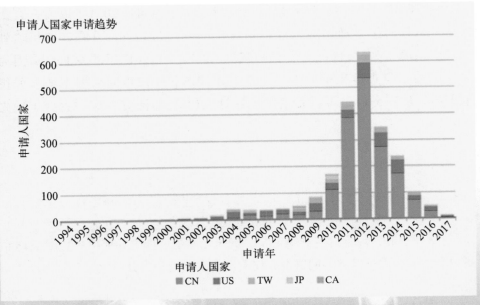

图6-12 全球灯丝LED-球泡灯失效专利截图

全球灯丝LED-球泡灯专利申请年度趋势

将3 091件检索专利按照专利优先权年份统计得到图6-13和图6-14。

图6-13 全球灯丝LED-球泡灯专利年度申请趋势柱状图

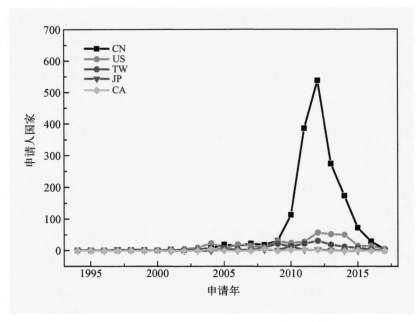

图6-14　全球灯丝LED-球泡灯专利年度申请趋势图

由图6-13可见，灯丝LED-球泡灯专利申请数量在2004年以前一直比较少，从2004年增加明显，且达到一个高峰，为40件，并在2012年达到第二个顶峰，为635件，之后有所减少。2016年和2017年的专利申请因为部分还处于审查过程中尚未公开，因此2016和2017年的数据不纳入分析范围内。从图6-14也可以看出中国在灯丝LED-球泡灯领域一直处于领先水平。

全球灯丝LED-球泡灯专利主要专利权人

在灯丝LED-球泡灯专利申请中，贵州光浦森占据主导地位。从图6-15中可以看出，球泡灯专利中的非专利权人也占了相当一部分的比重。

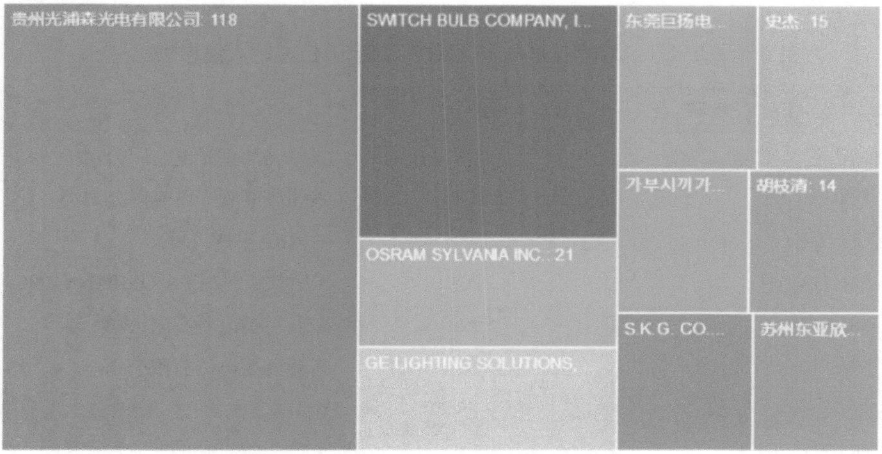

申请人排名

贵州光浦森光电有限公司: 118	SWITCH BULB COMPANY, L...	东莞巨扬电...	史杰: 15
		가부시끼가...	胡枝清: 14
	OSRAM SYLVANIA INC.: 21		
	GE LIGHTING SOLUTIONS,	S.K.G. CO...	苏州东亚欣...

图6-15　全球灯丝LED-球泡灯主要专利权人

全球灯丝LED-球泡灯专利主要发明人

对 3 091 件检索结果的专利发明人进行分析，排名前20名的人员构成如图 6-16 所示。

通过对排名前10位的发明人进行列表分析，如表6-4所示，我们得出主要发明人所属的公司主要集中在贵州光浦森这一家公司。可见贵州光浦森在球泡

发明人排名

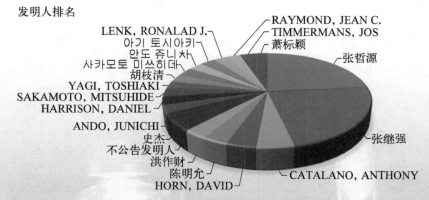

图6-16　全球灯丝LED-球泡灯专利主要发明人

灯领域内具有领导地位。

表6-4　全球灯丝LED-球泡灯专利前10位发明人信息表

发　明　人	专　利　数	所　属　公　司
张哲源	118	贵州光浦森光电有限公司
张继强	118	贵州光浦森光电有限公司
CATALANO, ANTHONY	25	TERRALUX, INC.
HORN, DAVID	20	SWITCH BULB COMPANY, INC.
陈明允	17	东莞巨扬电器有限公司
洪作财	16	东莞巨扬电器有限公司
史杰	15	个人
ANDO, JUNICHI	14	S.K.G. CO., LTD
HARRISON, DANIEL	14	TERRALUX, INC.
SAKAMOTO, MITSUHIDE	14	S.K.G. CO., LTD

全球灯丝LED-球泡灯专利技术领域分布

对3 091件检索结果进行IPC分类号分析，具体的分布如图6-17所示。

IPC分类排名

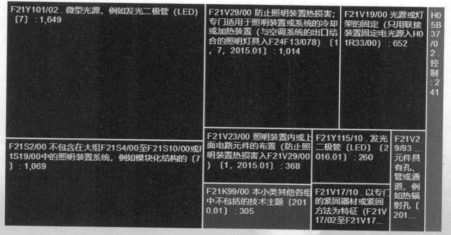

图6-17　全球灯丝LED-球泡灯专利IPC分类号排名图

对全球灯丝LED-球泡灯专利IPC分类，排名前5的是F21Y101/02、F21S2/00、F21V29/00、F21V19/00、F21V23/00，由此可见IPC分类主要分布在F部。由于同一个专利可能属于不同的分类号，会有重复，因此前5F部专利数量为4 752件，由此可见球泡灯专利主要集中在F部。

表6-5　全球灯丝LED-球泡灯专利IPC分类表

IPC分类号	功　　能	专 利 数
F21Y101/02	微型光源，例如发光二极管（LED）	1 649
F21S2/00	不包含在大组F21S4/00至F21S10/00或F21S19/00中的照明装置系统，例如模块化结构的	1 069
F21V29/00	防止照明装置热损害；专门适用于照明装置或系统的冷却或加热装置	1 014
F21V19/00	光源或灯架的固定	652
F21V23/00	照明装置内或上面电路元件的布置	368

全球灯丝LED-球泡灯领域专利分析

全球灯丝LED-球泡灯专利申请热点国家地区

全球灯丝LED-球泡灯专利申请主要集中于中国、美国、中国台湾、日本。其他国家如英国、德国等相对数量较少，如图6-18所示。中国是该领域内专利

世界知识产权组织
134

欧洲
103

多　1925

少　0

图6-18　全球灯丝LED-球泡灯专利申请热点国家地区

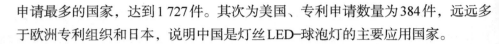

申请最多的国家，达到1 727件。其次为美国、专利申请数量为384件，远远多于欧洲专利组织和日本，说明中国是灯丝LED-球泡灯的主要应用国家。

近年全球灯丝LED-球泡灯主要专利技术点

对公开时间（2013-01-01至2017-12-31）进行筛选后的868件专利，然后将这868件专利按照文本聚类分析，表6-6所示为各技术领域的分类。

表6-6　全球灯丝LED-球泡灯技术领域分类表

分　类	专 利 数 量
散热体	79
大角度	55
驱动电源	53
LED芯片	40
光源组件	31
透光罩	24
PCB板	16
驱动电路	10
电源模块	10
控制电路	8

灯丝LED照明专利主要技术来源国或地区分析

将检索结果按照专利权人国籍统计分析发现灯丝LED-球泡灯的发明专利主要来中国、美国、中国台湾等地，如图6-19所示。说明来自这几个国家的专利权人（发明人所在企业或研究机构）占据了该领域专利申请的主导地位。

各技术来源国灯丝LED照明专利发明特点分析

（1）中国

对国家（中国）进行筛选后得到1 727件专利，按照专利优先权年份统计，得到图6-20趋势图。可见：由其可见灯丝LED-球泡灯技术的专利申请数量在1994年至2003年一直低于2件，而在2004年突然达到了8件。在2012年申请量达到顶峰540件，之后申请量又开始有部分下降。地区侧重在中国本土上，

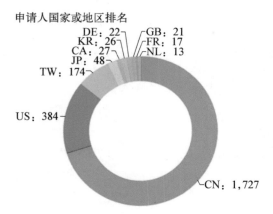

图6-19　灯丝LED-球泡灯专利主要技术来源国或地区

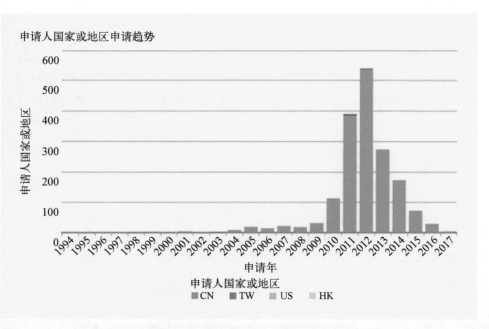

图6-20　专利权人为中国的灯丝LED-球泡灯专利年度申请趋势

在世界专利组织也有少量申请。截至检索时，2017年申请专利处于审核中，故2017年申请专利不在检索范围内。

　　对公开时间（2013-01-01 至 2017-12-31）进行筛选后的480件专利，然后将这480件专利按照文本聚类分析，表6-7所示为各技术领域的分类。

397

LED

LIGHT EMITTING DIODE

表6-7　中国灯丝LED-球泡灯技术领域

分　类	专 利 数 量
散热体	256
驱动电源	201
散热效果	134
大角度	100
LED光源组件	86
PCB板	60
照明灯具	41
驱动电路	32
反光罩	32
线路板	18

（2）美国

对国家（美国）进行筛选后得到384件专利，按照专利优先权年份统计，得到图6-21趋势图。可见：美国在灯丝LED-球泡灯专利的申请年份上比较

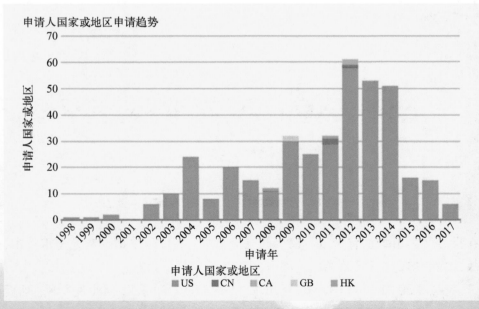

图6-21　专利权人为美国的灯丝LED-球泡灯专利年度申请趋势

早，是最先研究灯丝LED-球泡灯的国家之一，在2012年数量最多为61件，但整体数量不大，所以相对而言申请数量变化不大。地区偏重于本土。截至检索时，2017年申请专利处于审核中，故2017年申请专利不在检索范围内。

对公开时间（2013-01-01至2017-12-31）进行筛选后的141件专利，然后将这141件专利按照文本聚类分析，表6-8所示为各技术领域的分类。

表6-8　美国灯丝LED-球泡灯技术领域

分　类	专 利 数 量
Illumination Source	39
Light Output	32
White Light	20
Control Component	14
Intensity	13
Phosphor	10
Volume Scattering Element	5
Printed Circuit Board	4

（3）中国台湾

对中国台湾进行筛选后得到174件专利，按照专利优先权年份统计，得到图6-22趋势图。可见：球泡灯的专利数量申请量在2000年后才开始增加，并在2012年达到最大为33件，2012后则又开始有所下降，地区侧重于中国大陆内地。

对47件专利进行文本聚类分析，如表6-9为各技术领域的分类。

表6-9　中国台湾灯丝LED-球泡灯技术领域

分　类	专 利 数 量
发光模组	24
LED灯	33
电性连接	16
透光罩	4
导热层	4
电路基板	3
直流电源	3

LED

LIGHT EMITTING DIODE

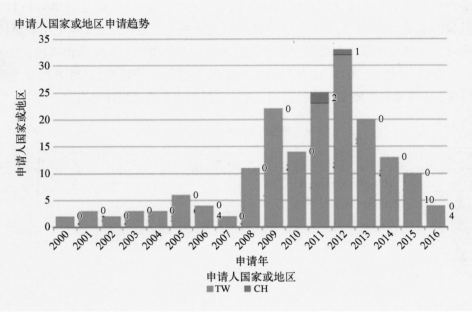

图6-22　专利权人为中国台湾的灯丝LED-球泡灯专利年度申请趋势

来自中国台湾的专利权人在灯丝LED-球泡灯技术领域的核心专利主要集中在发光模组和LED灯等领域。

全球灯丝LED-柔性灯专利分析

全球灯丝LED-柔性灯领域专利现状

全球灯丝LED-柔性灯领域专利总量

截至2017年12月31日，通过智慧芽专利分析软件，专利检索范围包括中国、美国、英国、日本、韩国、法国、德国、PCT、EPO在内的超过70多个国家或地区，共检索得到全球的灯丝LED有关柔性灯领域相关专利申请924件，检索结果如图6-23。

全球灯丝LED-柔性灯专利申请年度趋势

将924件检索专利按照专利优先权年份统计得到图6-24。

由图6-24可见，灯丝LED-柔性灯专利申请数量在2009年之前相对较少，但申请数量呈平缓上升，从1997年的1件增加到2009年的26件，而2009年之后申请数量急剧上升，并在2013年达到顶峰，申请量为105件，之后专利申请量有少量的下降趋势。而2016年和2017年的专利申请有部分还处于审查过程中尚未公开，因此2016年和2017年数据较少。

从年度专利申请总量分析，灯丝LED-柔性灯专利申请量在2012年后保持申请量在100件以上，总体上呈微波动状态。

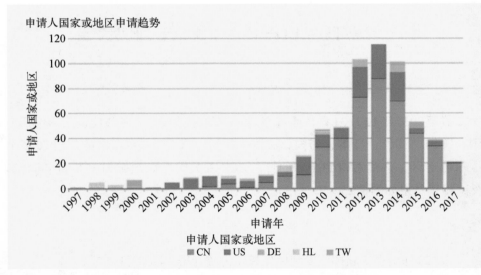

图6-23　全球灯丝LED-柔性LED专利申请总量截图

图6-24　灯丝LED-柔性灯全球专利年度申请趋势柱状图

从申请国别上分析，灯丝LED-柔性灯技术申请主要在中国、美国。

全球灯丝LED-柔性灯领域专利主要专利权人

在灯丝LED-柔性灯924件专利申请中，其专利权人分布如图6-25所示。其中排名第一的为美国的Switch Bulb公司。其申请的柔性灯专利总数为26件，

图6-25　全球灯丝LED-柔性灯领域主要专利权人分布

占据了世界灯丝LED-柔性灯专利申请总数的2.8%。而排名第二的中山市科顺分析测试公司为22件。

全球灯丝LED-柔性灯专利主要发明人

对924件检索结果的专利发明人进行分析，排名前20位的人员构成如图6-26所示。

通过对排名前10位的发明人所申请专利进行列表分析，如表6-10所示，其中共有6位来自中国科学院长春光学精密机械与物理研究所，可见该研究机构在该领域处于专利领先地位。

表6-10　全球灯丝LED-柔性灯专利前10发明人信息表

发　明　人	专利数	所　属　公　司
CATALANO, ANTHONY	23	TERRALUX, INC.
文勇	22	中山市科顺分析测试技术有限公司
HORN, DAVID	20	SWITCH BULB COMPANY, INC.
吕金光	16	中国科学院长春光学精密机械与物理研究所
梁中翥	16	中国科学院长春光学精密机械与物理研究所
梁静秋	16	中国科学院长春光学精密机械与物理研究所

（续表）

发 明 人	专 利 数	所 属 公 司
王维彪	16	中国科学院长春光学精密机械与物理研究所
田超	16	中国科学院长春光学精密机械与物理研究所
秦余欣	16	中国科学院长春光学精密机械与物理研究所
HARRISON, DANIEL	14	TERRALUX, INC.

发明人排名

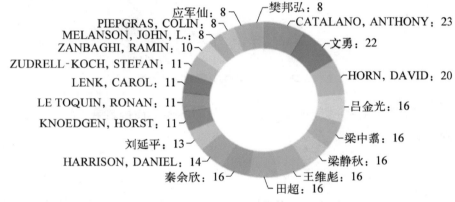

图6-26　全球灯丝LED-柔性灯领域专利主要发明人

近年全球灯丝LED-柔性灯主要专利技术点

对公开时间（2013-01-01至2017-12-31）进行筛选后的387件专利，然后将这387件专利按照文本聚类分析，如表6-11，发现柔性灯的专利技术研究主要集中在LED灯丝和光源领域。

表6-11　全球灯丝LED-柔性灯技术领域分类表

	子 分 类	专 利 数 量
（1）LED灯丝	柔性LED	23
	LED灯泡	22
	LED发光条	11
	立体发光	10

（续表）

	子　分　类	专　利　数　量
	封装胶	8
（1）LED 灯丝	LED 灯丝带	8
	连接件	8
	驱动电路	6
	柔性线路板	12
	柔性 LED 灯丝	8
（2）LED 光源	柔性 LED 灯带	8
	驱动电路	6
	散热体	6

全球灯丝LED-柔性灯领域专利分析

全球灯丝LED-柔性灯领域专利申请热点国家和地区（组织）

图6-27位灯丝LED-柔性灯专利申请热点国家地区分布。我们发现灯丝LED-柔性灯的专利申请主要集中在中国、美国、中国台湾、日本。中国是该领域内专利申请最多的国家，达到470件，其次为美国和世界知识产权组织，

图6-27　全球灯丝LED-柔性灯专利申请热点国家或地区

LED

LIGHT EMITTING DIODE

405

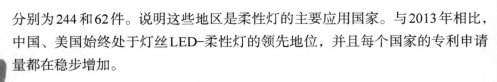

分别为244和62件。说明这些地区是柔性灯的主要应用国家。与2013年相比，中国、美国始终处于灯丝LED-柔性灯的领先地位，并且每个国家的专利申请量都在稳步增加。

灯丝LED-柔性灯主要技术来源地域分析

将检索结果按照专利权人国籍统计分析发现，如图6-28所示，可见灯丝LED-柔性灯的发明专利主要来自中国、美国等地。说明这几个国家的专利权人（发明人所在企业或研究机构）占据了该领域专利申请的主导，而中国以442件专利而高居第一位，技术来源国位于第二、第三、第四的国家分别为美国、德国、英国，专利数量分别为156件、19件、17件。由此可以看出中国的专利数量远远高于其他国家。

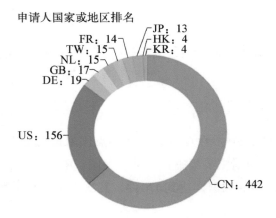

图6-28　全球灯丝LED-柔性灯专利申请热点国家或地区

全球灯丝LED-柔性灯专利竞争者态势分析

将搜索所得的924件灯丝LED-柔性灯专利文献的专利权人机构进行统计分析，得到世界各大机构的3D地图。在世界范围内，Switch Bulb以26件排首位，而中山市科顺分析测试技术有限公司有用22件排在第二位。

通过3D地图6-29分析该领域的各竞争的技术差距情况如下：

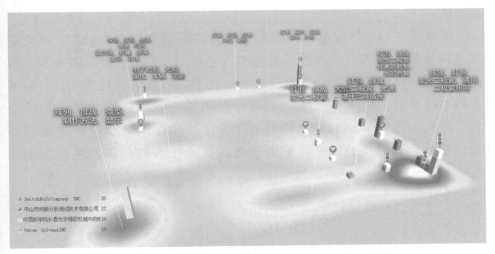

图6-29 技术来源国为全球的灯丝LED-柔性灯各专利权人分布

　　Switch Bulb公司的专利数量最多，但是高价值专利较少，说明该公司在该领域内有强大的综合实力，但是缺乏先进的专利技术。

　　Osram公司虽然拥有的专利数量较少，但是均为高价值专利，说明这两公司在柔性灯领域关注比较少，但在该领域拥有先进的专利技术。

　　中山市科顺分析测试技术有限公司和中国科学院长春光学精密机械与物理研究所在该领域内缺乏强大的综合实力和先进的专利数，申请的专利数量相对不是很少，但均无高价值专利，在该领域内处于竞争劣势。

全球灯丝LED柔性灯丝和柔性基板专利分析

　　灯丝LED柔性灯因符合未来技术发展的需求而引起越来越多的关注和重视，柔性灯丝和柔性基板是未来柔性灯发展的趋势。

　　柔性LED灯丝采用覆铜箔聚酰亚胺薄膜PFC为基底材料，在铜箔上印刷需要的连接线路和焊接倒装LED芯片的焊接点，并进行蚀刻；在蚀刻好电路的覆铜箔FPC基条上先涂覆底层荧光粉，以便倒装LED芯片焊接面的蓝光穿透产生白光；粘贴倒装LED芯片，过回流焊固化；涂覆上层荧光粉，然后加

温固化。

依靠柔性LED灯丝的优势将有更丰富多彩的创新产品溢出。最先进入商用氛围的仿古灯是钛丝爱迪生灯，它采用钛灯丝，钛丝有亮度，但没有照明功能，适用于商业氛围仿古灯的要求。随着钛丝的淘汰，启用了LED硬铁丝，由于都是直而短的灯丝很难设计出圆滑多边连贯的造型。因此，随着柔性LED灯的诞生，仿古灯的灯丝造型设计难题都将迎刃而解，柔性LED灯丝将有助于商用氛围仿古灯的多品种化的创新发展。

全球灯丝LED-柔性灯丝专利分析

（1）全球灯丝LED-柔性灯丝专利申请年度趋势

将101件检索专利按照专利优先权统计得到图6-30。

由图6-30可见，灯丝LED柔性灯丝专利申请数量在2002年之前相对比较少，但在2002年开始申请量有着显著的增加，2017年的专利申请因为有部分

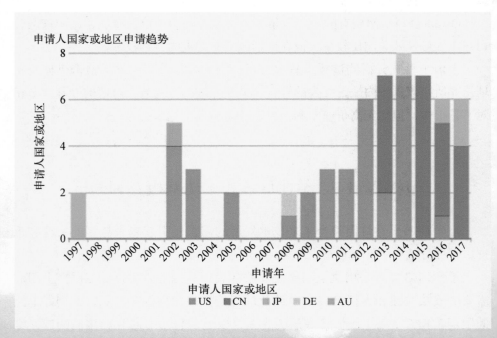

图6-30　灯丝LED-柔性灯丝全球专利年度趋势柱状图

还处于审查过程中尚未公开，因此2017年的数据不纳入分析范围内。

从申请国别上分析，灯丝LED柔性灯丝技术申请主要倾向于美国、中国、日本和韩国的国家。说明这几个国家能够看到灯丝LED柔性灯丝的应用前景，并掌握了灯丝LED柔性灯丝的主要专利。

（2）全球灯丝LED柔性灯丝领域专利

对101件专利进行分析如表6-12所示。

表6-12　全球灯丝LED柔性灯丝专利显示专利摘录表

序列	公开（公告）号	专利名称	公开（公告）日	发明人	申请（专利权）人
1	CN103489995A	柔性LED光源灯丝|Flexible LED (light-emitting diode) light source filament	2014-01-01	黄毅红	福州圆点光电技术有限公司
2	CN107420766A	一种安装有柔性LED灯丝的灯泡及柔性LED灯丝制备方法	2017-12-01	邹军|李文博|杨磊|胡积兵	浙江亿米光电科技有限公司
3	CN206738970U	一种基于柔性LED灯丝制备的LED光源	2017-12-12	邹军|朱伟|庄允益|张思源|李文博|杨磊|胡积兵|李梦恬|姜楠|王立平|刘祎明	浙江亿米光电科技有限公司
4	CN106299081A	一种含荧光粉柔性LED灯丝封装基板的制备方法	2017-01-04	张恒钦|刘玉松	张恒钦|刘玉松
5	CN103489995B	柔性LED光源灯丝	2017-02-22	黄毅红	福州圆点光电技术有限公司
6	WO2014190304A1	LED LIGHT BULB|AMPOULE À DEL	2014-11-27	ANDERSON, DELOREN E.	ANDERSON, DELOREN E.
7	WO2014190304A9	LED LIGHT BULB|AMPOULE À DEL	2015-01-29	ANDERSON, DELOREN E.	ANDERSON, DELOREN E.
8	CN205480835U	柔性LED灯丝及LED灯丝灯|Flexible LED filament and LED filament lamp	2016-08-17	王其远|吴明浩|陈云伟	漳州立达信光电子科技有限公司

LED

LIGHT EMITTING DIODE

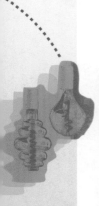

（续表）

序列	公开（公告）号	专利名称	公开（公告）日	发明人	申请（专利权）人
9	CN204879551U	LED灯泡及其柔性LED灯丝｜LED bulb and flexible LED filament thereof	2015-12-16	冯云龙	深圳市源磊科技有限公司
10	US9702510	LED light bulb	2017-07-11	ANDERSON, DELOREN E.	YJB LED
11	US20150085489A1	LED LIGHT BULB	2015-03-26	ANDERSON, DELOREN E.	ANDERSON, DELOREN E.
12	CN205065427U	一种柔性LED灯丝｜Flexible LED filament	2016-03-02	胡斌	慈溪锐恩电子科技有限公司
13	CN103148383A	一种柔性Led灯网以及Led灯卷｜Flexible Led lamp net and Led lamp coil	2013-06-12	靳斌｜梁凯｜靳丰泽	靳丰泽
14	CN106969276A	柔性LED灯丝及LED灯｜Flexible LED lamp filament and LED lamp	2017-07-21	谢益尚｜张传良	四川鋈新能源科技有限公司
15	CN103148383B	一种柔性Led灯网以及Led灯卷｜Flexible Led lamp net and Led lamp coil	2015-04-22	靳斌｜梁凯｜靳丰泽	靳丰泽
16	CN203503701U	柔性LED光源灯丝｜Flexible LED light source filament	2014-03-26	黄毅红	福州圆点光电技术有限公司
17	CN204922554U	一种改进的柔性LED灯网｜Flexible led lamp net of modified	2015-12-30	靳斌｜冉莹玲｜靳丰泽	西华大学
18	US20180031185A1	LIGHTING DEVICE WITH LED FILAMENTS	2018-02-01	PETTMANN, MARC	LED-NER
19	CN106949386A	一种柔性LED灯丝｜Flexible LED lamp filament	2017-07-14	于天宝｜佘君	南昌大学

（续表）

序列	公开（公告）号	专 利 名 称	公开（公告）日	发 明 人	申请（专利权）人
20	EP0079904A1	LEUCHTDIODEN-MATRIXBAUELE-MENTE UND BILDÜBERTRA-GUNGSSYSTEME | LIGHT EMITTING DIODE ARRAY DEVICES AND IMAGE TRANSFER SYSTEMS | DISPOSITIFS A RESEAUX DE DIODES ELEC-TROLUMINESCEN-TES ET SYSTEMES DE TRANSFERT D'IMAGES	1983−06−01	PURDY, HAYDN VICTOR | MCINTOSH, RONALD CAMPBELL	PURDY, HAYDN VICTOR | MCINTOSH, RONALD CAMPBELL
21	WO1982004353A1	LIGHT EMITTING DIODE ARRAY DEVICES AND IM-AGE TRANSFER SYSTEMS | DISPOSITIFS A RESEAUX DE DIODES ELECTROLU-MINESCENTES ET SYSTEMES DE TRANSFERT D'IMAGES	1982−12−09	PURDY, HAYDN, VICTOR	PURDY HAYDN VICTOR
22	GB2099221B	LIGHT EMITTING DIODE ARRAY DEVICES AND IM-AGE TRANSFER SYSTEMS	1985−11−20	—	PURDY HAYDN VICTOR | MCIN-TOSH RONALD CAMPBELL
23	GB2099221A	Light emitting diode array devices and image transfer systems	1982−12−01	—	PURDY HAYDN VICTOR | MCIN-TOSH RONALD CAMPBELL

LED

LIGHT EMITTING DIODE

411

（续表）

序列	公开（公告）号	专利名称	公开（公告）日	发明人	申请（专利权）人
24	US20140355292A1	Fiber Optic Filament Lamp	2014-12-04	KRAUSE, GABRIEL	KRAUSE, GABRIEL
25	US4691987	Optical fiber cable producer and method of bonding optical fibers to light emitting diodes	1987-09-08	EBNER, PETER R. | EBNER, JR., EMANUAL C. | SHAW, JOHN H. | MILLER, JOHN G. | GORELICK, DONALD E.	ITEK GRAPHIX CORP.
26	CA2205608A1	LIGHT EMIT-TING DIODE LAMP | LAMPE COMPORTANT UNE DIODE ELECTROLUMI-NESCENTE	1997-11-20	YAMURO YUKIO	HIYOSHI ELECTRIC CO. LTD.
27	US5931570	Light emitting diode lamp	1999-08-03	YAMURO, YUKIO	HIYOSHI ELECTRIC CO., LTD.
28	US8482212	Light sources incorporating light emitting diodes	2013-07-09	IVEY, JOHN | TIMMERMANS, JOS | RAYMOND, JEAN C.	ILUMISYS, INC.
29	CN104952864A	LED灯丝及其制造方法 | LED (light emitting diode) lamp filament and manufacturing method thereof	2015-09-30	郑剑飞 | 郑文财	厦门多彩光电子科技有限公司

全球灯丝LED-柔性基板专利分析

（1）全球灯丝LED-柔性基板专利申请总量

截至2017年12月31日，通过智慧芽专利分析软件，专利检索包括美国、英国、中国、日本、韩国、法国、德国、PCT、EPO在内的70多个国家或地区，共检测到全球的灯丝LED柔性基板领域相关专利申请119件，检索结果如图6-31。

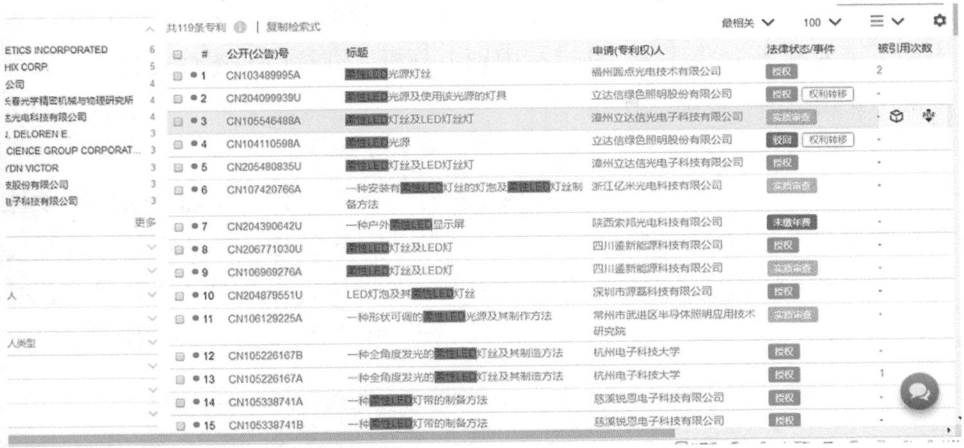

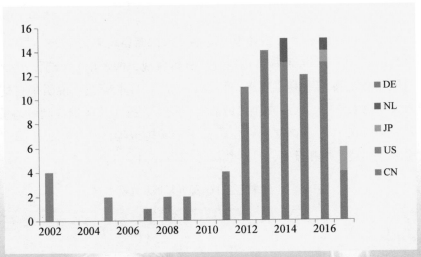

图6-31　全球灯丝LED-柔性基板专利申请总量截图

（2）全球灯丝LED柔性基板专利申请年度趋势

将119件检索专利按照专利优先权年份统计得到图6-32。灯丝LED柔性基板专利申请量在2011年之前相对比较少，但在2011年开始申请量有着显著的增加；在2014年达到第一个高峰，总量为15件，随后又出现逐渐下滑的趋势；在2016年达到第二个高峰，总量为15件，但由于2016和2017年有一些

图6-32　灯丝LED-柔性基板全球专利年度趋势柱状图

专利因为审查原因而未公开，因此2016年的专利申请量应该高于2014年，且中国申请专利成为第一位。从申请国别上分析，灯丝LED柔性基板专利技术申请主要是中国、美国、日本。

（3）全球灯丝LED柔性基板申请国家专利分析

对119件专利灯丝LED柔性基板专利进行统计分析，发现灯丝LED柔性基板的发明专利申请国家分别为中国、美国、日本等地。申请灯丝LED柔性基板专利最多的国家是中国，为75件；其次是美国，为24件；位于第三位的是世界知识产权组织，为5件。其他国家的专利申请数量如表6-13所示。

表6-13　全球灯丝LED-柔性基板申请国家或地区专利公开数量表

序　号	国　　家	专　利　数
1	中　国	75
2	美　国	24
3	世界知识产权组织	7
4	欧　洲	5
5	澳大利亚	2
6	加拿大	2
7	英　国	2
8	印　度	1
9	韩　国	1

（4）全球灯丝LED柔性基板专利主要技术来源国或地区分析

将119件专利按照专利权人国籍统计分析发现，如表6-14所示，可见灯丝LED柔性基板的发明专利主要来自中国、美国、日本等地。说明来自这几个国家的专利权人（发明人所在企业或研究机构）占据了该领域专利申请量的主导，而中国以67件专利高居第一位，技术来源国或地区位于第二、第三的国家或地区分别是美国和日本，专利数量分别为15件和3件。

表6-14　全球灯丝LED-柔性基板受理局排名

序　号	技　术　来　源　国	专　利　数
1	CN	67
2	US	15

（续表）

序　号	技　术　来　源　国	专　利　数
3	JP	3
4	NL	3
5	DE	1
6	FR	1
7	GB	1
8	IL	1
9	KR	1

　　从全球灯丝LED柔性基板技术来源国或地区和申请国家的两个表格对比可以发现，中国无论是技术和数量的专利申请数量上都超过其他国家；而技术来源国位居第二的美国在申请国中也位于第二位，这说明美国掌握着灯丝LED柔性基板的大量技术，注重国内市场的发展；技术来源国或地区位于第三位的日本，但在申请国中却连前10都进不去，这说明日本注重灯丝LED柔性基板的国外市场的发展。

LED

LIGHT EMITTING DIODE

 中国灯丝 LED 应用专利分析

中国灯丝LED应用专利分析

中国灯丝LED应用专利申请年度趋势分析

　　截至2017年12月31日，各国在中国灯丝LED应用专利申请总量为2 090件。申请年度趋势图如图6-33所示。

　　通过图6-33可见，中国灯丝LED应用申请数量在2004年之前很少，仅20件。从2004年到2005年应用专利申请量呈较大增幅，从2005年后专利申请出现小幅波动，2006年稍有下滑，灯丝LED技术应用方面还不是特别成熟，除去一些基础应用专利申请外，还需要更大的进步，也面临着更大的挑战。所以出现专利申请减少现象很正常，随着技术的成熟此方面的专利申请的量还会增加。中国在灯丝LED应用专利领域一直处于世界领先地位，并且世界各国开始越来越关注这方面，并逐步加强对该领域的技术保护。

中国灯丝LED应用专利技术领域分布

　　对中国灯丝LED应用专利按照IPC分类，其中前5名IPC如表6-15所示，所有的IPC分布情况如图6-34所示。通过IPC国际专利分类号的分布情况看，相关灯丝LED领域的专利技术主要分布在F21Y101/02、F21S2/00、F21V29/00、

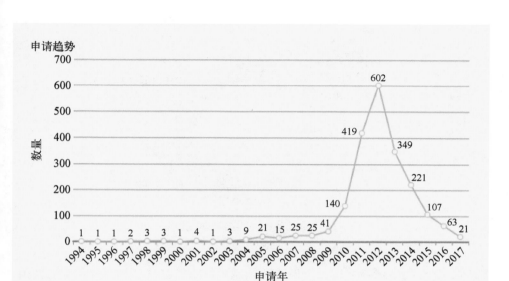

图6-33 中国灯丝LED应用专利申请趋势图

表6-15 IPC前5位分布表

IPC分类号	分 类 号 解 释	专 利 数
F21Y101/02	微型光源，例如发光二极管（LED）	1 517
F21S2/00	不包含在大组F21S4/00至F21S10/00或F21S19/00中的照明装置系统	973
F21V29/00	防止照明装置热损害；专门适用于照明装置或系统的冷却或加热装置	782
F21V19/00	光源或灯架的固定	650
F21Y115/10	发光二极管〔LED〕	317

F21V19/00、F21Y115/10。对于应用这一领域来说，IPC的分布集中在F部。

由前五位应用专利技术分布可以看出，中国的应用专利主要集中在LED灯管或者照明装置器件上。

中国灯丝LED应用专利技术分类分析

（1）中国灯丝LED应用专利主要IPC技术申请趋势分析（前10）

从图6-35主要的IPC技术申请趋势中可以看出，在灯丝LED的应用中

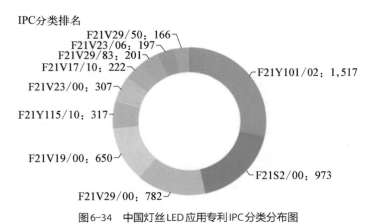

图6-34 中国灯丝LED应用专利IPC分类分布图

F21Y101/02的申请显著增长，说明我国越来越重视半导体器件在灯丝LED中的应用。其IPC技术申请趋势分析前10小类详细分析如表6-16所示。

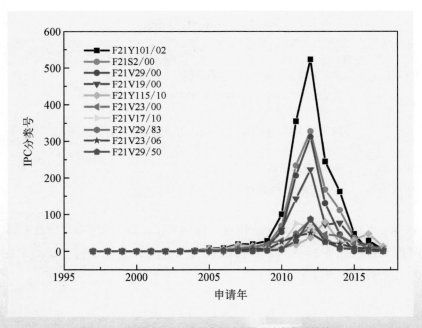

图6-35 中国灯丝LED应用专利主要IPC技术申请趋势图

表6-16 IPC申请趋势分布图

申请年	F21Y101/02	F21S2/00	F21V29/00	F21V19/00	F21Y115/10	F21V23/00	F21V17/10	F21V29/83	F21V23/06	F21V29/50
1997	0	0	0	0	1	0	0	0	0	0
1998	0	0	0	0	0	0	0	0	0	0
1999	0	0	0	0	1	0	0	0	0	0
2000	0	0	0	0	0	0	0	0	0	0
2001	0	0	0	0	1	0	0	0	0	0
2002	0	0	0	0	0	0	0	0	0	0
2003	1	0	0	0	1	0	0	0	1	0
2004	1	2	2	2	0	1	0	0	0	0
2005	8	0	1	0	8	4	0	0	0	0
2006	8	1	6	0	6	2	0	0	1	2
2007	19	3	4	4	17	9	0	1	4	0
2008	19	3	5	9	15	11	1	0	6	0
2009	28	16	15	8	9	20	1	2	5	2
2010	101	69	52	58	9	29	14	4	26	6
2011	355	234	207	143	18	40	75	48	41	28
2012	523	328	313	223	37	64	67	86	50	88
2013	245	168	131	73	80	46	29	37	24	25
2014	163	112	46	77	23	42	20	6	20	10
2015	47	37	0	29	31	20	5	9	10	4
2016	0	0	0	15	47	14	8	7	7	1
2017	0	0	0	9	13	5	2	0	2	0

LED
LIGHT EMITTING DIODE

（2）中国灯丝 LED 应用专利技术分类省分析

在灯丝 LED 的应用中，截至2017年12月31日，中国的灯丝 LED 应用专利申请量最多，在国内应用专利申请量最多的是广东省，为668件；其次分别为浙江和福建，专利数量分别为249件、200件，分别占据了中国的灯丝 LED 应用专利申请量的12%和9.5%，其后依次为江苏、贵州、上海、四川、山东和安徽。具体的分布如表6-17所示。

表6-17　省市专利数量分布表

省/直辖市	专 利 数
广东	668
浙江	249
福建	200
江苏	198
贵州	121
上海	113
四川	71
山东	58
安徽	52
北京	47

（3）中国灯丝 LED 应用专利技术分类申请人构成分析

贵州光浦森光电有限公司在 F21Y101、F21V29 和 F21V19，专利申请量都稳居第一，既在"微型光源，例如发光二极管（LED）""防止照明装置热损害；专门适用于照明装置或系统的冷却或加热装置"和"光源或灯架的固定（只用联接装置固定电光源入 H01R33/00）"三个领域内的专利申请量远远高于其他专利权人。中山市科顺分析测试技术有限公司在 F21Y115"发光二极管（LED）"领域内具有优势。其前10位技术分类点不同专利权人具体申请专利的数量如表6-18所示。从表中可以看出排名前10的均为中国企业或个人，这说明国外在我国的申请专利数量还远远不够，我国处于领先地位。

表6-18 申请人专利数量分布表

IPC	贵州光浦森光电有限公司	中山市科顺分析测试技术有限公司	东莞巨扬电器有限公司	胡枝清	苏州东亚欣业节能照明有限公司	福建省万邦光电科技有限公司	东莞市美能电子有限公司	史杰	四川柏狮光电技术有限公司	富士迈半导体精密工业（上海）有限公司
F21Y101	116	23	16	14	13	0	0	0	0	0
F21S2	50	0	15	0	13	12	9	0	0	0
F21V29	103	0	8	14	0	0	0	10	9	0
F21V19	83	20	0	0	0	10	7	0	0	10
F21Y115	0	20	0	0	0	0	0	0	0	0
F21V23	7	5	0	0	7	0	0	0	0	7
F21V29	10	0	0	13	0	0	0	0	0	0
F21V23	27	8	3	0	0	0	0	0	0	0
F21V29	40	0	0	0	0	0	0	0	0	0
F21V29	8	0	0	0	0	0	5	6	0	0

（4）中国灯丝 LED 应用专利省分析

对国内灯丝 LED 应用专利进行分析，其中申请量最多的为广东，其次为浙江和福建，其专利数量分别为 668 件、249 件、200 件，所占百分比分别为 32%，12% 和 9.5%。具体专利申请数量前 10 位如图6-36所示。

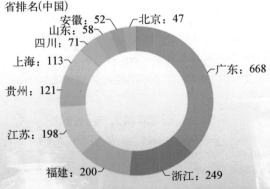

省排名(中国)

安徽：52
北京：47
山东：58
四川：71
上海：113
贵州：121
江苏：198
福建：200
浙江：249
广东：668

图6-36 中国灯丝 LED 应用专利省分布图前 10 名

灯丝LED应用技术主要集中在沿海省市，内地也集中在灯丝LED技术比较成熟的省市，这也说明了灯丝LED总体技术比较强的省市同样也具有比较强的灯丝LED应用技术。

中国灯丝LED应用专利主要竞争者专利份额（前10位申请人）

从图6-37和表6-19中可以看出，从1994年到2017年间，中国灯丝LED的主要竞争者是贵州光浦森光电有限公司、中山市科顺分析测试技术有限公司、东莞巨扬电器有限公司、中国科学院长春光学精密机械与物理研究所、鹤山丽得电子实业有限公司、苏州东亚欣业节能照明有限公司、福建省万邦光电科技有限公司、四川柏狮光电技术有限公司、富士迈半导体精密工业（上海）有限公司；其专利数量分别为119件、25件、17件、16件、16件、13件、12件、11件、11件。灯丝LED应用专利技术主要掌握在企业手中，前10位竞争者中，仅有中国科学院长春光学精密机械与物理研究所是研究所，且以16件排名第四。这同时也说明了中国灯丝LED应用技术专利的发展应该产学研结合，促进其发展。

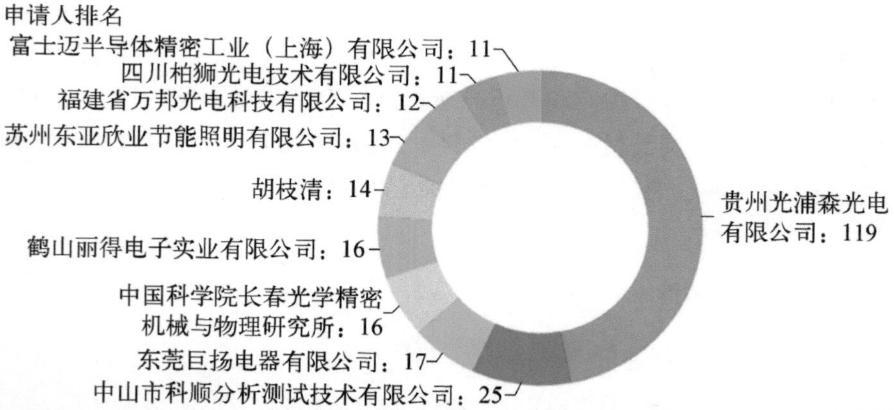

申请人排名

富士迈半导体精密工业（上海）有限公司：11
四川柏狮光电技术有限公司：11
福建省万邦光电科技有限公司：12
苏州东亚欣业节能照明有限公司：13
胡枝清：14
鹤山丽得电子实业有限公司：16
中国科学院长春光学精密机械与物理研究所：16
东莞巨扬电器有限公司：17
中山市科顺分析测试技术有限公司：25
贵州光浦森光电有限公司：119

图6-37　中国灯丝LED应用专利主要竞争者份额图

表6-19　主要申请人专利数量表

申请（专利权）人	专利数
贵州光浦森光电有限公司	119
中山市科顺分析测试技术有限公司	25

（续表）

申请（专利权）人	专 利 数
东莞巨扬电器有限公司	17
中国科学院长春光学精密机械与物理研究所	16
鹤山丽得电子实业有限公司	16
胡枝清	14
苏州东亚欣业节能照明有限公司	13
福建省万邦光电科技有限公司	12
四川柏狮光电技术有限公司	11
富士迈半导体精密工业（上海）有限公司	11

与2011年相比，贵州光浦森光电有限公司、中山市科顺分析测试技术有限公司、苏州东亚欣业节能照明有限公司、四川柏狮光电技术有限公司在中国的申请量有着突飞猛进的发展，其专利数量分别由2011年的8件，0件，0件和1件发展为2013年的96件、17件、12件和6件。这说明中国的灯丝LED应用技术有了迅速增加。

中国灯丝LED应用专利主要竞争者申请趋势分析（前10位申请人）

从图6-38中可以看出，2010年以前国内关于灯丝LED应用技术的专利很少，但从2011年开始，贵州光浦森光电有限公司、中山市科顺分析测试技术有限公司、苏州东亚欣业节能照明有限公司、四川柏狮光电技术有限公司均有了大的提升。但在2013年，在其他公司发展缓慢的时候，中国科学院长春光学精密机械与物理研究所却以较快的速度占领了灯丝LED应用技术专利申请的领先地位。并且从2013年开始，其他各大公司的专利申请数量开始急剧下滑，说明国内企业在灯丝LED应用技术方面遇到瓶颈。

中国灯丝LED应用专利主要发明人分析（前10位发明人）

（1）中国灯丝LED应用专利发明人趋势分析

从图6-39可以看出，截至2017年12月31日，主要发明人为张哲源、张继强、文勇、田超、吕金光、梁中翥、梁静秋、王维彪、秦余欣、陈明允。全部

423

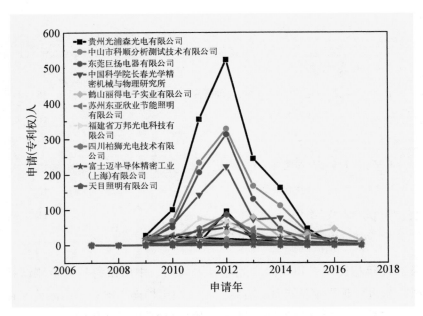

图6-38　中国灯丝LED应用专利主要竞争者申请趋势分析图

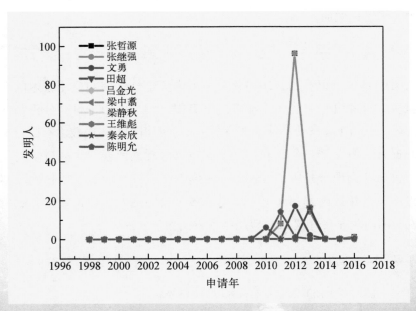

图6-39　中国灯丝LED应用专利发明人分析

424

的发明人都在国内。从申请趋势上可以看出，我国主要专利发明人在2011年其开始有较多的专利申请量，并在2012年到达顶峰，从2013年开始急剧下降。由于2017年部分专利没有公开，所以在此期间的专利申请数量不在分析范围内。

（2）中国灯丝 LED 应用专利主要发明人构成分析

图6-40为主要发明人专利份额图情况。从图中可以看出中国灯丝 LED 应用的专利主要集中在企业手中，专利申请数量居多。然而就发明人而言，张哲源和张继强是应用领域的主要发明人，但两人均属于一家公司，他们均从2012年陡增。由此可以看出灯丝 LED 应用技术在高校发展缓慢，如果进行产学研相结合，能够进一步提高灯丝 LED 的专利申请，并增加相关领域的竞争力。

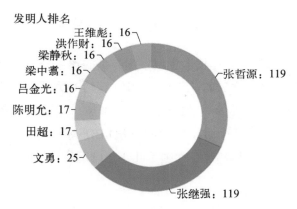

图6-40 中国灯丝 LED 应用专利主要发明人专利份额图

中国灯丝 LED-球泡灯专利分析

中国灯丝 LED-球泡灯专利申请年度趋势

通过智慧芽专利分析软件，对中国专利进行分析，截至2017年12月31日，各国在中国灯丝 LED-球泡灯专利申请总量为1 719件。将1 756件专利按照申请年度统计，得到图6-41的趋势图。

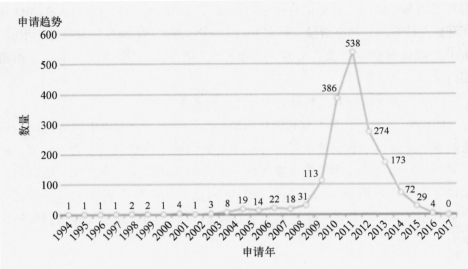

图6-41　中国灯丝LED-球泡灯专利年度申请趋势图

从灯丝LED-球泡灯整体技术领域中国专利的逐年分布情况来看，1994年开始有相关专利申请；之后的几年中，中国灯丝LED-球泡灯方面的专利的申请比较低迷，相关申请很少；于2004年开始增加，并于2012年达到顶峰，申请量为538件；这说明这个时期国内的灯丝LED-球泡灯研究领域比较热门，复合全球灯丝LED的发展趋势，而随后几年急剧下降，说明遇到瓶颈。

中国灯丝LED-球泡灯专利主要竞争者分析

对1 719件在中国申请的灯丝LED-球泡灯专利的主要竞争者进行分析（表6-20所示）。

表6-20　中国球泡灯申请专利权人信息表

申请（专利权）人	专 利 数
贵州光浦森光电有限公司	118
东莞巨扬电器有限公司	17
胡枝清	14
苏州东亚欣业节能照明有限公司	13

（续表）

申请（专利权）人	专 利 数
福建省万邦光电科技有限公司	12
四川柏狮光电技术有限公司	11
富士迈半导体精密工业（上海）有限公司	11
天目照明有限公司	10
上海无线电设备研究所	9
东莞市美能电子有限公司	9

　　从表6-20中可以看出，在1994～2017年间，中国灯丝LED-球泡灯的主要竞争者是贵州光浦森光电有限公司、东莞巨扬电器有限公司、胡枝清、苏州东亚欣业节能照明有限公司、福建省万邦光电科技有限公司、四川柏狮光电技术有限公司、富士迈半导体精密工业（上海）有限公司、上海无线电设备研究所、东莞市美能电子有限公司。

　　贵州光浦森光电有限公司是从事LED照明产业的科技企业，具有先进的工业设计理念和领先行业的专利设计成果，现已有252件中国专利申请和PCT国际专利申请。在业界独家提出建立LED灯泡为应用中心，使灯泡、灯具、照明控制成为独立生产、应用的终端产品的照明产业架构，并参与将其引入LED照明的贵州地方标准中。

　　东莞巨扬电器有限公司创建于2002年，于2008年10月迁新厂于东莞市横沥镇三江工业发展区168栋。工厂员工共约500多名，厂房面积8100平方米，宿舍面积2800平方米，办公楼面积900平方米。公司致力于LED照明解决方案的开发与生产，以专业的研发团队、技术熟练的生产队伍、高效的业务开发和营销团队、一流的管理及可靠的技术支持与服务为依托。苏州东亚欣业节能照明有限公司成立于2011年，总部和研发中心位于苏州工业园区，并于江苏无锡，东莞黄江，东莞东城设有工厂，是专业从事工程复合塑料及新材料在LED光电产业应用的综合性高新技术企业。定位于照明产品全方位技术与生产服务商（EMS），专注LED照明领域新材料的开发及推广应用。主要致力于生产工程复合塑料，开发导热塑料机构套件；并整合强大工程与生产团队，提供机构与整灯设计开发服务，既能为客户提供标准化的散热绝缘产品，又能

LED

LIGHT EMITTING DIODE

427

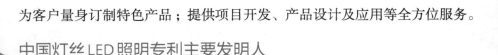

为客户量身订制特色产品；提供项目开发、产品设计及应用等全方位服务。

中国灯丝LED照明专利主要发明人

对1 719件中国灯丝LED-球泡灯专利进行发明人分析，排名前10位的人员构成如图6-42所示。

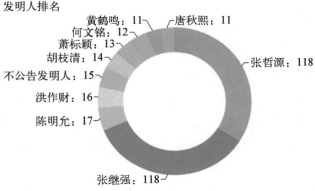

发明人排名

黄鹤鸣：11　　　唐秋熙：11
何文铭：12
萧标颖：13
胡枝清：14
不公告发明人：15
洪作财：16
陈明允：17
张哲源：118
张继强：118

图6-42　中国灯丝LED照明专利主要发明人

从图6-42中可以看出在灯丝LED-球泡灯领域，在中国申请灯丝LED-球泡灯专利最多的发明人为贵州光浦森光电有限公司的为张哲源和张继强，其专利申请量均为118件。从上述文字中可以看出贵州光浦森光电有限公司在灯丝LED球泡灯领域具有很大的发展潜力和较多的技术人才。

中国柔性灯专利分析

中国灯丝LED-柔性灯专利申请年度趋势

通过智慧芽专利分析软件，对中国专利进行分析，截至2017年12月31日，各国在中国灯丝LED-柔性灯专利申请总量为207件。将207件专利按照申请年度统计，得到图6-43的趋势图。

从灯丝LED柔性灯技术领域中国专利的逐年分布情况来看，1997年开始有

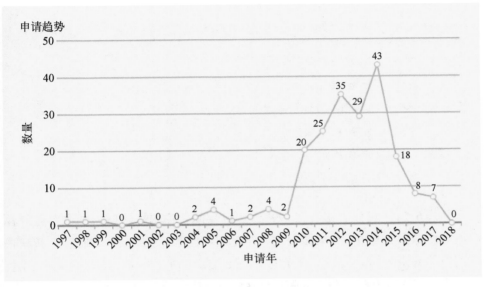

图6-43　中国灯丝LED-柔性灯专利年度申请趋势图

相关专利申请，之后中国柔性灯一直处于平缓状态，直到2003年。从2003年开始专利申请一直呈缓慢增加的趋势，并于2005年达到一个小高峰，申请量为5件，说明这个时候国内的灯丝LED-柔性灯开始起步；而在2012年达到第二个小高峰为35件；而到2014年灯丝LED-柔性灯专利申请又达到一个高峰，为43件，比2012年的申请量多8件，说明2014年在柔性灯领域有新的突破。

中国灯丝LED显示专利主要竞争者分析

对207件在中国申请的灯丝LED-柔性灯专利的主要竞争者进行分析（表6-21所示）。

表6-21　在中国灯丝LED-柔性灯专利申请专利权人信息表

申请（专利权）人	专 利 数
上海博恩世通光电股份有限公司	3
东莞市奇佳电子有限公司	3
临安市新三联照明电器有限公司	3
厦门多彩光电子科技有限公司	3

申请（专利权）人	专 利 数
柳州铁道职业技术学院	3
深圳市日上光电有限公司	3
苏州佳亿达电器有限公司	3
重庆平伟实业股份有限公司	3
上海边光实业有限公司	2
浙江亿米光电科技有限公司	2

从表6-21中可以看出，在1997～2017年间，中国灯丝LED的主要竞争者是上海博恩世通光电股份有限公司、东莞市奇佳电子有限公司、临安市新三联照明电器有限公司、厦门多彩光电子科技有限公司、柳州铁道职业技术学院、深圳市日上光电有限公司、苏州佳亿达电器有限公司、重庆平伟实业股份有限公司、上海边光实业有限公司、浙江亿米光电科技有限公司。

中国灯丝LED-柔性灯专利主要发明人

对207件中国灯丝LED-柔性灯专利进行发明人分析，排名前10位的人员构成如图6-44所示。在灯丝LED柔性灯领域，在中国申请灯丝LED柔性灯最多的发明人为王宁，其专利发明在前10名中的百分比为15.6%；后面的几位发明人的发明专利数量均为3件，这里值得一提的是邹军，他致力于做产学研，

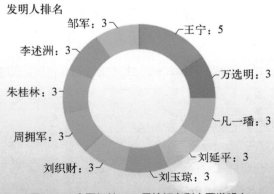

图6-44　中国灯丝LED-柔性灯专利主要发明人

并因此获得国家"万人计划"领军人才。在柔性灯领域不仅仅布局了国内的专利，同时在美国，欧盟均布局了大量的专利进行柔性灯的保护，说明他对国内的柔性灯走向世界是非常有信心的。

中国灯丝LED-柔性灯专利技术领域分布

对207件检索结果专利进行IPC分类号分析，具体分布如表6-22所示。

表6-22 中国灯丝LED-柔性灯专利技术领域分布

IPC 分类号	功　　　　　　　能	专 利 数
F21Y101/02	微型光源，例如发光二极管（LED）	110
F21S2/00	不包含在大组F21S4/00至F21S10/00或F21S19/00中的照明装置系统，例如模块化结构的	65
F21V19/00	光源或灯架的固定	63

从表6-22可见，其中，110件属于F21Y101/02，即微型光源，例如发光二极管（LED）；65件属于F21S2/00，即不包含在大组F21S4/00至F21S10/00或F21S19/00中的照明装置系统，例如模块化结构的；63件属于F21V19/00，即光源或灯架的固定。由此可以看出中国灯丝LED-柔性灯主要集中在F部。

技术分类省分析

在灯丝LED-柔性灯领域中，截至2017年12月31日，广东省的应用专利申请最多，为60件，其次为浙江和福建的35件、20件，各占中国申请专利总量的16.9%、9.7%，其后为江苏、上海、湖南、北京、安徽、广西、湖北，这也说明了江苏和上海注重柔性灯市场。具体在中国申请的省市专利数量如表6-23所示。

表6-23 中国灯丝LED-柔性灯省市分布图

省/直辖市	专 利 数
广东	60
浙江	35
福建	20
江苏	19

LED

LIGHT EMITTING DIODE

（续表）

省/直辖市	专 利 数
上海	13
湖南	6
北京	5
安徽	5
广西	5
湖北	4

广东省灯丝 LED 应用专利分析

广东省灯丝 LED 应用专利申请趋势

截至2017年12月31日，广东省灯丝 LED 应用专利申请总量为668件。申请量年度趋势如图6-45所示。中国灯丝 LED 应用专利申请在2005年之前很少，

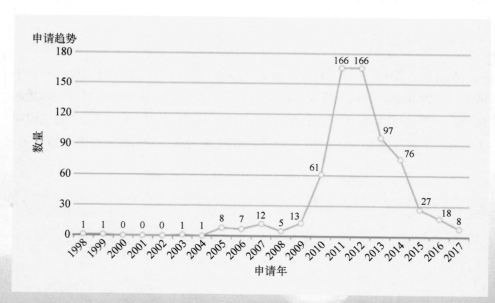

图6-45　广东灯丝 LED 应用专利申请趋势图

加起来一共3件；从2005年到2012年应用专利申请呈较大增幅，2011年专利数量为166件。说明广东省在灯丝LED应用专利技术方面申请专利越来越多。

由图6-45可见，广东省的灯丝LED应用专利受世界和中国技术发展的影响，已经开始在该领域越来越多地关注，并逐步加强对该领域的专利技术保护。

广东省灯丝LED应用专利技术领域分布（前10名）

对中国灯丝LED专利按照IPC分类，如图6-46所示，其中前3名IPC如表6-24所示。

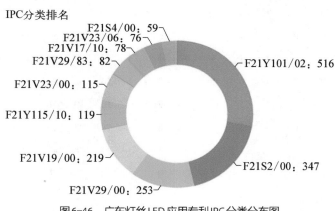

图6-46　广东灯丝LED应用专利IPC分类分布图

通过对IPC国际分类号的分布情况看，相关灯丝LED领域的专利技术主要分布在F21Y101/022、F21S2/00、F21V29/00、F21V19/00、F21Y115/10。其中F21Y101/022在广东省内所占的百分比远远大于全国的平均水平。同时对于应用领域来说，IPC的分布都集中分布在F部。

表6-24　IPC前三位分布表

IPC分类号	分类号解释	专利数
F21Y101/02	微型光源，例如发光二极管（LED）	516
F21S2/00	不包含在大组F21S4/00至F21S10/00或F21S19/00中的照明装置系统，例如模块化结构的〔7〕	347
F21V29/00	防止照明装置热损害；专门适用于照明装置或系统的冷却或加热装置	253

LED

LIGHT EMITTING DIODE

广东省灯丝 LED 应用专利技术分类分析

（1）主要 IPC 技术申报趋势分析（前 10 位）

在灯丝 LED 的应用中 F21Y101/02 的申请趋势呈显著增长，以及在半导体器件中的增长速度越来越快，说明我国越来越重视半导体器件在灯丝 LED 中的应用。其中 IPC 技术申报趋势分析如表 6-25 所示。

表6-25　IPC技术申报趋势分布表

IPC	2003	2004	2005	2006	2007	2008	2009	2010	2011	2012	2013	2014	2015	2016	2017
F21Y101/02	0	0	2	5	10	4	9	46	151	143	73	56	17	0	0
F21S2/00	0	0	0	1	2	1	6	28	112	90	57	38	12	0	0
F21V29/00	0	0	0	4	3	0	4	25	93	71	41	12	0	0	0
F21V19/00	0	0	0	0	4	2	2	24	56	64	24	28	10	3	2
F21Y115/10	0	0	0	3	10	4	2	7	12	19	26	7	8	14	5
F21V23/00	0	0	0	1	4	4	8	13	18	23	16	16	7	4	1
F21V29/83	0	0	0	1	1	0	1	1	24	28	17	2	3	4	0
F21V17/10	0	0	0	0	0	1	0	8	44	8	7	3	3	3	1
F21V23/06	0	0	0	1	1	3	3	14	22	12	11	2	5	2	0
F21S4/00	0	0	1	1	1	3	1	9	10	19	7	3	3	1	0

（2）技术分类申请人构成分析

按照其技术分类申请人构成分析可知，前 10 位技术分类申请人分别为中山市科顺分析测试技术有限公司、东莞巨扬电器有限公司、鹤山丽得电子实业有限公司、鹤山市银雨照明有限公司、东莞市美能电子有限公司、惠州市华阳光电技术有限公司、深圳市中电照明股份有限公司、深圳市聚作照明股份有限公司、王宁、刘延平。其各申请人的具体专利申请量如表 6-26 所示。

表6-26　技术分类申请人专利数量分布表

申请（专利权）人	专利数
中山市科顺分析测试技术有限公司	25
东莞巨扬电器有限公司	17

（续表）

申请（专利权）人	专 利 数
鹤山丽得电子实业有限公司	16
鹤山市银雨照明有限公司	10
东莞市美能电子有限公司	9
惠州市华阳光电技术有限公司	8
深圳市中电照明股份有限公司	8
深圳市聚作照明股份有限公司	8
王宁	8
刘延平	6

表6-27为各申请人在各技术分类点的专利申请量。从表中可以看出，中山市科顺分析测试技术有限公司在F21Y101/02、F21V19/00、F21Y115/10中，专利申请量稳居第一，即在"微型光源，例如发光二极管（LED）〔7〕""防止照明装置热损害；专门适用于照明装置或系统的冷却或加热装置（与空调系统的）""发光二极管〔LED〕"三个领域内的专利申请量都远远高于其他专利权人。东莞巨扬电器有限公司在"以专门的紧固器材或紧固方法为特征（F21V17/02至F21V17/08优先）"领域具有优势。在广东省灯丝LED应用技术的前10位申请人中没有一所高校。说明广东省内的灯丝LED主要掌握在企业手中。

表6-27　技术分类点专利申请量分布表

IPC分类号	中山市科顺分析测试技术有限公司	东莞巨扬电器有限公司	鹤山丽得电子实业有限公司	东莞市美能电子有限公司	深圳市中电照明股份有限公司	深圳市聚作照明股份有限公司	广东伟锋光电科技有限公司	深圳市裕富照明有限公司	鹤山市银雨照明有限公司	佛山电器照明股份有限公司
F21Y101/02	23	16	11	9	8	0	0	0	0	0
F21S2/00	0	15	0	9	7	8	6	0	0	0
F21V29/00	0	8	0	7	6	5	5	0	0	0
F21V19/00	20	0	8	7	0	0	0	0	0	0
F21Y115/10	20	0	9	0	0	0	0	0	6	3
F21V23/00	5	0	4	3	0	0	0	0	0	0

LED

LIGHT EMITTING DIODE

（续表）

IPC分类号	中山市科顺分析测试技术有限公司	东莞巨扬电器有限公司	鹤山丽得电子实业有限公司	东莞市美能电子有限公司	深圳市中电照明股份有限公司	深圳市聚作照明股份有限公司	广东伟锋光电科技有限公司	深圳市裕富照明有限公司	鹤山市银雨照明有限公司	佛山电器照明股份有限公司
F21V17/10	0	8	0	6	0	0	0	0	0	0
F21V23/06	8	3	0	0	0	0	0	0	0	0
F21S4/00	21	0	8	0	0	0	0	0	4	0
F21V29/70	0	0	0	5	0	0	0	0	0	0

广东省灯丝LED应用专利主要竞争者专利份额（前10位）

广东省灯丝LED应用专利主要申请人及专利数量如表6-28所示。

表6-28　主要申请人专利数量表

申请（专利权）人	专利数
中山市科顺分析测试技术有限公司	19
东莞巨扬电器有限公司	17
鹤山丽得电子实业有限公司	16
鹤山市银雨照明有限公司	10
东莞市美能电子有限公司	8
惠州市华阳光电技术有限公司	8
深圳市聚作照明股份有限公司	8
深圳市中电照明股份有限公司	7
广东伟锋光电科技有限公司	6
王宁	6

从表6-28中可以看出，从1997年到2017年间，中国灯丝LED的主要竞争者是中山市科顺分析测试技术有限公司、东莞巨扬电器有限公司、鹤山丽得电子实业有限公司、鹤山市银雨照明有限公司、东莞市美能电子有限公司、惠州市华阳光电技术有限公司、深圳市聚作照明股份有限公司、深圳市中电照明

股份有限公司、广东伟锋光电科技有限公司、王宁。其专利数量分别为19件、17件、16件、10件、8件、8件、8件、7件、6件、6件。灯丝LED应用技术主要掌握在企业手中，这同时说明中国灯丝LED应用技术专利的发展应该着重进行产学研结合。

广东省灯丝LED应用专利主要发明人分析（前10位）

（1）发明人趋势分析

从图6-47可以看出，截至2017年12月31日，主要发明人为文勇、陈明允、洪作财、樊邦扬、黄鹤鸣、樊邦弘、伍治华、刘延平、邵小兵、王宁。从申请趋势上可以看出，我国主要专利发明人从2010开始有较多的专利申请量，但不是很稳定，处于波动状态。由于2016年、2017年部分专利还没有公开，所说此期间专利申请数量不在分析范围内。

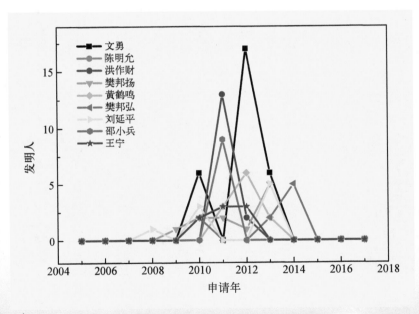

图6-47　广东灯丝LED应用专利发明人申请趋势分析图

（2）主要发明人构成分析

从图6-48中可以看出，中国灯丝LED应用的主要专利集中在企业手中，

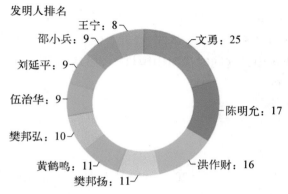

发明人排名

王宁：8
邵小兵：9
刘延平：9
伍治华：9
樊邦弘：10
黄鹤鸣：11
樊邦扬：11
文勇：25
陈明允：17
洪作财：16

图6-48　广东灯丝LED应用专利主要发明人专利份额图

企业人员的专业申请数量居多。中山市科顺分析测试技术有限公司发明人的专利申请量最多。由此可以看出，灯丝LED应用技术在高校发展缓慢，所以应该产学研结合，以期进一步提高灯丝LED的专利申请，并增加相关领域的竞争力。

全球灯丝LED应用整体发展战略建议

灯丝LED应用主要包括球泡灯和柔性灯，其中在柔性灯领域最有发展前景的是柔性灯丝和柔性基板。灯丝LED具有360°全发光、无频闪，无蓝光泄出、散热好、长寿命、缓衰减等特点，被认为是非常有潜力取代白炽灯的产品。Philips、GE、三菱电子、Osram、日立照明灯都在积极开展灯丝LED的研究。

目前灯丝LED技术已经基本产业化，在材料、散热、照明方面还有很大的发展空间。

灯丝LED在照明领域具有光明的应用前景，在未来的白炽灯禁止使用后，灯丝LED因为它自身的特点会大规模普及开来，灯丝LED还仅仅在中国市场比较大。我国在灯丝LED领域起步较早。灯丝LED是目前最有希望改变我国当前LED核心技术全部被国外掌握的被动局面的领域。面对这一新兴的具备巨大提升空间和诱人前景的灯丝LED技术，我们应当在现阶段积累的较好的研究基础上，实施超越战略，进一步加大人力和财力的投入，对灯丝LED关键技术进行研究和突破，争取在灯丝LED材料、散热、驱动电路、封装工艺等方面形成较多的核心技术自主知识产权。

加快研发热点技术。加快灯丝LED材料的相关研究步伐，提高灯丝LED发光效率和使用寿命，获得基础性专利。充分利用本土化优势发展应用与服务技术，重视专利部署。

加强专利预警。培养企业知识产权人才，完善知识产权管理制度，制定知识产权战略。与专利的知识产权服务机构建立合作，构建专利预警机制。注重研发相关技术，积极部署外围专利，密切关注专利申请及诉讼，适时调整研发策略和方向。

目前我国在灯丝 LED 领域的专利实力还比较弱，通过专利态势分析，企业能够规避经营风险，在竞争对手的核心技术网络中秘密部署杀手锏，实施技术搭便车活动，同时可以实施人才挖角战略，适当评估专利技术的价值，了解国内外对手埋放了哪些专利地雷，达到"知己知彼、百战百胜"同时还要不断创新，打破美、日、韩的专利垄断，在灯丝 LED 领域开创出自己的天地。

当前，世界灯丝 LED 产业还处于初期，基本都集中在国内，国外还没有开始重视，我国拥有良好的灯丝 LED 产业发展基础，市场需求巨大，前景广阔，是难得的发展机遇，具体应对措施如下：

一是积极参与国家灯丝 LED 产业联盟建设。我国需要在国家层面加快建立灯丝 LED 产业联盟，形成以企业为龙头，聚集高校、科研机构、海外力量的国家级灯丝 LED 工程中心资源，并进行合理分工，协同攻关灯丝 LED 核心技术，构建灯丝 LED 专利池，促进我国灯丝 LED 产业的稳步发展。

二是设立灯丝 LED 产业发展基金。灯丝 LED 构造简单，生产流程不复杂。可以通过设立产业发展基金、直接参股、科研经费直接拨款等方式，支持灯丝 LED 技术研发和产业推广。企业可以通过股权融资、国家开发银行优惠贷款、商业银行贷款等方式解决资金问题。

三是引进国内外灯丝 LED 研发、生产机构。我们灯丝 LED 产业化基础良好，可优化发展环境，有针对性地引进灯丝 LED 研发、生产机构，大力发展灯丝 LED 产业。

四是发展灯丝 LED 配套行业。目前，灯丝 LED 技术还不成熟，谁能解决发光材料和器件的研制及制造工艺方面率先取得突破，谁就可能取得行业主导权。但我们灯丝 LED 还缺乏产业配套，可选择发展我国紧缺的或已获得重大突破的、适合本地情况的配套行业，在灯丝 LED 产业链中找到合适的位置。

五是重视发展灯丝 LED 应用领域。灯丝 LED 产业今后的发展重点还是应用领域，灯丝 LED 最后的目的是为了应用，因此今后我国企业应把主要精力放在灯丝 LED 应用领域上，发展灯丝 LED 产业。

　　总之，中国灯丝LED市场发展潜力巨大，是全球消费电子产品的主要生产国，也是全球灯丝LED最大的应用市场国。政府应进一步加大研发等支持力度，引导灯丝LED企业之间加强合作，帮助上下游企业形成产业集聚，促进灯丝LED这个产业化进程。国内灯丝LED企业应积极制定市场战略，加速推动灯丝LED产品的应用，同时加强与国内外终端应用企业的交流合作，共同推动灯丝LED产业发展。

LED

LIGHT EMITTING DIODE

图书在版编目(CIP)数据

灯丝LED产业专利分析报告/邹军主编.—上海:上海科学普及出版社,2019
ISBN 978-7-5427-7518-4

Ⅰ.①灯… Ⅱ.①邹… Ⅲ.①发光二极管-灯丝-制
造工业-专利技术-研究报告 Ⅳ.①TN383

中国版本图书馆CIP数据核字(2019)第101845号

策划统筹　　蒋惠雍
责任编辑　　李　蕾
装帧设计　　赵　斌

灯丝LED产业专利分析报告
邹　军　主编
上海科学普及出版社出版发行
(上海中山北路832号　邮政编码200070)
http://www.pspsh.com

各地新华书店经销　北京虎彩文化传播有限公司印刷
开本　710×1000　1/16　印张28.875　字数415 800
2019年10月第1版　2019年10月第1次印刷

ISBN 978-7-5427-7518-4
定价:88.00元
本书如有缺页、错装或坏损等严重质量问题
请向工厂联系调换
联系电话:010-84720900